Node.js 从入门到精通

明日科技　编著

清华大学出版社

北　京

内 容 简 介

《Node.js 从入门到精通》从初学者角度出发，通过通俗易懂的语言、丰富多彩的实例，详细介绍了使用 Node.js 进行 Web 应用开发需要掌握的各方面技术。全书分为 4 篇，共 18 章，包括 Node.js 环境搭建、第一个 Node.js 服务器程序、npm 包管理器的使用、Node.js 基础、事件的监听与触发、util 工具模块、fs 文件系统模块、os 操作系统模块、异步编程与回调、I/O 流操作、Web 应用构建基础、WebSocket 网络编程、Web 模板引擎、Express 框架、数据存储之 MySQL 数据库、数据存储之 MongoDB 数据库、程序调试与异常处理、在线五子棋游戏等内容。本书知识点结合具体实例进行介绍，涉及的程序代码给出了详细的注释，可以使读者轻松领会使用 Node.js 进行 Web 应用开发的精髓，快速提高开发技能。

另外，本书除了纸质内容，还配备了 Web 前端在线开发资源库，主要内容如下：

☑ 同步教学微课：共 53 集，时长 11 小时　　　　　☑ 技术资源库：439 个技术要点
☑ 实例资源库：393 个应用实例　　　　　　　　　　☑ 项目资源库：13 个实战项目
☑ 源码资源库：406 项源代码　　　　　　　　　　　☑ 视频资源库：677 集学习视频
☑ PPT 电子教案

本书可作为 Node.js 开发入门者的自学用书，也可作为高等院校相关专业的教学参考书，还可供 JavaScript 开发人员或者全栈开发人员查阅、参考。

图书在版编目（CIP）数据

Node. js 从入门到精通 / 明日科技编著. —北京：清华大学出版社，2023.7
（软件开发视频大讲堂）
ISBN 978-7-302-63983-1

Ⅰ. ①N… Ⅱ. ①明… Ⅲ. ①JAVA 语言—程序设计 Ⅳ. ①TP312.8

中国国家版本馆 CIP 数据核字（2023）第 115509 号

责任编辑：贾小红
封面设计：刘　超
版式设计：文森时代
责任校对：马军令
责任印制：沈　露

出版发行：清华大学出版社
　　　　　网　　址：http://www.tup.com.cn，http://www.wqbook.com
　　　　　地　　址：北京清华大学学研大厦 A 座　　　　邮　编：100084
　　　　　社 总 机：010-83470000　　　　　　　　　　邮　购：010-62786544
　　　　　投稿与读者服务：010-62776969，c-service@tup.tsinghua.edu.cn
　　　　　质量反馈：010-62772015，zhiliang@tup.tsinghua.edu.cn
印 装 者：三河市天利华印刷装订有限公司
经　　销：全国新华书店
开　　本：203mm×260mm　　　　印　张：23.25　　　　字　数：619 千字
版　　次：2023 年 8 月第 1 版　　　　　　　　　　　　印　次：2023 年 8 月第 1 次印刷
定　　价：89.80 元

产品编号：101100-01

如何使用本书开发资源库

本书赠送价值 999 元的"Web 前端在线开发资源库"一年的免费使用权限，结合图书和开发资源库，读者可快速提升编程水平和解决实际问题的能力。

1. VIP 会员注册

Web 前端
开发资源库

刮开并扫描图书封底的防盗码，按提示绑定手机微信，然后扫描右侧二维码，打开明日科技账号注册页面，填写注册信息后将自动获取一年（自注册之日起）的 Web 前端在线开发资源库的 VIP 使用权限。

读者在注册、使用开发资源库时有任何问题，均可咨询明日科技官网页面上的客服电话。

2. 纸质书和开发资源库的配合学习流程

Web 前端开发资源库中提供了技术资源库（439 个技术要点）、实例资源库（393 个应用实例）、项目资源库（13 个实战项目）、源码资源库（406 项源代码）、视频资源库（677 集学习视频），共计五大类、1928 项学习资源。学会、练熟、用好这些资源，读者可在最短的时间内快速提升自己，从一名新手晋升为一名软件开发工程师。

《Node.js 从入门到精通》纸质书和"Web 前端在线开发资源库"的配合学习流程如下。

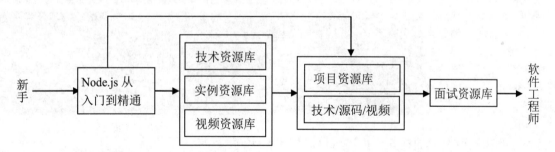

3. 开发资源库的使用方法

在学习本书时，可以先通过 Web 前端开发资源库学习前端和 JavaScript 基础知识，然后根据本书内容，结合视频资源库系统学习 Node.js 内容。

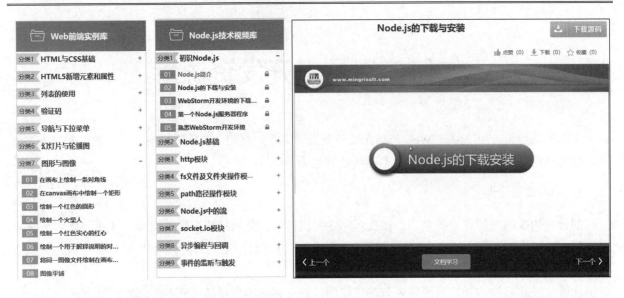

学习完本书后，读者可通过项目资源库中的 13 个经典前端项目，全面提升个人的综合编程技能和解决实际开发问题的能力，为成为 Web 前端开发工程师打下坚实的基础。

另外，利用页面上方的搜索栏，还可以对技术、实例、项目、源码、视频等资源进行快速查阅。

万事俱备后，读者该到软件开发的主战场上接受洗礼了。本书资源包中提供了 Web 前端各方向的面试真题，是求职面试的绝佳指南。读者可扫描图书封底的"文泉云盘"二维码获取。

前 言
Preface

丛书说明： "软件开发视频大讲堂" 丛书第 1 版于 2008 年 8 月出版，因其编写细腻、易学实用、配备海量学习资源和全程视频等，在软件开发类图书市场上产生了很大反响，绝大部分品种在全国软件开发零售图书排行榜中名列前茅，2009 年多个品种被评为 "全国优秀畅销书"。

"软件开发视频大讲堂" 丛书第 2 版于 2010 年 8 月出版，第 3 版于 2012 年 8 月出版，第 4 版于 2016 年 10 月出版，第 5 版于 2019 年 3 月出版，第 6 版于 2021 年 7 月出版。十五年间反复锤炼，打造经典。丛书迄今累计重印 680 多次，销售 400 多万册，不仅深受广大程序员的喜爱，还被百余所高校选为计算机、软件等相关专业的教学参考用书。

"软件开发视频大讲堂" 丛书第 7 版在继承前 6 版所有优点的基础上，进行了大幅度的修订。第一，根据当前的技术趋势与热点需求调整品种，拓宽了程序员岗位就业技能用书；第二，对图书内容进行了深度更新、优化，如优化了内容布置，弥补了讲解疏漏，将开发环境和工具更新为新版本，增加了对新技术点的剖析，将项目替换为更能体现当今 IT 开发现状的热门项目等，使其更与时俱进，更适合读者学习；第三，改进了教学微课视频，为读者提供更好的学习体验；第四，升级了开发资源库，提供了程序员 "入门学习→技巧掌握→实例训练→项目开发→求职面试" 等各阶段的海量学习资源；第五，为了方便教学，制作了全新的教学课件 PPT。

Node.js 是一个让 JavaScript 运行在服务端的开发平台，它让 JavaScript 成为与 PHP、Python、Perl、Ruby 等服务端语言平起平坐的脚本语言。Node.js 的出现，让不懂服务器开发语言的程序员，也可以非常容易地创建自己的服务器端平台。

本书内容

本书提供了从 Node.js 入门到进阶实战所必需的各类知识，共分为 4 篇，具体如下。

第 1 篇：基础知识。 该篇详解 Node.js 入门知识，包括 Node.js 环境搭建、第一个 Node.js 服务器程序、npm 包管理器的使用、Node.js 基础、事件的监听与触发等内容。学习该篇，可使读者快速了解 Node.js 并掌握其技术基础，为后续学习奠定坚实的基础。

第 2 篇：核心技术。 该篇详解 Node.js 的核心技术，包括 util 工具模块、fs 文件系统模块、os 操作系统模块、异步编程与回调、I/O 流操作等内容。学习完该篇，读者可以掌握更深一层的 Node.js 开发技术，并能够开发一些小型应用程序。

第 3 篇：高级应用。 该篇详解 Node.js 的高级应用技术，包括 Web 应用构建基础、WebSocket 网络编程、Web 模板引擎、Express 框架、数据存储之 MySQL 数据库、数据存储之 MongoDB 数据库、程序调试与异常处理等内容。学习完该篇，读者将具备使用 Node.js 技术开发服务端程序的能力。

第 4 篇：项目实战。 该篇将使用 Node.js 技术开发一个完整的项目——在线五子棋游戏，运用软件工程的设计思想，带领读者一步一步亲身体验使用 Node.js 开发项目的全过程。

本书的知识结构和学习方法如下图所示。

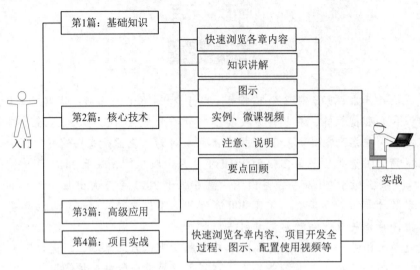

本书特点

☑ **由浅入深，循序渐进**：本书以初、中级程序员为对象，带领读者先从 Node.js 基础学起，再学习 Node.js 的核心模块，然后学习 Node.js 的 Web 开发框架技术，最后学习开发完整项目。讲解过程中步骤详尽，版式新颖，可使读者快速掌握 Node.js 技术。

☑ **微课视频，讲解详尽**。为便于读者直观感受程序开发的全过程，书中重要章节配备了教学微课视频（共 53 集，时长 11 小时），使用手机扫描章节标题一侧的二维码，即可观看学习。便于初学者快速入门，感受编程的快乐，获得成就感，进一步增强学习的信心。

☑ **基础知识+实例应用+项目案例，实战为王**。通过例子学习是最好的学习方式，本书核心知识讲解通过"知识点+示例"的模式，详尽透彻地讲述了实际开发中所需的各类知识。全书共计有 63 个应用实例，53 集微课视频，1 个项目案例，为初学者打造"学习+训练"的强化实战学习环境。

☑ **精彩栏目，贴心提醒**。本书根据学习需要在正文中设计了很多"注意""说明"等小栏目，让读者在学习的过程中更轻松地理解相关知识点及概念，更快地掌握相关技术的应用技巧。

读者对象

☑ Node.js 技术爱好者　　　　　　　☑ JavaScript 程序员

☑ Web 开发人员　　　　　　　　　☑ 网站开发爱好者

☑ 高校相关专业的学生　　　　　　☑ 相关培训机构的学员及老师

☑ 参加实习的网站开发人员

本书学习资源

本书提供了大量的辅助学习资源，读者需刮开图书封底的防盗码，扫描并绑定微信后，获取学习权限。

☑　同步教学微课

学习书中知识时，扫描章节名称处的二维码，可在线观看教学视频。

☑　在线开发资源库

本书配备了强大的 Web 前端开发资源库，包括技术资源库、实例资源库、项目资源库、源码资源库、视频资源库。扫描右侧二维码，可登录明日科技网站，获取Web 前端开发资源库一年的免费使用权限。

Web 前端
开发资源库

☑　学习答疑

关注清大文森学堂公众号，可获取本书的源代码、PPT 课件、视频等资源，加入本书的学习交流群，参加图书直播答疑。

读者扫描图书封底的"文泉云盘"二维码，或登录清华大学出版社网站（www.tup.com.cn），可在对应图书页面下查阅各类学习资源的获取方式。

清大文森学堂

致读者

本书由明日科技前端开发团队组织编写。明日科技是一家专业从事软件开发、教育培训以及软件开发教育资源整合的高科技公司，其编写的教材既注重选取软件开发中的必需、常用内容，又注重内容的易学、方便以及相关知识的拓展，深受读者喜爱。其编写的教材多次荣获"全行业优秀畅销品种""中国大学出版社优秀畅销书"等奖项，多个品种长期位居同类图书销售排行榜的前列。

在编写本书的过程中，我们始终本着科学、严谨的态度，力求精益求精，但疏漏之处在所难免，敬请广大读者批评指正。

感谢您购买本书，希望本书能成为您编程路上的领航者。

"零门槛"编程，一切皆有可能。祝读书快乐！

编　者
2023 年 7 月

目 录

Contents

第 1 篇 基 础 知 识

第 1 章　Node.js 环境搭建 2
　　　　　视频讲解：35 分钟
1.1　认识 Node.js 2
　1.1.1　什么是 Node.js 2
　1.1.2　Node.js 的工作原理 4
　1.1.3　Node.js 的优缺点 5
　1.1.4　Node.js 能做什么 5
　1.1.5　谁在使用 Node.js 6
1.2　Node.js 的下载与安装 6
　1.2.1　下载并安装 Node.js 6
　1.2.2　测试 Node.js 是否安装成功 9
1.3　熟悉 WebStorm 开发工具 10
　1.3.1　WebStorm 的下载 10
　1.3.2　WebStorm 的安装 11
　1.3.3　WebStorm 首次加载配置 12
　1.3.4　WebStorm 功能区预览 16
　1.3.5　WebStorm 中英文对照菜单 16
　1.3.6　工具栏 18
　1.3.7　常用快捷键 18
1.4　要点回顾 19

第 2 章　第一个 Node.js 服务器程序 20
　　　　　视频讲解：6 分钟
2.1　使用 WebStorm 创建第一个 Node.js
　　　程序 20
2.2　在 WebStorm 中运行 Node.js 程序 23
2.3　使用 cmd 命令运行 Node.js 程序 25
2.4　解决 Node.js 程序输出中文时出现乱码
　　　的问题 26

2.5　要点回顾 27

第 3 章　npm 包管理器的使用 28
　　　　　视频讲解：8 分钟
3.1　npm 包管理器基础 28
　3.1.1　npm 概述 28
　3.1.2　查看 npm 的版本 29
　3.1.3　常用 npm 软件包 30
3.2　package.json 基础 32
　3.2.1　认识 package.json 32
　3.2.2　npm 中的 package-lock.json 文件 34
3.3　使用 npm 包管理器安装包 36
　3.3.1　安装单个软件包 36
　3.3.2　安装软件包的指定版本 38
　3.3.3　安装所有软件包 39
　3.3.4　更新软件包 41
　3.3.5　指定 npm 软件包的安装位置 41
　3.3.6　卸载 npm 软件包 42
3.4　要点回顾 43

第 4 章　Node.js 基础 44
　　　　　视频讲解：34 分钟
4.1　Node.js 全局对象 44
　4.1.1　全局变量 44
　4.1.2　全局对象 45
　4.1.3　全局函数 49
4.2　模块化编程 51
　4.2.1　exports 对象 51
　4.2.2　module 对象 52

4.3 要点回顾 53

第 5 章 事件的监听与触发 54

　　▶️ 视频讲解：21 分钟

5.1 EventEmitter 对象 54

5.2 添加和触发监听事件 57

5.2.1 添加监听事件 57

5.2.2 添加单次监听事件 59

5.2.3 触发监听事件 60

5.3 删除监听事件 61

5.4 要点回顾 63

第 2 篇　核　心　技　术

第 6 章 util 工具模块 66

　　▶️ 视频讲解：3 分钟

6.1 util 模块概述 66

6.2 util 模块的使用 67

6.2.1 格式化输出字符串 67

6.2.2 将对象转换为字符串 68

6.2.3 实现对象间的原型继承 69

6.2.4 转换异步函数的风格 70

6.2.5 判断是否为指定类型的内置对象 70

6.3 要点回顾 73

第 7 章 fs 文件系统模块 74

　　▶️ 视频讲解：47 分钟

7.1 文件的读取与写入 74

7.1.1 检查文件是否存在 74

7.1.2 文件读取 77

7.1.3 文件写入 79

7.1.4 文件操作时的异常处理 82

7.2 文件操作 83

7.2.1 截断文件 83

7.2.2 删除文件 84

7.2.3 复制文件 85

7.2.4 重命名文件 87

7.3 目录操作 88

7.3.1 创建目录 88

7.3.2 读取目录 91

7.3.3 删除空目录 91

7.3.4 查看目录信息 92

7.3.5 获取目录的绝对路径 94

7.4 要点回顾 95

第 8 章 os 操作系统模块 96

　　▶️ 视频讲解：2 分钟

8.1 获取内存相关信息 96

8.1.1 获取系统剩余内存 96

8.1.2 获取系统总内存 97

8.2 获取网络相关信息 98

8.3 获取系统相关目录 99

8.3.1 获取用户主目录 99

8.3.2 获取临时文件目录 99

8.4 获取系统相关信息 100

8.5 os 模块常用属性 106

8.6 要点回顾 107

第 9 章 异步编程与回调 108

　　▶️ 视频讲解：31 分钟

9.1 同步和异步 108

9.2 回调函数 110

9.3 使用 async/await 的异步编程 112

9.3.1 Promise 基础 112

9.3.2 为什么使用 async/await 115

9.3.3 async/await 的使用 116

9.3.4 使用 async/await 异步编程的优点 118

9.4 要点回顾 118

第 10 章 I/O 流操作 119

　　▶️ 视频讲解：71 分钟

10.1 流简介 119

10.1.1 流的基本概念 119

10.1.2　了解 Buffer 120
10.2　可读流的使用 120
　　10.2.1　流的读取模式与状态 120
　　10.2.2　可读流的创建 121
　　10.2.3　可读流的属性、方法及事件 121
　　10.2.4　可读流的常见操作 123
10.3　可写流的使用 127

10.3.1　可写流的创建 127
10.3.2　可写流的属性、方法及事件 128
10.3.3　可写流的常见操作 129
10.4　双工流与转换流介绍 132
　　10.4.1　双工流 132
　　10.4.2　转换流 133
10.5　要点回顾 135

第 3 篇　高 级 应 用

第 11 章　Web 应用构建基础 138
　　📹 视频讲解：97 分钟
11.1　Web 应用开发基础 138
　　11.1.1　请求与响应 138
　　11.1.2　客户端与服务器端 139
11.2　url 和 querystring 模块 141
　　11.2.1　url 模块 141
　　11.2.2　querystring 模块 142
11.3　http 模块 143
　　11.3.1　server 对象 143
　　11.3.2　response 对象 144
　　11.3.3　request 对象 149
11.4　path 模块 152
　　11.4.1　绝对路径和相对路径 152
　　11.4.2　path 模块的常见操作 153
　　11.4.3　path 模块的属性 161
11.5　要点回顾 161

第 12 章　WebSocket 网络编程 162
　　📹 视频讲解：41 分钟
12.1　WebSocket 网络编程的基本实现 162
　　12.1.1　WebSocket 服务器端实现 163
　　12.1.2　WebSocket 客户端实现 164
　　12.1.3　服务器端和客户端的通信 166
12.2　socket 数据通信类型 169
　　12.2.1　public 通信类型 169

12.2.2　broadcast 通信类型 172
12.2.3　private 通信类型 174
12.3　客户端分组的实现 177
12.4　项目实战——聊天室 182
　　12.4.1　服务器端实现 182
　　12.4.2　客户端实现 183
　　12.4.3　运行项目 185
12.5　要点回顾 185

第 13 章　Web 模板引擎 186
　　📹 视频讲解：33 分钟
13.1　ejs 模块 186
　　13.1.1　ejs 模块的渲染方法 186
　　13.1.2　ejs 模块的数据传递 191
13.2　pug 模块 194
　　13.2.1　pug 文件基本语法 194
　　13.2.2　pug 模块的渲染方法 199
　　13.2.3　pug 模块的数据传递 201
13.3　要点回顾 203

第 14 章　Express 框架 204
　　📹 视频讲解：102 分钟
14.1　认识 express 模块 205
　　14.1.1　express 模块的基本使用步骤 205
　　14.1.2　express 模块中的响应对象 205
　　14.1.3　express 模块中的请求对象 207

14.2 express 模块中间件 208

14.2.1 认识中间件 208

14.2.2 router 中间件 209

14.2.3 static 中间件 210

14.2.4 cookie parser 中间件 211

14.2.5 body parser 中间件 213

14.3 实现 RESTful Web 服务 216

14.4 express-generator 模块 219

14.4.1 创建项目 219

14.4.2 设置项目参数 221

14.4.3 express-generator 模块应用 222

14.5 Koa 框架基础 228

14.5.1 认识 Koa 框架 228

14.5.2 Koa 框架的基本使用 228

14.6 项目实战——选座购票 230

14.7 要点回顾 235

第 15 章 数据存储之 MySQL 数据库.......... 236

    视频讲解：39 分钟

15.1 MySQL 数据库的下载和安装 236

15.1.1 数据库简介 236

15.1.2 下载 MySQL 237

15.1.3 安装 MySQL 238

15.1.4 配置 MySQL 环境变量 245

15.1.5 启动 MySQL 247

15.1.6 使用 Navicat for MySQL 管理软件...248

15.2 MySQL 数据库操作基础 250

15.2.1 认识 SQL 语言 250

15.2.2 数据库操作 250

15.2.3 数据表操作 252

15.2.4 数据的增删改查 257

15.3 在 Node.js 中操作 MySQL
数据库 262

15.3.1 Node.js 中的 mysql 模块 262

15.3.2 Node.js 中对 MySQL 实现增删改查
操作 267

15.4 要点回顾 274

第 16 章 数据存储之 MongoDB 数据库.......275

    视频讲解：47 分钟

16.1 MongoDB 数据库的下载、安装与
配置 275

16.1.1 关系型数据库与非关系型数据库 276

16.1.2 下载 MongoDB 数据库 276

16.1.3 安装 MongoDB 数据库 277

16.1.4 配置并测试 MongoDB 数据库 279

16.2 MongoDB 数据库基本操作 282

16.2.1 使用 JavaScript 语言 282

16.2.2 数据库、集合与文档 283

16.2.3 添加数据 284

12.2.4 查询数据 285

16.2.5 修改数据 286

16.2.6 删除数据 287

16.3 项目实战——心情日记 287

16.3.1 Node.js 中的 mongojs 模块 288

16.3.2 初始化数据 289

16.3.3 主页的实现 290

16.3.4 添加日记 291

16.3.5 修改日记 293

16.3.6 删除日记 294

16.3.7 用户登录与退出 295

16.4 要点回顾 297

第 17 章 程序调试与异常处理 298

    视频讲解：20 分钟

17.1 使用 console.log()方法调试程序 298

17.2 使用 WebStorm 调试程序 299

17.2.1 插入断点 299

17.2.2 删除断点 300

17.2.3 禁用断点 301

17.2.4 断点调试 302

17.3 Node.js 程序异常处理 303

17.3.1 使用 throw 关键字抛出异常 303

17.3.2 Error 错误对象 304

17.3.3 使用 try...catch 语句捕获异常 305

17.3.4 异步程序中的异常处理 306

17.4 要点回顾 307

第 4 篇　项 目 实 战

第 18 章　在线五子棋游戏 310

　　　　📹 视频讲解：33 分钟

18.1　需求分析 310

18.2　游戏设计 311

　18.2.1　游戏功能结构 311

　18.2.2　游戏业务流程 311

　18.2.3　游戏预览 312

18.3　游戏开发准备 313

　18.3.1　游戏开发环境 313

　18.3.2　游戏项目构成 314

18.4　登录游戏房间设计 314

　18.4.1　登录游戏房间概述 314

　18.4.2　登录游戏房间的实现 315

18.5　游戏玩家列表设计 317

　18.5.1　游戏玩家列表概述 317

　18.5.2　游戏玩家列表的实现 317

18.6　游戏对战设计 318

　18.6.1　游戏对战概述 318

　18.6.2　游戏对战页面初始化 319

　18.6.3　绘制棋盘 322

　18.6.4　游戏算法及胜负判定 324

　18.6.5　重新开始游戏 325

　18.6.6　更改棋盘颜色 326

18.7　要点回顾 327

附录 A　JavaScript 基础 328

A.1　Node.js 与 JavaScript 328

A.2　JavaScript 在 HTML 中的使用 328

　A.2.1　在页面中直接嵌入 JavaScript 代码 328

　A.2.2　链接外部 JavaScript 文件 330

　A.2.3　作为标签的属性值使用 331

A.3　JavaScript 基本语法规则 331

A.4　JavaScript 数据类型 333

　A.4.1　数值型 333

　A.4.2　字符串型 336

　A.4.3　布尔值和特殊数据类型 338

A.5　JavaScript 流程控制 339

　A.5.1　条件判断语句 339

　A.5.2　循环控制语句 342

A.6　JavaScript 函数 345

　A.6.1　函数的定义 345

　A.6.2　函数的调用 346

A.7　DOM 348

　A.7.1　DOM 概述 348

　A.7.2　DOM 对象节点属性 349

　A.7.3　DOM 对象的应用 349

A.8　Document 对象 350

　A.8.1　Document 对象介绍 350

　A.8.2　Document 对象的常用属性 350

　A.8.3　Document 对象的常用方法 351

　A.8.4　设置文档背景色和前景色 ...351

　A.8.5　设置动态标题栏 352

　A.8.6　在文档中输出数据 352

　A.8.7　获取文本框并修改其内容 353

A.9　Window 对象 354

　A.9.1　Window 对象的属性 354

　A.9.2　Window 对象的方法 355

　A.9.3　Window 对象的使用 355

第 1 篇

基础知识

本篇详解 Node.js 入门知识，包括 Node.js 环境搭建、第一个 Node.js 服务器程序、npm 包管理器的使用、Node.js 基础、事件的监听与触发等内容。学习本篇，可使读者快速了解 Node.js 并掌握其技术基础，为后续学习奠定坚实的基础。

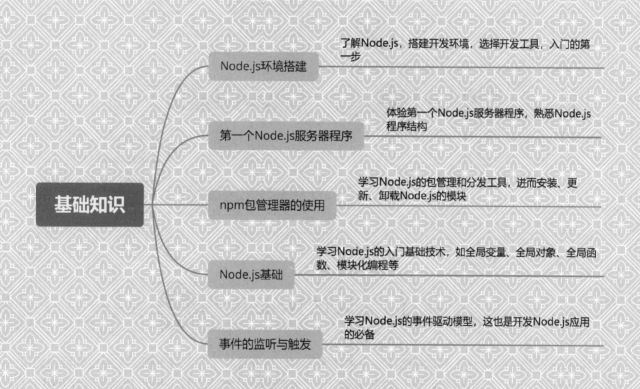

基础知识

- Node.js环境搭建 — 了解Node.js，搭建开发环境，选择开发工具，入门的第一步
- 第一个Node.js服务器程序 — 体验第一个Node.js服务器程序，熟悉Node.js程序结构
- npm包管理器的使用 — 学习Node.js的包管理和分发工具，进而安装、更新、卸载Node.js的模块
- Node.js基础 — 学习Node.js的入门基础技术，如全局变量、全局对象、全局函数、模块化编程等
- 事件的监听与触发 — 学习Node.js的事件驱动模型，这也是开发Node.js应用的必备

第 1 章

Node.js 环境搭建

Node.js 是一个基于 Chrome V8 引擎的 JavaScript 运行时环境，它能够让 JavaScript 脚本运行在服务端，这使得 JavaScript 成为与 PHP、Python 等服务端语言平起平坐的脚本语言。本章主要对 Node.js 的环境搭建与开发工具进行讲解。

本章知识架构及重难点如下。

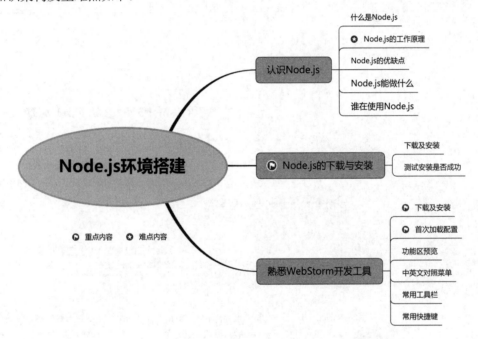

1.1 认识 Node.js

Node.js 是当今网站开发中非常流行的一种技术，它以简单易学、开发成本低、高并发等特点而深受广大开发者欢迎，本节将对 Node.js 的基本概念、工作原理、优缺点，以及应用领域等进行介绍。

1.1.1 什么是 Node.js

Node.js（简称 Node）是一个开源的、基于 Chrome V8 引擎的服务器端 JavaScript 运行时环境，可以在浏览器环境以外的主机上解释和运行 JavaScript 代码，它发布于 2009 年 5 月，由谷歌工程师 Ryan

Dahl 开发。Node.js 支持现在大部分的主流浏览器，包括 Chrome、Microsoft Edge 和 Opera 等。

Node.js 主要由标准库、中间层和底层库这 3 部分组成，其架构如图 1.1 所示。

图 1.1　Node.js 架构图

下面分别对图 1.1 中的 Node.js 结构层进行介绍。

- ☑ 标准库（Node standard library）：提供了开发人员能够直接进行调用并使用的一些 API，如 http 模块、stream 流模块、fs 文件系统模块等，可以使用 JavaScript 代码直接调用。
- ☑ 中间层（Node binding）：由于 Node.js 的底层库采用 C/C++实现，而标准库中的 JavaScript 代码无法直接与 C/C++进行通信，因此提供了中间层，它在标准库和底层库之间起到了桥梁的作用，它封装了底层库中 V8 引擎和 libuv 等的实现细节，并向标准库提供基础 API 服务。
- ☑ 底层库（C/C++实现）：底层库是 Node.js 运行的关键，它由 C/C++实现，包括 V8 引擎、libuv、C-ares、OpenSSL、zlib 等，它们的主要作用如下。
  - ➢ V8 引擎：Google 的一个开源的 JavaScript 和 WebAssembly 引擎，使用 C++语言编写，用于 Chrome 浏览器和 Node.js 等。V8 引擎主要是为了提高 JavaScript 的运行效率，因此它采用了提前编译的方式，将 JavaScript 编译为原生机器码，这样在执行阶段程序的执行效率可以完全媲美二进制程序。
  - ➢ libuv：一个专门为 Node.js 量身打造的跨平台异步 I/O 库，使用 C 语言编写，提供了非阻塞的文件系统、DNS、网络、子进程、管道、信号、轮询和流式处理机制。Node.js 会通过中间层将用户的 JavaScript 代码传递给底层库的 V8 引擎进行解析，然后通过 libuv 进行循环调度，最后再返回给调用 Node.js 标准库的应用。
  - ➢ C-ares：一个用来处理异步 DNS 请求的库，使用 C 语言编写，对应 Node.js 中 dns 模块提供的 resolve()系列方法。
  - ➢ OpenSSL：一个通用的加密库，通常用于网络传输中的 TLS 和 SSL 协议实现，对应 Node.js 中的 tls、crypto 模块。
  - ➢ zlib：一个提供压缩和解压支持的底层模块。

📖 说明

在 Node.js 中，libuv 发挥着十分重要的作用，具体如下：

（1）libuv 使用各平台提供的事件驱动模块实现异步，这使得它可以支持 Node.js 应用的非文件 I/O 模块，并把相应的事件和回调封装成 I/O 观察者放到底层的事件驱动模块中。当事件触发时，libuv 会执行 I/O 观察者中的回调。

（2）1ibuv 实现了一个线程池来支持 Node.js 中的文件 I/O、DNS、用户异步等操作。

1.1.2　Node.js 的工作原理

通过上一节的讲解，我们了解了 Node.js 的基本技术架构，本节进一步讲解 Node.js 的工作原理。

1．事件驱动

Node.js 采用一种独特的事件驱动思想，将 I/O 操作作为事件响应，而不是阻塞操作，从而实现了事件函数的快速执行与错误处理。由于 Node.js 能够采用异步非阻塞的方式访问文件系统、数据库、网络等外部资源，因此，它能够高效地处理海量的并发请求，极大地提高了应用程序的吞吐量。

2．单线程

Node.js 采用单线程模型，只需要轻量级的线程即可处理大量的请求。与多线程模型相比，这种模型消除了线程之间的竞争，使得程序的稳定性大幅度提升。在 Node.js 的单线程模型中，所有的 I/O 操作都被放在事件队列中，一旦事件出现，Node.js 就会依次处理它们。事实上，大多数网站的服务器端都不会做太多的计算，它们接收到请求以后，把请求交给其他服务来处理（如读取数据库），然后等待结果返回，再把结果发给客户端。因此，Node.js 针对这一事实采用了单线程模型来处理，它不会为每个接入请求分配一个线程，而是用一个主线程处理所有的请求，然后对 I/O 操作进行异步处理，避开了创建、销毁线程以及在线程间切换所需的开销和复杂性。

3．非阻塞 I/O

在传统的 I/O 操作（例如，读取或写入磁盘文件，或者对远程服务器进行网络调用）中，当数据读取或写入操作发生时，程序会被阻塞，等数据读取或写入操作完成后才能进入下一步操作。但是，在 Node.js 中，所有的 I/O 操作都是非阻塞的，当某个 I/O 操作发生时，不是等待其执行完成才能进入下一步操作，而是直接回调相应的函数，从而实现了对外部资源的高效访问。

4．事件循环

Node.js 采用了一种特殊的设计方式——事件循环，它在工作线程池中维护一个任务队列，当接到请求后，将该请求作为一个事件放入这个队列中，然后继续接收其他请求，同时，Node.js 程序会不断地从工作队列中获取要执行的事件，并通过事件循环流程对其进行处理。图 1.2 给出了 Node.js 中事件循环的工作原理。

图 1.2　Node.js 中事件循环的工作原理

事件循环的主要工作阶段如下。

（1）计时器：处理由 setTimeout() 和 setInterval() 设置的回调。

（2）回调：运行挂起的回调函数。

（3）轮询：检索传入的 I/O 事件并运行与 I/O 相关的回调。

（4）检查：完成轮询后立即运行回调。

（5）关闭回调：关闭事件和回调。

注意

无论是在 Linux 平台还是 Windows 平台上，Node.js 内部都是通过线程池来完成异步 I/O 操作的，而 libuv 针对不同平台的差异性实现了统一调用，因此 Node.js 的单线程仅仅是指 JavaScript 运行在单线程中，而并非 Node.js 是单线程的。

5．模块化设计

在 Node.js 中，采用了一种模块化的设计方式，按照功能模块将代码拆分成多个文件，使用 require 函数引入，从而提高了代码的复用率，同时也增强了代码的可维护性。另外，Node.js 提供了许多内置模块，如 http 模块、fs 模块等，能够帮助开发者快速搭建 Web 应用。

1.1.3　Node.js 的优缺点

作为一种能够同时进行前端和后端开发的"年轻"编程语言，Node.js 既有优点也有缺点，下面分别进行介绍。

Node.js 的优点如下。

☑ 前后端一体化开发：Node.js 使用 JavaScript 作为开发语言，使得前端和后端都可以使用同一种语言进行开发，从而提高开发效率和代码的可维护性。

☑ 丰富的模块库：Node.js 的生态系统非常丰富，拥有大量的第三方模块，使得开发者可以快速构建出各种类型的应用。

☑ 轻量级：Node.js 采用模块化开发方式，使得应用程序可以轻松地分解成小模块，从而提高了可维护性和可扩展性。

☑ 易部署：使用 Node.js 开发的应用程序可以轻松地部署到各种云端平台上。

Node.js 的缺点如下。

☑ 缺少严格的类型检查：Node.js 是基于 JavaScrpt 的，它没有严格的类型检查，这既是它的优点，也是它的缺点，优点是开发自由度很高，但缺点是程序出现问题时，检查调试会比较困难。

☑ 可靠性不如传统后端语言：由于 Node.js 的相对年轻和快速迭代，它在可靠性和稳定性方面，相对传统后端语言（如 Java、C 语言、C#等）还有一定的差距。

☑ CPU 密集型任务表现不佳：由于 Node.js 的单线程模型，当需要进行大量的 CPU 密集型计算时，可能会出现性能瓶颈，导致程序的运行效率下降。

1.1.4　Node.js 能做什么

使用 Node.js 可以生成以下类型的应用程序。

☑ HTTP Web 服务器。

☑ 微服务或无服务器 API 后端。

☑ 用于数据库访问和查询的驱动程序。

☑ 交互式命令行接口。

☑ 桌面应用程序。

☑ 实时物联网（IoT）客户端和服务器端。

☑ 适用于桌面应用程序的插件。

☑ 用于文件处理或网络访问的 Shell 脚本。

☑ 机器学习库和模型。

1.1.5 谁在使用 Node.js

前端最流行的 JavaScript 正在一步步走入后端，得益于 V8 引擎，Node.js 为 JavaScript 运行在后端提供了运行环境，因此，它正在吸引越来越多的公司来使用它，比如用它创建协作工具、聊天工具、社交媒体应用程序等。

据不完全统计，现在已经有越来越多的国际和国内知名公司在内部使用了 Node.js 技术，如流媒体视频网站 Netflix、在线支付平台 PayPal、社交平台 LinkedIn、Node.js 专业中文社区 CNode、购物平台淘宝网、腾讯官网等。

1.2 Node.js 的下载与安装

在使用 Node.js 之前，首先要下载并安装 Node.js。本节以 Windows 操作系统为例，带领大家一步一步下载并安装 Node.j，并测试 Node.js 是否安装成功。

1.2.1 下载并安装 Node.js

下载并安装 Node.js 的步骤如下。

（1）打开浏览器，在地址栏中输入 Node.js 的官网地址 https://nodejs.org，按 Enter 键，进入 Node.js 的官网主页，如图 1.3 所示。

（2）观察图 1.3，可以发现有两个版本的安装包，分别是 18.12.1 LTS 和 19.0.1 Current，其中，18.12.1 LTS 为长期支持版本，LTS 是 "long time support" 的缩写，19.0.1 Current 表示当前最新版本。在实际开发中，建议使用长期支持版本，而学习时可以使用最新的版本。

📢 注意

写作本书时，Node.js 官网的版本号如图 1.3 所示，随着 Node.js 的不断升级更新，读者购买本书时，可能 Node.js 的版本号会发生变化，但下载和安装方法相同，不影响本书的学习。

下载 Node.js，只需要单击图 1.3 中的 19.0.1 Current 绿色按钮即可。下载后的文件如图 1.4 所示。

图 1.3　Node.js 的官网主页

图 1.4　下载的 Node.js 安装文件

 说明

　　使用上面步骤下载的 Node.js 安装文件默认是 64 位的，如果想下载 32 位或者其他系统（如 MacOS、Linux 等）对应的安装文件，可以单击绿色按钮下方的 Other Downloads 超链接，如图 1.5 所示，即可进入 Node.js 下载列表页面，如图 1.6 所示，可以根据自己的需要单击相应按钮进行下载。

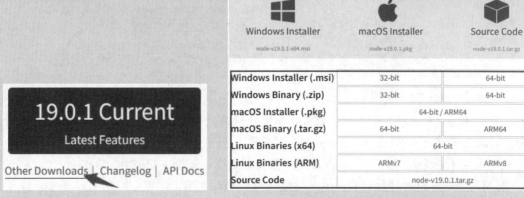

图 1.5　单击 Other Downloads 超链接　　　　　　　图 1.6　Node.js 下载列表页

（3）双击 node-v19.0.1-x64.msi，打开安装提示对话框，单击 Next 按钮，如图 1.7 所示。

（4）打开安装协议对话框，在该对话框中选中 I accept the terms in the License Agreement 复选框表示同意安装，单击 Next 按钮，如图 1.8 所示。

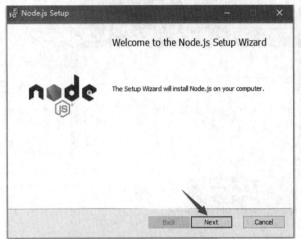

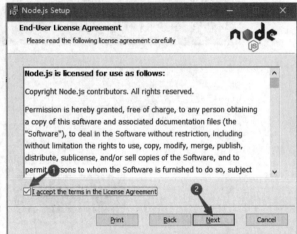

图 1.7　安装提示对话框　　　　　　　　　　　　　图 1.8　安装协议对话框

（5）打开选择安装路径对话框，在该对话框中单击 Change 按钮设置安装路径，然后单击 Next 按钮，如图 1.9 所示。

（6）打开安装选择项对话框，在该对话框中保持默认选择，直接单击 Next 按钮，如图 1.10 所示。

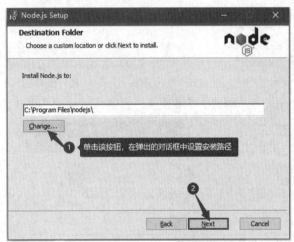

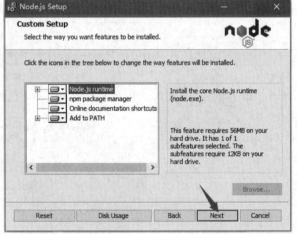

图 1.9　选择安装路径对话框　　　　　　　　　　　图 1.10　安装选择项对话框

（7）打开工具模块对话框，在该对话框中保持默认选择，直接单击 Next 按钮，如图 1.11 所示。

（8）打开准备安装对话框，在该对话框中直接单击 Install 按钮，如图 1.12 所示。

（9）Node.js 会开始自动安装程序，并显示实时安装进度，如图 1.13 所示。

（10）安装完成后，自动打开安装完成对话框，单击 Finish 按钮即可，如图 1.14 所示。

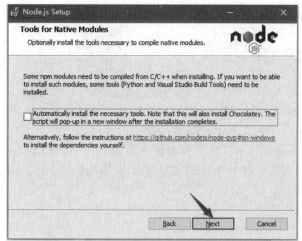

图 1.11　工具模块对话框

图 1.12　准备安装对话框

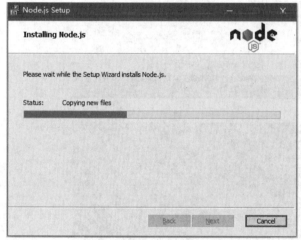

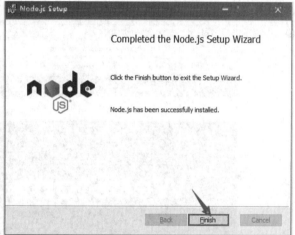

图 1.13　显示 Node.js 安装进度

图 1.14　安装完成对话框

1.2.2　测试 Node.js 是否安装成功

　　Node.js 安装完成后，需要测试 Node.js 是否安装成功。这里以 Windows 10 系统为例讲解如何检测 Node.js 是否安装成功。单击开始菜单右侧的搜索图标，在出现的文本框中输入 cmd 命令，如图 1.15 所示，按 Enter 键，启动“命令提示符”对话框；在当前的命令提示符后面输入 node，并按 Enter 键，如果出现如图 1.16 所示的信息，则说明 Node.js 安装成功，同时系统进入交互式 Node.js 命令对话框中。

图 1.15　输入 cmd 命令

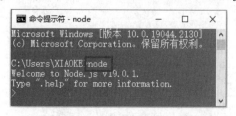

图 1.16　测试 Node.js 是否安装成功

1.3 熟悉 WebStorm 开发工具

俗话说"工欲善其事，必先利其器"，要使用 Node.js 开发程序，首先应该选择一款好的开发工具，而 WebStorm 是开发人员最常使用的一种网页开发工具，它是 JetBrains 公司旗下的一款网页开发工具，其功能非常强大，支持各种前端和 JavaScript 库的代码补全，被广大开发者誉为 Web 前端开发神器、最强大的 HTML5 编辑器、最智能的 JavaScript IDE 等。本节将对 WebStorm 的下载、安装及使用进行讲解。

1.3.1 WebStorm 的下载

打开浏览器，在地址栏中输入网址 https://www.jetbrains.com/webstorm/，进入 WebStorm 官网，单击页面中的 Download 按钮，即可下载 WebStorm 的安装文件，如图 1.17 所示。

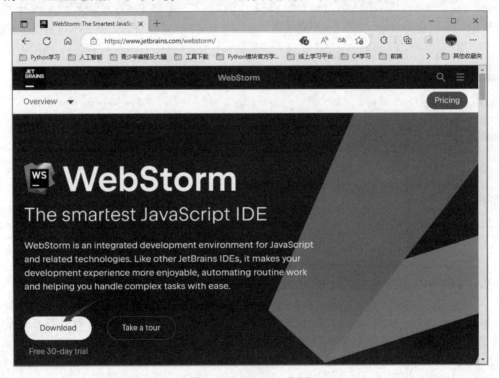

图 1.17　WebStorm 官网

📋 **说明**

WebStorm 是一个收费软件，官网下载的安装文件默认提供 30 天的试用期，如果想一直使用 WebStorm 开发程序，需要在官网购买使用授权。

下载完成的 WebStorm 安装文件如图 1.18 所示，其命名格式为"WebStorm-版本号.exe"。

WebStorm-202
2.2.3.exe

图 1.18　下载完成的 WebStorm 安装文件

说明

笔者在编写本书时，WebStorm 的最新版本是 2022.2.3，该版本会随着时间的推移不断更新，读者在使用时，不用纠结版本的变化，直接下载最新版本即可。

1.3.2　WebStorm 的安装

安装 WebStorm 开发工具的步骤如下。

（1）双击下载完成的 WebStorm 安装文件，开始安装 WebStorm，如图 1.19 所示，单击 Next 按钮。

（2）进入路径设置对话框，如图 1.20 所示，在该对话框中单击 Browse 按钮去选择 WebStorm 的安装路径，然后单击 Next 按钮。

图 1.19　WebStorm 安装向导

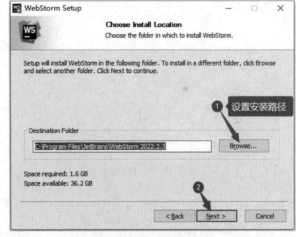

图 1.20　路径设置对话框

（3）进入安装配置对话框，在该对话框中首先创建桌面快捷方式，并添加系统环境变量，然后创建右键菜单快捷方式，以及设置.js、.css、.html 和.json 文件的默认打开方式，最后单击 Next 按钮，如图 1.21 所示。

（4）进入确认安装对话框，如图 1.22 所示，直接单击 Install 按钮开始安装。

（5）此时会进入 WebStorm 的安装对话框，该对话框中显示当前的安装进度，如图 1.23 所示。

（6）安装完成后自动进入安装完成对话框，单击 Finish 按钮即可完成 WebStorm 的安装，如图 1.24 所示。

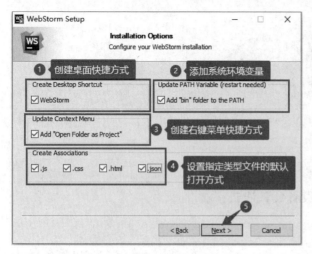

图 1.21　安装配置对话框

图 1.22　确认安装对话框

图 1.23　显示 WebStorm 安装进度

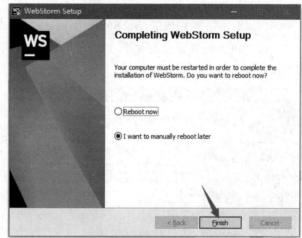

图 1.24　安装完成对话框

说明

　　安装完成对话框中有两个单选按钮，其中 Reboot now 表示立即重启，而 I want to manually reboot later 表示稍后重启，用户可以根据自己的实际情况进行选择，默认选中的是 I want to manually reboot later。

1.3.3　WebStorm 首次加载配置

　　WebStorm 在首次使用时，可以根据个人的实际情况进行一些配置，如验证激活、更改主题等，本节将介绍 WebStorm 首次加载时常用的一些配置，步骤如下。

　　（1）双击安装 WebStorm 时创建的桌面快捷方式图标，如图 1.25 所示，或者单击开始菜单中 JetBrains 下的 WebStorm 2022.2.3 快捷方式，如图 1.26 所示。

（2）进入 WebStorm 的用户协议对话框，在该对话框中选中下方的复选框，然后单击 Continue 按钮，如图 1.27 所示。

图 1.25　WebStorm 桌面快捷方式

图 1.26　WebStorm 在开始菜单中的快捷方式

图 1.27　用户协议对话框

（3）进入 WebStorm 的许可激活对话框，如果已经购买了激活码，可以选中 Activate WebStorm 单选按钮，然后输入相关信息后进行激活；如果没有购买激活码，由于 WebStorm 提供了 30 天的试用期，因此可以选中 Start trial 单选按钮，并单击 Log In to JetBrains Account 按钮，如图 1.28 所示。

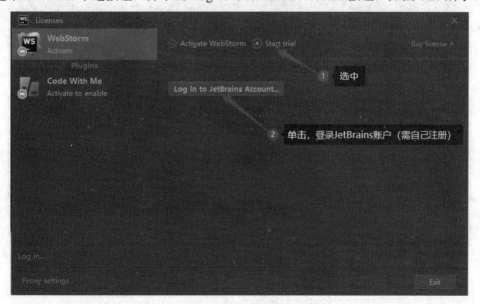

图 1.28　许可激活对话框

（4）在弹出的网页中登录账户后，复制网页中提示的 Token 码，将其粘贴到弹出对话框的文本框中，并单击 Check Token 按钮，如图 1.29 所示。

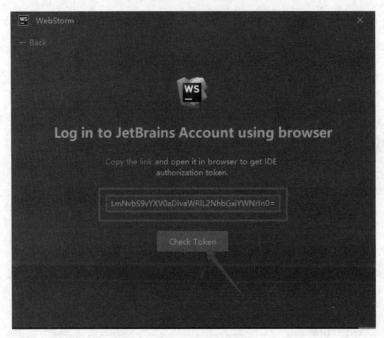

图 1.29 验证 Token

（5）返回 WebStorm 的激活对话框，单击 Start Trial 按钮，如图 1.30 所示。

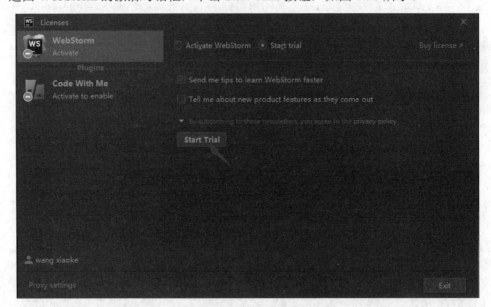

图 1.30 开始试用

（6）进入试用版的确认信息对话框，该对话框中会提示试用的到期时间，单击 Continue 按钮，如图 1.31 所示。

（7）进入 WebStorm 欢迎对话框，在该对话框中可以对 WebStorm 的主题进行设置，默认是黑色主题，开发人员可以根据自己的喜好更改主题颜色，比如将主题修改为白色，步骤为：单击 Customize，在右侧打开 Color theme 下的下拉列表，在其中选择 IntelliJ Light 即可，如图 1.32 所示。

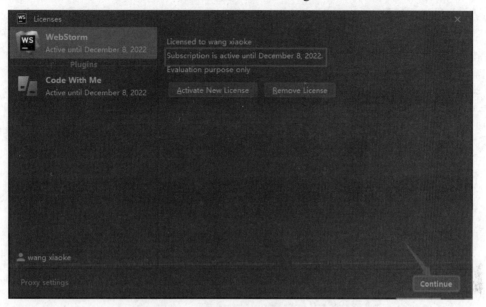

图 1.31　试用版的确认信息对话框

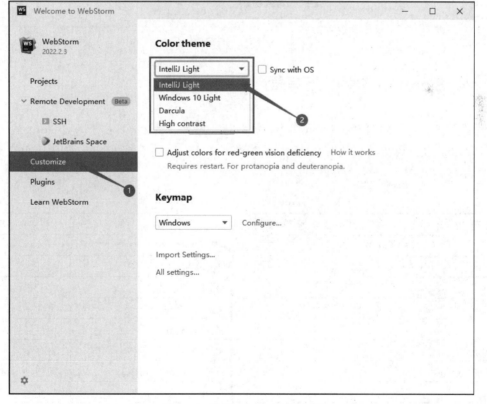

图 1.32　设置 WebStorm 的主题

1.3.4　WebStorm 功能区预览

　　WebStorm 开发工具的主窗口主要可以分为 7 个功能区域，如图 1.33 所示。

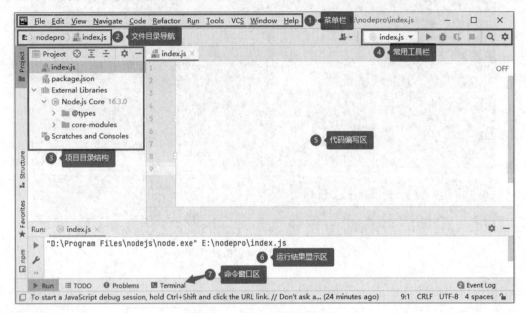

图 1.33　WebStorm 功能区划分

1.3.5　WebStorm 中英文对照菜单

　　菜单栏显示了所有可用的 WebStorm 命令，如新建、设置、运行等，由于 WebStorm 官方只提供英文版，因此为了方便大家更好地使用 WebStorm 的菜单，这里提供了 WebStorm 常用中英文对照菜单，如表 1.1 所示。

表 1.1　WebStorm 常用中英文对照菜单

英　文　菜　单	中　文　菜　单	英　文　菜　单	中　文　菜　单
File（文件菜单）			
New	新建	Open	打开
Save As	另存为	Open Recent	打开最近
Close Project	关闭项目	Rename Project	重命名项目
Settings	设置	File Properties	文件属性
Local History	本地历史	Save All	保存全部
Manage IDE Settings	管理开发环境设置	New Project Settings	新建项目设置
Export	导出	Print	打印
Add to Favorites	添加到收藏夹	Exit	退出

续表

英 文 菜 单	中 文 菜 单	英 文 菜 单	中 文 菜 单
Edit（编辑菜单）			
Undo	撤销	Redo	重做
Cut	剪切	Copy	复制
Copy Path	复制路径	Paste	粘贴
Delete	删除	Find	查找
Select All	全选	Extend Selection	扩展选择
Shrink Selection	缩小选择	Toggle Case	切换大小写
Join Lines	连接行	Duplicate Line	重复行或选中区域
Indent Selection	缩进选中内容	Unindent Line to Selection	取消选中内容的缩进
View（视图菜单）			
Tool Window	工具窗口	Appearance	外观
Quick Definition	快速定义	Quick Type Definition	快速类型定义
Type Info	类型信息	Parameter Info	参数信息
Recent Files	最近的文件	Recently Changed Files	最近更改的文件
Recent Locations	最近位置	Recent Changes	最近的更改
Compare With	与选择内容比较	Compare with Clipboard	与剪贴板比较
Navigate（导航菜单）			
Back	后退	Forward	向前
Class	类	File	文件
Navigate in File	在文件中导航	Declaration or Usages	声明或引用
Jump to Navigation Bar	跳转到导航栏	Type Declaration	类型声明
Bookmarks	书签	File_Structure	文件结构
File_Path	文件路径		
Code（代码菜单）			
Override Methods	重写方法	Generate	生成
Code Completion	代码补全	Insert Live Template	插入代码模板
Surround With	包围	Unwrap/Remove	解除包围/移除
Folding	折叠	Comment with Line Comment	行注释
Comment with Block Comment	块注释	Reformat Code	格式化代码
Reformat File	格式化文件	Auto-Indent Lines	自动缩进
Optimize Imports	最佳化导入	Rearrange Code	重新排列代码
Move Lline Down	下移行	Move Line Up	上移行
Inspect Code	检查代码	Code Cleanup	代码清理
Refactor（重构菜单）			
Refactor This	重构当前文件	Rename	重命名
Change Signature	更改签名	Move File	移动文件
Copy File	复制文件	Safe Delete	安全删除

续表

英 文 菜 单	中 文 菜 单	英 文 菜 单	中 文 菜 单
Run（运行菜单）			
Run	运行	Debug	调试
Edit Configurations	编辑配置	Stop Background Processes	停止后台进程
Stop	停止	Debugging Actions	调试操作
Show Running List	显示运行列表	View Breakpoints	查看断点
Toggle Breakpoint	断点		
Tools（工具菜单）			
Save as Live Template	保存为代码模板	Save File as Template	保存为文件模板
Save Project as Template	保存为项目模板	Manage Project Template	管理项目模板
IDE Scripting Console	IDE 脚本控制台		
VCS 菜单			
Enable Version Control Integration	启用版本控制集成	Apply Patch	应用补丁
Browse VCS Repository	浏览 VCS 仓库	Import into Subversion	导入版本控制
Window（窗口菜单）			
Active Tool Window	激活工具窗口	Background Tasks	显示后台任务
Help（帮助菜单）			
Help	帮助	Tip of the Day	每日一贴
Learn IDE Features	学习 IDE 的使用	Submit a Bug Report	提交 Bug
Show Log in Explorer	在桌面显示日志	Register	注册

1.3.6　工具栏

WebStorm 的工具栏主要提供调试、运行等快捷按钮，方便用户检测、查看代码的运行结果，如图 1.34 所示。

图 1.34　WebStorm 工具栏

1.3.7　常用快捷键

熟练地掌握 WebStorm 快捷键的使用，可以更高效地编写、调试代码，WebStorm 开发工具的常用快捷键如表 1.2 所示。

表 1.2　WebStorm 常用快捷键

功　　能	快 捷 键	功　　能	快 捷 键
补全当前语句	Ctrl+Shift+Enter	查看参数信息（包括方法调用参数）	Ctrl+P
显示光标所在位置的错误信息或者警告信息	Ctrl+F1	重载方法	Ctrl+O
实现方法	Ctrl+I	用*来围绕选中的代码行	Ctrl+Alt+T
行注释/取消行注释	Ctrl+/	块注释/取消块注释	Ctrl+Shift+/
选择代码块	Ctrl+W	格式化代码	Ctrl+Alt+L
对所选行进行缩排处理/撤销缩排处理	Tab/ Shift+Tab	复制当前行或者所选代码块	Ctrl+D
删除光标所在位置行	Ctrl+Y	另起一行	Shift+Enter
光标所在位置大小写转换	Ctrl+Shift+U	选择直到代码块结束/开始	Ctrl+Shift+]/[
当前文件内快速查找代码	Ctrl+F	指定文件内寻找路径	Ctrl+Shift+F
查找下一个	F3	查找上一个	Shift+F3
当前文件内代码替代	Ctrl+R	指定文件内代码批量替代	Ctrl+Shift+R
运行	Shift+F10	调试	Shift+F9
运行当前文件	Ctrl+Shift+F10	运行命令行	Ctrl+Shift+X
不进入函数	F8	单步执行	F7
跳出	Shift+F8	运行到光标处	Alt+F9
重新开始运行程序	F9	切换断点	Ctrl+F8
跳转到指定类	Ctrl+N	跳转到第几行	Ctrl+G
跳转到定义处	Ctrl+B	跳转方法实现处	Ctrl+Alt+B
跳转方法定义处	Ctrl+Shift+B	跳转到后一个/前一个错误	F2/Shift+F2

1.4　要点回顾

　　本章重点对 Node.js 的下载与安装，以及 Node.js 开发工具 WebStorm 的下载、安装、使用进行了详细讲解。开发环境的搭建是学习一门新语言的前提，本章可以说是整本书的基石，只有掌握并跟随本章内容将环境配置好，才能够更好地学习后续章节。

第 2 章

第一个 **Node.js** 服务器程序

WebStorm 安装完成后，就可以使用它编写 HTML、CSS、JavaScript、Node.js 等程序了，本章将介绍如何使用 WebStorm 创建并运行 Node.js 程序。

本章知识架构及重难点如下。

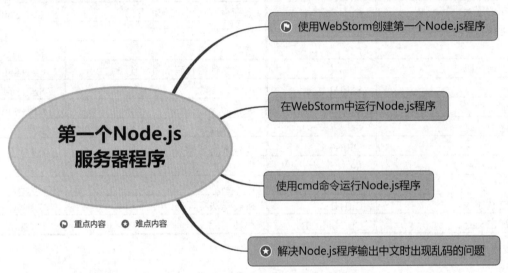

2.1 使用 WebStorm 创建第一个 Node.js 程序

【例 2.1】经典的 Hello World 程序。（**实例位置：资源包\源码\02\01**）

使用 WebStorm 创建 Node.js 程序的步骤如下。

（1）在 WebStrom 的欢迎对话框中，单击左侧的 Projects，然后单击右侧的 New Project 按钮，如图 2.1 所示。

（2）弹出 New Project 对话框，该对话框的左侧显示的是可以创建的项目类型，右侧是关于项目的一些配置信息，这里选择左侧的 Node.js，然后在右侧的 Location 文本框中输入或者选择项目的位置，单击 Create 按钮，如图 2.2 所示。

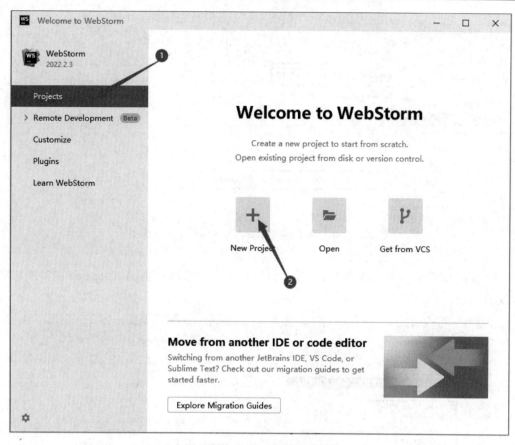

图 2.1　WebStrom 欢迎对话框

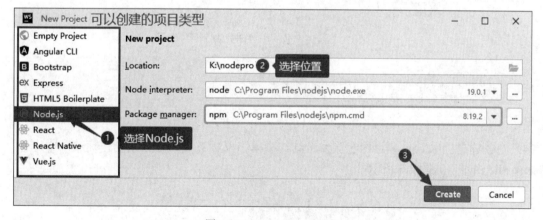

图 2.2　New Project 对话框

注意

在创建 Node.js 项目时，设置的 Location 目录中不能含有大写字母，否则会出现错误提示，并且 Create 按钮不可用，如图 2.3 所示。

图 2.3　Location 目录中含有大写字母时的错误提示

（3）创建完的 Node.js 项目如图 2.4 所示，该项目中默认包含一个 package.json 项目描述文件，以及 Node.js 依赖包。

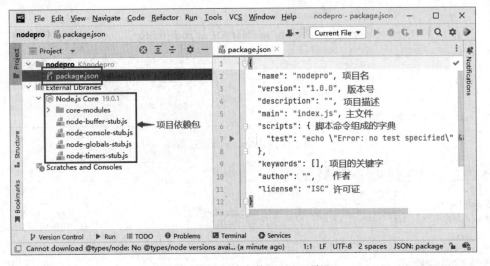

图 2.4　默认创建完的 Node.js 项目

（4）在创建的 Node.js 项目的左侧目录结构中单击鼠标右键，在弹出的快捷菜单中选择 New→JavaScript File 命令，如图 2.5 所示。

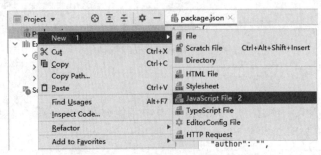

图 2.5　选择 New→JavaScript File 命令

（5）弹出 New JavaScript file 对话框，在该对话框中输入文件名，这里输入 index，按 Enter 键即可，如图 2.6 所示。

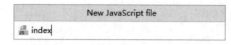

图 2.6　New JavaScript file 对话框

（6）在创建的 index.js 文件中输入以下代码：

```
//加载 http 模块
var http = require('http');

console.log("请打开浏览器，输入地址  http://127.0.0.1:3000/");

//创建 http 服务器，监听网址 127.0.0.1 端口号 3000
http.createServer(function(req, res) {
    res.end('Hello World!');
    console.log("right");
}).listen(3000,'127.0.0.1');
```

上面的代码中，第 2 行用来加载 http 模块，在 Node.js 程序中，要使用哪个模块，就使用 require 加载该模块；第 3 行用来在控制台中输出日志提示，其中 console 是 Node.js 中的控制台类，其 log 方法用来输出日志；第 5 行的 http.createServer 用来创建一个 http 服务器，该方法中定义了一个 JavaScript 函数，用来处理网页请求和响应，其中有两个参数，req 表示请求，res 表示响应，该函数中使用 res.end 方法在页面上输出要显示的文字信息，并使用 console.log 方法在控制台中输出日志提示；最后一行的 listen 方法用来设置要监听的网址以及端口号。

输入完成的效果如图 2.7 所示。

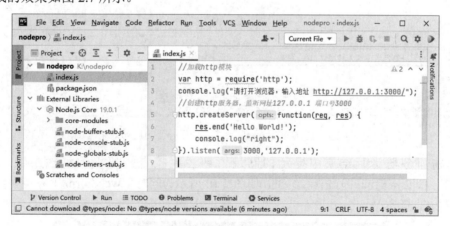

图 2.7　在 index.js 文件中输入代码

2.2　在 WebStorm 中运行 Node.js 程序

在 2.1 节，我们编写了一个简单的 Node.js 程序，本节将讲解如何运行编写完成的 Node.js 程序，步骤如下。

（1）在 WebStorm 的代码编写区单击鼠标右键，在弹出的快捷菜单中选择"Run '***.js'"命令，即可运行 Node.js 程序，如图 2.8 所示。

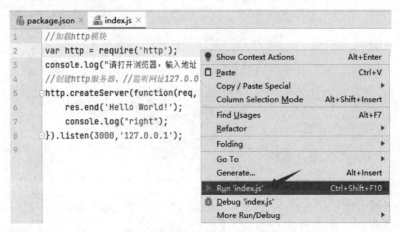

图 2.8　在右键快捷菜单中选择"Run '***.js'"命令

（2）运行 Node.js 程序，在 WebStorm 的下方将显示服务器的启动效果，如图 2.9 所示。

图 2.9　在 WebStorm 的下方显示服务器的启动效果

（3）单击服务器运行结果中提示的网址，或者直接在浏览器地址栏中输入网址 http://127.0.0.1:3000/，按 Enter 键，即可查看结果，如图 2.10 所示。同时，WebStorm 下方将显示代码中设置的日志，如图 2.11 所示。

图 2.10　在浏览器中通过网址查看结果

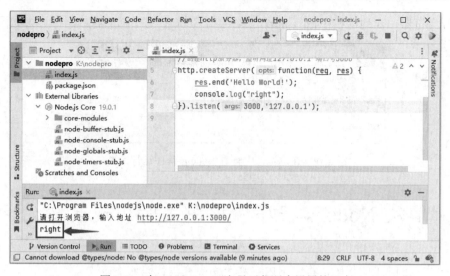

图 2.11　在 WebStorm 下方显示代码中设置的日志

2.3　使用 cmd 命令运行 Node.js 程序

2.2 节中直接在 WebStorm 中运行了 Node.js 程序，除了这种方法，还可以通过 cmd 命令运行 Node.js 程序。步骤如下。

（1）打开系统的"命令提示符"对话框，使用 cd 切换盘符命令进入 Node.js 程序的主文件 index.js 的根目录，如图 2.12 所示。

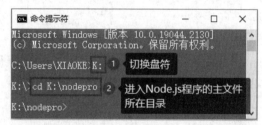

图 2.12　在"命令提示符"对话框中进入 Node.js 程序的主文件 index.js 的根目录

（2）在"命令提示符"对话框中输入 node 　***.js 命令，这里的 Node.js 程序主文件为 index.js，因此输入 node index.js 命令，按 Enter 键，即可启动 Node.js 服务器，如图 2.13 所示。

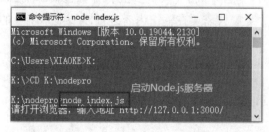

图 2.13　启动 Node.js 服务器

（3）打开浏览器，在地址栏中输入 http://127.0.0.1:3000/，按 Enter 键，执行结果如图 2.14 所示。

图 2.14　在浏览器中查看 Node.js 程序运行结果

2.4　解决 Node.js 程序输出中文时出现乱码的问题

修改 2.1 节中的例 2.1 的代码，将输出内容修改为中文，代码如下：

```
//加载 http 模块
var http = require('http');
console.log("请打开浏览器，输入地址 http://127.0.0.1:3000/");
//创建 http 服务器，监听网址 127.0.0.1 端口号 3000
http.createServer(function(req, res) {
    res.end('明日科技');
    console.log("right");
}).listen(3000,'127.0.0.1');
```

在 WebStorm 中运行上面代码，单击服务器结果中提示的网址，效果如图 2.15 所示。

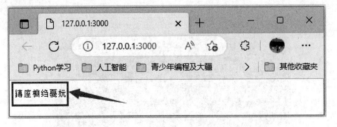

图 2.15　Node.js 程序输出中文时出现乱码

通过观察图 2.15，可以发现 Node.js 在默认输出中文时会出现乱码问题，这时可以使用 response 对象的 writeHead() 方法在输出内容之前将要显示网页的编码方式设置为 UTF-8。

【例 2.2】在 Node.js 程序中输出中文。（**实例位置：资源包\源码\02\02**）

要想让 Node.js 程序输出中文，只需要在输出内容之前将要显示网页的编码方式设置为 UTF-8，代码如下：

```
//加载 http 模块
var http = require('http');
console.log("请打开浏览器，输入地址 http://127.0.0.1:3000/");
//创建 http 服务器，监听网址 127.0.0.1 端口号 3000
http.createServer(function(req, res) {
```

```
    res.writeHead(200,{"content-type":"text/html;charset=utf8"});          //设置编码方式
    res.end('明日科技');
    console.log("right");
}).listen(3000,'127.0.0.1');
```

再次在 WebStorm 中运行程序，效果如图 2.16 所示。

图 2.16　在 Node.js 程序中输出中文

2.5　要点回顾

本章重点讲解了如何创建并且运行一个 Node.js 服务器程序，需要注意的是，Node.js 程序在网页中输出内容时，默认只能输出英文或者数字，如果要输出中文，需要将网页的编码方式设置为 UTF-8。

第 3 章

npm 包管理器的使用

Node.js 使用 npm 对包进行管理，其全称为 Node Package Manager，开发人员可以使用它安装、更新或者卸载 Node.js 的模块，本章将对 npm 包管理器的使用进行详细讲解。

本章知识架构及重难点如下。

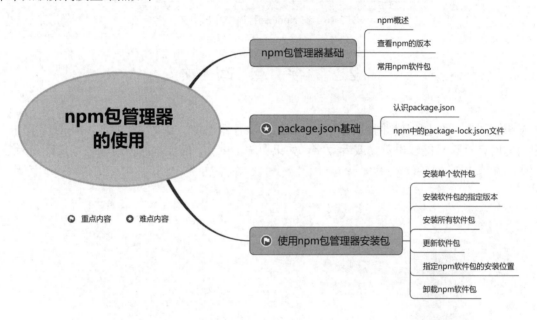

3.1　npm 包管理器基础

3.1.1　npm 概述

npm 是 Node.js 的标准软件包管理器，其在 2020 年 3 月 17 日被 GitHub 收购，而且保证永久免费。在 npm 仓库中有超过 130 万个软件包，这使 npm 成为世界上最大的单一语言代码仓库，并且它几乎有可用于一切的软件包。使用 npm 可以解决 Node.js 代码部署上的很多问题，常见的使用场景有以下几种。

- ☑　允许用户从 npm 服务器下载第三方包到本地使用。
- ☑　允许用户从 npm 服务器下载并安装别人编写的命令行程序到本地使用。
- ☑　允许用户将自己编写的包或命令行程序上传到 npm 服务器供别人使用。

npm 起初是作为下载和管理 Node.js 包依赖的方式，但其现在已经成为前端 JavaScript 中使用的通用工具。

3.1.2　查看 npm 的版本

伴随着 Node.js 的安装，npm 是自动安装的。可以在系统的"命令提示符"对话框中通过以下命令查看当前 npm 的版本：

```
npm –v
```

效果如图 3.1 所示。

图 3.1　在"命令提示符"对话框中查看 npm 的版本

虽然 Node.js 自带 npm，但有可能不是最新的版本，这时可以使用下面的命令对 npm 的版本进行升级：

```
npm install npm -g
```

效果如图 3.2 所示。

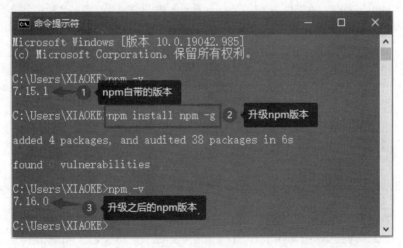

图 3.2　升级 npm 版本

说明

上面命令中的-g 表示安装到 global 目录中，即安装到全局环境中。

3.1.3 常用 npm 软件包

npm 中有超过 130 万个软件包，可以极大限度地帮助开发人员提高开发效率，表 3.1 中列出了 npm 中常见的软件包及其作用。

表 3.1　npm 常见软件包及其作用

软 件 包	作 用
前端框架	
React	使用虚拟 DOM 将页面中的各个部分作为单独的组件进行管理，因此可以只刷新该组件而非整个页面
Vue	将 React 及其他框架的优点集于一身，强调以更快、更轻松、更愉悦的使用感受编写 Web 应用程序
Svelte	将声明性组件转换为可以精确对 DOM 加以更新的高效 JavaScript
Angular	一款构建用户界面的前端框架，后被 Google 收购并维护
样式框架	
Bootstrap	用于构建响应式、移动优先型网站
Tailwind	一种低级、实用程序优先型 CSS 框架，用于快速 UI 开发
后端框架	
Express	一种快速、广受好评的极简 Node.js Web 框架，其体积相对较小，具有众多可作为插件使用的功能。很多人将其视为 Node.js 服务器框架的客观标准
Hapi	最初用于 Express 框架，能够以最低开销配合完整的即用型功能构建起强大的可扩展应用程序
Sails	目前最具人气的 Node.js MVC 框架，可支持现代应用的一大核心需求：构建起数据驱动型 API，并辅以可扩展且面向服务的架构
CORS 与请求	
Cors	Node.js 中间件，旨在提供一款 Connect/Express 中间件以配合多种选项实现跨域资源共享
Axios	基于 Promise 的浏览器与 Node.js HTTP 客户端，易于设置、直观并对众多操作加以简化
API 服务	
Restify	一套 Node.js Web 服务框架，经过优化以构建语义正确的 RESTful Web 服务供规模化生产使用
GraphQL	一种面向 API 的查询语言，同时也是可利用现有数据完成查询的运行时。GraphQL 在 API 中提供完整的数据描述，使客户端能够准确获取其需要的信息
Web sockets	
Socket.io	支持实时、双向、基于事件的通信功能。它能够运行在各类平台、浏览器及设备之上，且拥有良好的可靠性与速度表现
WS	易于使用、快速且经过全面测试的 WebSocket 客户端与服务器实现
数据库工具	
Mongoose	一款用于在异步环境下使用的 MongoDB 对象建模工具，支持回调机制
Sequelize	一款基于 Promise 的 Node.js ORM，适用于 PostgreSQL、MySQL、MariaDB、SQLite 以及微软 SQL Server，其具有强大的事务支持、关联关系、预读与延迟加载、读取副本等功能
身份验证工具	
Passport	目标在于通过一组策略（可扩展插件）对请求进行身份验证。您向 Passport 提交一项身份验证请求，它会提供 hook 以控制身份验证成功或失败时各自对应的处理方式

续表

软　件　包	作　　用
身份验证工具	
Bcrypt	用于密码散列处理的库。Bcrypt 是由 Niels Provos 与 David Mazières 共同设计的一种密码散列函数，以 Blowfish 密码为基础
JSONWebToken	用于在两端之间安全表达声明。此工具包允许用户对 JWT 进行解码、验证与生成
配置模块	
Config	对存储在应用程序中的配置文件进行设置，可以通过环境变量、命令行参数或外部源进行覆盖及扩展
Dotenv	零依赖模块，用于将环境变量从.env 文件加载至 process.env 中
静态站点生成器	
Gatsby	一款现代站点生成器，能够创建快速、高质量的动态 React 应用，涵盖博客、电子商务网站及用户仪表板等使用场景
NextJS	支持服务器渲染以及静态内容生态，也可以在其中将无服务器函数定义为 API 端点
模板语言	
Mustache	一种无逻辑模板语法，适用于 HTML、配置文件以及源代码等几乎一切场景，它通过使用散列或对象中提供的值，在模板内扩展标签
EJS	一种简单的模板语言，允许用户通过简单语法、快速执行与简单调试等便捷优势生成以 JavaScript 编写的 HTML 标签
图像处理	
Sharp	能够将常见格式的大图像转换为尺寸较小、适合网络浏览环境的 JPEG、PNG 及 WebP 图像
GM	可以使用 GraphicsMagick 与 ImageMagick 两大出色工具在代码中对图像进行创建、编辑、合成与转换
日期格式	
DayJS	一款快速且轻量化的 MomentJS（自 2020 年 9 月起进入纯维护模式）替代方案
数据生成器	
Shortid	能够创建出简短的无序 url 友好型唯一 ID，适合作为 url 缩短器、生成数据库 ID 及其他各类 ID
Uuid	便捷的微型软件包，能够快速生成更为复杂的通用唯一标识符（UUID）
Faker	用于在浏览器及 Node.js 中生成大量假数据
验证工具	
Validator	便捷的字符串验证器与消毒库，其中包含多种实用方法，如 isEmail()、isCreditCard()、isDate()、isURL()等
表单与电子邮件	
Formik	一款流行的开源表单库，易于使用且具备声明性及自适应性
Multer	一款 Node.js 中间件，用于处理上传文件中的多部分/表单数据
Nodemailer	一款面向 Node.js 应用程序的模块，可轻松通过电子邮件进行发送
测试工具	
Jest	一款便捷好用的 JavaScript 测试框架，以简单为核心诉求。可以通过易于上手且功能丰富的 API 编写测试，从而快速获取结果
Mocha	一套 JavaScript 测试框架，使异步测试变得更加简单有趣。Mocha 以串行方式运行测试，能够在对未捕获异常与正确测试用例加以映射的同时，发布灵活而准确的报告结果

续表

软 件 包	作 用
Web 抓取与自动化	
Cheerio	被广泛用于 Web 抓取，有时还身兼自动化任务。其中打包了 Parse5 解析器，能够解析任何类型的 HTML 与 XML 文档
Puppeteer	被广泛应用于浏览器任务自动化领域，且只能与谷歌 Chrome 无头浏览器配合使用。Puppeteer 也可用于网络抓取任务
模块捆绑器与最小化工具	
Webpack	旨在捆绑 JavaScript 以供浏览器环境使用，它也能够转换、捆绑或打包几乎一切资源或资产
UglifyJS2	JavaScript 解析器、最小化工具、压缩器及美化工具包。它可以使用多个输入文件，并支持丰富的配置选项
HTML-Minifier	轻量化、高度可配置且经过良好测试的基于 JavaScript 的 HTML 压缩器/最小化工具（支持 Node.js）
CLI 与调试器	
Inquirer	一款易于嵌入且非常美观的 Node.js 命令行界面，提供很棒的查询会话流程
Debug	一款微型 JavaScript 调试实用程序。只需将一个函数名称传递给该模块，它就会返回一个经过修饰的 console.error 版本，以便将调试语句向其传递
系统模块	
Async	提供直观而强大的功能以配合异步 JavaScript
Node-dir	用于各类常见目录及文件操作的模块，包括获取文件数组、子目录以及对文件内容进行读取/处理的方法
Fs-extra	包含经典 Node.js fs 包中未提供的多种方法，如 copy()、remove()、mkdirs()等
其他	
CSV	全面的 CSV 套件，包含 4 款经过全面测试的软件包，能够轻松实现 CSV 数据的生成、解析、转换与字符串化处理
PDFKit	一套面向 Node 及浏览器的 PDF 文档生成库，可轻松创建复杂的多页可打印文档
Marked	用于解析 markdown 代码的低级编译器，不会引发长时间缓存或阻塞
Randomcolor	一款用于生成美观随机颜色的小型脚本，可以通过选项对象调整其产生的颜色类型
Helmet	设置各种 HTTP 标头以保护应用程序，它属于 Connect 式中间件，与 Express 等框架相兼容

3.2　package.json 基础

3.2.1　认识 package.json

在 WebStrom 中创建 Node.js 项目后，会默认生成一个 package.json 文件，如图 3.3 所示。

package.json 文件是项目的清单文件，其中可以做很多完全互不相关的事情。例如，图 3.3 中的 package.json 文件主要用来对项目进行配置，而在 npm 安装目录中，同样有一个 package.json 文件，存储了所有已安装软件包的名称和版本等信息。

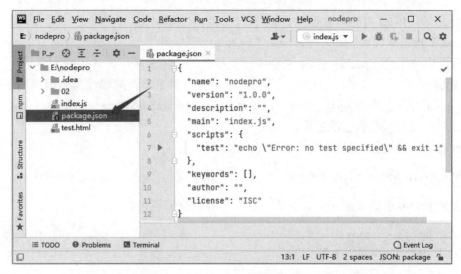

图 3.3　创建 Node.js 项目后默认生成的 package.json 文件

对于 Node.js 程序，package.json 文件中的内容没有固定要求，唯一的要求是必须遵守 JSON 格式，否则，尝试以编程的方式访问其属性的程序会无法读取它。

创建 Node.js 项目时默认生成的 package.json 文件如下：

```
{
    "name": "nodepro",
    "version": "1.0.0",
    "description": "",
    "main": "index.js",
    "scripts": {
        "test": "echo \"Error: no test specified\" && exit 1"
    },
    "keywords": [],
    "author": "",
    "license": "ISC"
}
```

上面的代码中包含很多属性，具体说明如下。

☑　name：应用程序或软件包的名称。名称必须少于 214 个字符，且不能包含空格，只能包含小写字母、连字符（-）或下画线（_）。

☑　version：当前的版本，该属性的值遵循语义版本控制法，这意味着版本始终以 3 个数字表示——x.x.x，其中，第一个数字是主版本号，第二个数字是次版本号，第三个数字是补丁版本号。

☑　description：应用程序/软件包的简短描述。如果要将软件包发布到 npm，则这个属性特别有用，使用者可以知道该软件包的具体作用。

☑　main：设置应用程序的入口点。

☑　scripts：定义一组可以运行的 Node.js 脚本，这些脚本是命令行应用程序。可以通过调用 npm run XXXX 或 yarn XXXX 来运行它们，其中的 XXXX 是命令的名称。例如 npm run dev。

☑　keywords：包含与软件包功能相关的关键字数组。

☑ author：列出软件包的作者名称。

☑ license：指定软件包的许可证。

除了上面列出的属性，package.json 文件中还支持其他的很多属性，常用的如下。

☑ contributors：除作者外，该项目可以有一个或多个贡献者，此属性是列出他们的数组。

☑ bugs：链接到软件包的问题跟踪器，最常用的是 GitHub 的 issues 页面。

☑ homepage：设置软件包的主页。

☑ repository：指定程序包仓库所在的位置。例如：

```
"repository": "github:nodejscn/node-api-cn",
```

上面的 github 前缀表示 github 仓库，其他流行的仓库还包括：

```
"repository": "gitlab:nodejscn/node-api-cn",
"repository": "bitbucket:nodejscn/node-api-cn",
```

开发人员可以显式地通过该属性设置版本控制系统，例如：

```
"repository": {
    "type": "git",
    "url": "https://github.com/nodejscn/node-api-cn.git"
}
```

也可以使用其他的版本控制系统：

```
"repository": {
    "type": "svn",
    "url": "..."
}
```

☑ private：如果设置为 true，则可以防止应用程序/软件包被意外发布到 npm 上。

☑ dependencies：设置作为依赖安装的 npm 软件包的列表。当使用 npm 或 yarn 安装软件包时，该软件包会被自动插入此列表中。

☑ devDependencies：设置作为开发依赖安装的 npm 软件包的列表。它们不同于 dependencies，因为它们只需安装在开发机器上，而无须在生产环境中运行代码。当使用 npm 或 yarn 安装软件包时，该软件包会被自动地插入此列表中。

☑ engines：设置软件包/应用程序要运行的 Node.js 或其他命令的版本。

☑ browserslist：用于告知要支持哪些浏览器（及其版本）。

3.2.2　npm 中的 package-lock.json 文件

在 npm5 以上的版本中，引入了 package-lock.json 文件，该文件旨在跟踪被安装的每个软件包的确切版本，以便产品可以以相同的方式被 100%复制（即使软件包的维护者更新了软件包）。

package-lock.json 文件的出现解决了 package.json 一直存在的特殊问题，在 package.json 中，可以使用 semver（语义化版本）表示法设置要升级到的版本（补丁版本或次版本），例如：

- ☑　如果写入的是~0.13.0，则只更新补丁版本：即 0.13.1 可以，但 0.14.0 不可以。
- ☑　如果写入的是^0.13.0，则要更新补丁版本和次版本：即 0.13.1、0.14.0……以此类推。
- ☑　如果写入的是 0.13.0，则始终使用确切的版本。

无须将 node_modules 文件夹（该文件夹通常很大）提交到 Git，当尝试使用 npm install 命令在另一台机器上复制项目时，如果指定了~语法并且软件包发布了补丁版本，则该补丁版本会被安装，^语法中的次版本也一样。

说明

> 如果指定确切的版本，例如示例中的 0.13.0，则不会受到此问题的影响。

这时如果多个人在不同时间获取同一个项目，使用 npm install 安装时，有可能安装的依赖包版本不同，这样可能会给程序带来不可预知的错误。而通过使用 package-lock.json 文件，可以固化当前安装的每个软件包的版本，当运行 npm install 时，npm 会使用这些确切的版本，确保每个人在任何时间安装的版本都是一致的，从而避免使用 package.json 文件时可能出现的版本不同问题。

例如，在 package.json 文件中有如下属性：

```
"express": "^4.15.4"
```

在只有 package.json 文件时，如果后续出现了 4.15.5 版本、4.15.6 版本等，则有可能每个人安装的依赖包就会不同，从而导致一些未知的兼容性问题。这时如果使用 package-lock.json 文件，则文件中的内容可以设置如下：

```
"express": {
    "version": "4.15.4",
    "resolved": "https://registry.npmjs.org/express/-/express-4.15.4.tgz",
    "integrity": "sha1-Ay4iU0ic+PzgJma+yj0R7XotrtE=",
    "requires": {
        "accepts": "1.3.3",
        "array-flatten": "1.1.1",
        "content-disposition": "0.5.2",
        "content-type": "1.0.2",
        "cookie": "0.3.1",
        "cookie-signature": "1.0.6",
        "debug": "2.6.8",
        "depd": "1.1.1",
        "encodeurl": "1.0.1",
        "escape-html": "1.0.3",
        "etag": "1.8.0",
        "finalhandler": "1.0.4",
        "fresh": "0.5.0",
        "merge-descriptors": "1.0.1",
        "methods": "1.1.2",
        "on-finished": "2.3.0",
        "parseurl": "1.3.1",
        "path-to-regexp": "0.1.7",
        "proxy-addr": "1.1.5",
```

```
            "qs": "6.5.0",
            "range-parser": "1.2.0",
            "send": "0.15.4",
            "serve-static": "1.12.4",
            "setprototypeof": "1.0.3",
            "statuses": "1.3.1",
            "type-is": "1.6.15",
            "utils-merge": "1.0.0",
            "vary": "1.1.1"
        }
},
```

上面的代码中，由于在 package-lock.json 文件中使用了校验软件包的 integrity 散列值，这样就可以保证所有人在任何时间安装的依赖包的版本都是一致的。

说明

在使用 package-lock.json 文件时，需要将其提交到 Git 仓库，以便被其他人获取（如果项目是公开的或有合作者，或者将 Git 作为部署源），这样，在运行 npm update 时，package-lock.json 文件中的依赖版本就会被更新。

3.3　使用 npm 包管理器安装包

在 Node.js 项目中使用 npm 安装包时，常用的操作主要有：安装单个软件包，安装软件包的指定版本，一次安装所有软件包，更新软件包，另外还可以查看安装的软件包的位置、卸载安装的软件包。下面分别对上述操作进行详细讲解。

3.3.1　安装单个软件包

在 Node.js 项目中安装单个软件包使用如下命令：

```
npm install <package-name>
```

例如，在 WebStorm 的命令终端中使用 npm install 命令安装 vue 软件包，效果如图 3.4 所示。

说明

可以用与图 3.4 中同样的方法在系统"命令提示符"对话框中安装 Node.js 软件包。

另外，在 npm install 安装命令后还可以追加下面两个参数。

- ☑　--save：安装并添加条目到 package.json 文件的 dependencies。
- ☑　--save-dev：安装并添加条目到 package.json 文件的 devDependencies。

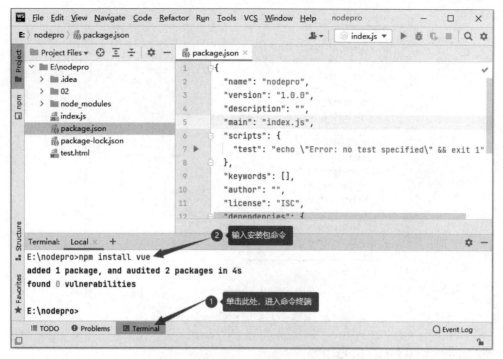

图 3.4　使用 npm install 安装单个软件包

　　例如，使用 npm install 命令安装 Bootstrap，并添加条目到 package.json 文件的 devDependencies，命令如下：

```
npm install bootstrap --save-dev
```

命令执行效果如图 3.5 所示。安装后的 package.json 文件内容如图 3.6 所示。

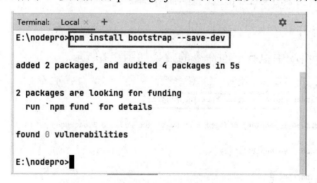

图 3.5　安装包并添加到 devDependencies

说明

　　使用 npm 安装软件包后，就可以在程序中使用了，方法非常简单，使用 require 导入即可。例如，要使用安装的 vue 包，使用下面代码导入即可：

```
var vue=require("vue");                                    //导入 vue 模块
```

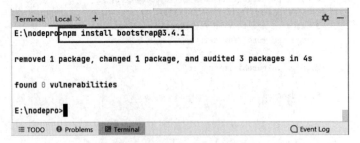

```
package.json ×
1  {
2      "name": "nodepro",
3      "version": "1.0.0",
4      "description": "",
5      "main": "index.js",
6      "scripts": {
7        "test": "echo \"Error: no test specified\" && exit 1"
8      },
9      "keywords": [],
10     "author": "",
11     "license": "ISC",
12     "dependencies": {
13       "vue": "^2.6.14"
14     },
15     "devDependencies": {
16       "bootstrap": "^5.0.1"
17     }
18
```

图 3.6　添加条目后的 package.json 文件

3.3.2　安装软件包的指定版本

在使用 npm install 命令安装软件包时，默认安装的是软件包的最新版本，如果项目对软件包的版本有要求，可以使用@语法来安装软件包的指定版本，语法如下：

```
npm install <package>@<version>
```

例如，使用下面命令安装 bootstrap 包的 3.4.1 版本：

```
npm install bootstrap@3.4.1
```

在 WebStorm 的命令终端中执行上面命令的效果如图 3.7 所示。

```
Terminal:  Local ×  +                                          ⚙  —
E:\nodepro>npm install bootstrap@3.4.1

removed 1 package, changed 1 package, and audited 3 packages in 4s

found 0 vulnerabilities

E:\nodepro>
≡ TODO    ⊘ Problems    ▣ Terminal              ⟳ Event Log
```

图 3.7　安装 npm 包的指定版本

安装 npm 软件包后，可以使用以下命令查看软件包的相关信息：

```
npm view <package>
```

例如，查看安装的 bootstrap 软件包的相关信息，效果如图 3.8 所示。

图 3.8　查看软件包的相关信息

如果只查看安装的软件包的版本号，则使用下面命令：

```
npm view <package> version
```

例如，查看安装的 bootstrap 软件包的版本号，效果如图 3.9 所示。

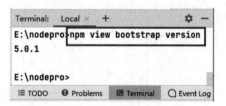

图 3.9　查看软件包的版本号

3.3.3　安装所有软件包

如果要在 Node.js 项目中一次安装所有软件包，则要求项目中必须存在 package.json 文件，并且在该文件中指定所有需要的软件包及版本，然后通过运行 npm install 命令即可安装。

例如，在一个 Node.js 项目中有如下 package.json 文件：

```
{
    "name": "nodepro",
```

```
"version": "1.0.0",
"description": "",
"main": "index.js",
"scripts": {
    "test": "echo \"Error: no test specified\" && exit 1"
},
"keywords": [],
"author": "",
"license": "ISC",
"dependencies": {
    "csv": "^5.5.0",
    "react": "^17.0.2",
    "sequelize": "^6.6.2",
    "socket.io": "^4.1.2"
}
}
```

此时如果在 WebStorm 的终端中执行 npm install 命令，即可同时安装 csv、react、sequelize 和 socket.io 这 4 个软件包，效果如图 3.10 所示。

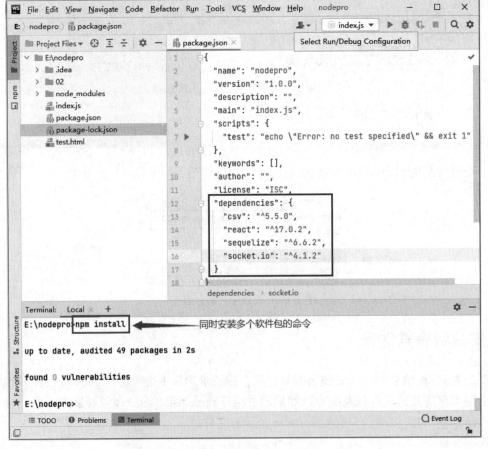

图 3.10　同时安装多个软件包

3.3.4　更新软件包

如果要使用 npm 更新已经安装的软件包版本，可以使用下面命令：

```
npm update <package-name>
```

上面的命令只更新指定软件包的版本，如果要更新项目中所有软件包的版本，可以使用下面命令：

```
npm update
```

例如，使用上面的两个命令更新软件包版本的效果如图 3.11 所示。

图 3.11　更新软件包版本

> **说明**
>
> 使用上面两个命令更新软件包版本时，只更新次版本或补丁版本，并且在更新时，package.json 文件中的版本信息保持不变，但是 package-lock.json 文件会被新版本填充；如果要更新主版本，则需要全局地安装 npm-check-updates 软件包，命令如下：
>
> ```
> npm install -g npm-check-updates
> ```
>
> 然后运行：
>
> ```
> ncu -u
> ```
>
> 这样即可升级 package.json 文件的 dependencies 和 devDependencies 中的所有版本，以便 npm 可以安装新的主版本。

3.3.5　指定 npm 软件包的安装位置

当使用 npm install 命令安装软件包时，可以执行两种安装类型：

☑　本地安装。

☑ 全局安装。

默认情况下，当输入 npm install 命令时，软件包会被安装到当前项目中的 node_modules 子文件夹下，如图 3.12 所示。

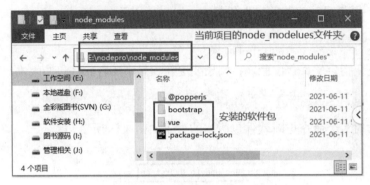

图 3.12　软件包的默认安装位置

如果想要将软件包进行全局安装，可以在 npm install 命令中指定-g 标识，语法如下：

npm install -g <package-name>

例如，全局安装 bootstrap 软件包，命令如下：

npm install -g bootstrap

执行上面命令后，软件包即进行全局安装，在 Windows 系统中，npm 的全局安装位置为 C:\Users\用户名\AppData\Roaming\npm\node_modules，如图 3.13 所示。

图 3.13　软件包的全局安装位置

说明

在 macOS 或 Linux 上，npm 软件包的全局安装位置是/usr/local/lib/node_modules。

3.3.6　卸载 npm 软件包

对于已经安装的 npm 软件包，可以使用 npm uninstall 命令进行卸载，同时会移除 package.json 文件中的引用，语法如下：

```
npm uninstall <package-name>
```

例如，卸载安装的 vue 软件包，命令如下：

```
npm uninstall vue
```

但是，如果程序包是开发依赖项（列出在 package.json 文件的 devDependencies 中），则必须使用 -D 标志从文件中移除，语法如下：

```
npm uninstall -D <package-name>
```

例如，卸载使用--save-dev 标志安装的 bootstrap 软件包，命令如下：

```
npm uninstall -D bootstrap
```

上面的命令可以卸载项目中安装的软件包，如果要卸载的软件包是全局安装的，则需要添加-g 标志，语法如下：

```
npm uninstall -g <package-name>
```

例如，卸载全局安装的 bootstrap 软件包，命令如下：

```
npm uninstall -g bootstrap
```

说明

可以在系统上的任何位置运行卸载全局软件包的命令，因为当前所在的文件夹无关紧要。

3.4　要点回顾

npm 包管理器是 Node.js 管理模块包的主要方式，在 Node.js 应用中，模块包的安装、更新、卸载等操作都需要使用 npm 包管理器去实现，因此，读者一定要熟练掌握 npm 的常用命令。

第 4 章

Node.js 基础

本章将对 Node.js 中的基础知识进行讲解，包括全局变量、全局对象、全局函数以及用于实现模块化编程的 exports 和 module 对象等内容，这些知识是学习 Node.js 应用开发的基础。

本章知识架构及重难点如下。

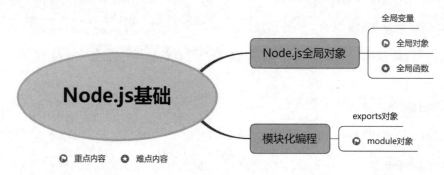

4.1　Node.js 全局对象

全局，即程序中任何地方都可以使用，Node.js 内置了多个全局变量、全局对象和全局函数，在开发 Node.js 程序时都可以使用，下面分别对它们进行讲解。

4.1.1　全局变量

Node.js 中的全局变量有两个，分别是 __filename 和 __dirname，它们的说明如下。

☑　__filename 全局变量：__filename 表示当前正在执行的脚本的文件名，包括文件所在位置的绝对路径，但该路径和命令行参数所指定的文件名不一定相同。如果在模块中，则返回的值是模块文件的路径。

☑　__dirname 全局变量：__dirname 表示当前执行的脚本所在的目录。

例如，下面代码用来分别输出 Node.js 中两个全局变量的值：

```
console.log('当前文件名：',__filename);
console.log('当前目录：',__dirname);
```

程序运行效果如图 4.1 所示。

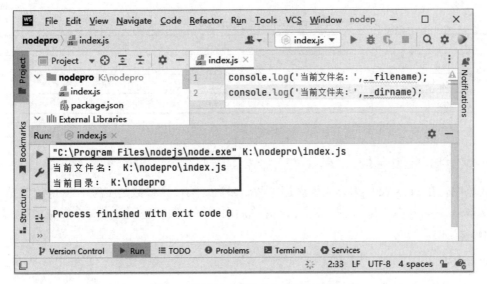

图 4.1　输出 Node.js 中全局变量的值

4.1.2　全局对象

全局对象可以在 Node.js 程序的任何地方进行访问，它可以为程序提供经常使用的特定功能。Node.js 中的全局对象如表 4.1 所示。

表 4.1　Node.js 中的全局对象

对　　象	说　　明
console	console 对象用于提供控制台标准输出
process	process 对象用于描述当前程序状态
exports	exports 对象是 Node.js 模块系统中公开的接口

接下来分别讲解 console 对象和 process 对象的使用，exports 对象将在 4.2 节中讲解。

1．console 对象

console 对象提供了 Node.js 控制台的标准输出，其常用方法及说明如表 4.2 所示。

表 4.2　　console 对象的常见方法

方　　法	说　　明
log()	向标准输出流打印字符并以换行符结束，该方法可以接收若干个参数。如果只有一个参数，则输出这个参数的字符串形式；如果有多个参数，则以类似于 C 语言中 printf()命令的格式输出
time()	开始计时
timeEnd()	结束计时，并输出完成时间（从 console.time()到 console.timeEnd()之间所花费的时间）

1）console.log()方法

在 console.log()方法中，可以使用占位符输出变量（如数字变量、字符串变量和 JSON 变量等），常用的占位符如表 4.3 所示。

表 4.3   console.log()方法中的常用占位符

占　位　符	说　明
%d	输出数字变量
%s	输出字符串变量
%j	输出 JSON 变量

例如，下面代码使用%d 占位符输出一个整数值：

```
console.log('变量的值是：%d',57);
```

上面代码中，在 console.log()方法里添加了两个参数。第一个参数是字符串'变量的值是：%d'，第二个参数是数字 57。其中，%d 是占位符，会寻找后面位置的数字，因为第二个参数 57，紧紧跟在后面，所以输出结果如下：

```
变量的值是：57
```

使用 console.log()方法输出内容时，还可以有多个占位符，示例代码如下：

```
console.log('%d+%d=%d',273,52,273+52);
console.log('%d+%d=%d',273,52,273+52,52273);
console.log('%d+%d=%d & %d',273,52,273+52);
```

上面代码运行效果如下：

```
273+52=325
273+52=325 52273
273+52=325 & %d
```

观察代码可以发现，第 1 行代码中，占位符的个数是 3 个，后面的数字变量的个数也是 3 个，所以输出结果是"273+52=325"；第 2 行代码中，占位符的个数是 3 个，但是后面数字变量的个数是 4 个，输出结果"273+52=325 52273"，说明多出的数字变量 52273 原样输出；第 3 行代码中，占位符的个数是 4 个，但是后面数字变量的个数是 3 个，输出结果"273+52=325　& %d"，说明多余的占位符没有找到匹配的数字变量，只能原样输出。

使用其他占位符的示例代码如下：

```
console.log('字符串 %s','hello world','和顺序无关');
console.log('JSON %j',{name:'Node.js'});
```

上面代码运行效果如下：

```
字符串 hello world 和顺序无关
JSON {"name":"Node.js"}
```

2）console.time()方法和 console.timeEnd()方法

console.time()方法和 console.timeEnd()方法用来记录程序的执行时间段。console.time()方法用来开始计时，其参数只是起到标识的作用；console.timeEnd()方法用来结束计时，并输出程序运行所需的时间，它在显示结果时，会在标识参数后面自动添加以毫秒为单位的时间。例如，下面代码用来输出执行 10 的阶乘运算所需要的时间：

```
//开始计时
console.time('时间');
var output = 1;
for (var i = 1; i <= 10; i++) {
        output *= i;
}
console.log('Result:', output);
//结束计时，并输出程序执行时间
console.timeEnd('时间');
```

运行效果如下：

```
Result: 3628800
时间: 11.027ms
```

 说明

程序的执行时间不是固定时间，它与计算机配置有关。

2．process 对象

process 对象用于描述当前程序的状态，与 console 对象不同的是，process 对象只在 Node.js 中存在，在 JavaScript 中并不存在该对象。process 对象的常用属性及说明如表 4.4 所示。

表 4.4　process 对象的常用属性

属　性	说　明
argv	返回一个数组，由命令行执行脚本时的各个参数组成
env	返回当前系统的环境变量
version	返回当前 Node.js 的版本
versions	返回当前 Node.js 的版本号以及依赖包
arch	返回当前 CPU 的架构，如 arm 或 x64 等
platform	返回当前运行程序所在的平台系统，如 win32、linux 等
ExecPath	返回执行当前脚本的 Node 二进制文件的绝对路径
execArgv	返回一个数组，成员是命令行下执行脚本时在 Node 可执行文件与脚本文件之间的命令行参数
exitCode	进程退出时的代码，如果进程通过 process.exit()退出，不需要指定退出码
config	一个包含用来编译当前 Node 执行文件的 JavaScript 配置选项的对象。它与运行./configure 脚本生成的 config.gypi 文件相同
pid	当前进程的进程号
ppid	当前进程的父进程的进程号
title	进程名
arch	当前 CPU 的架构：arm、ia32 或者 x64
platform	运行程序所在的平台系统 darwin、freebsd、linux、sunos 或 win32
mainModule	require.main 的备选方法。不同点是，如果主模块在运行时改变，require.main 可能会继续返回老的模块。可以认为，这两者引用了同一个模块

process 对象的常用方法及说明如表 4.5 所示。

表 4.5　process 对象的常用方法

方　　法	说　　明
exit([code])	使用指定的 code 结束进程。如果忽略，将会使用 code0
memoryUsage()	返回一个对象，描述了 Node 进程所用的内存状况，单位为字节
uptime()	返回 Node 已经运行的秒数

【例 4.1】输出 process 对象常用属性的值。（**实例位置：资源包\源码\04\01**）

代码如下：

```
console.log('- process.env:', process.env);
console.log('- process.version:', process.version);
console.log('- process.versions:', process.versions);
console.log('- process.arch:', process.arch);
console.log('- process.platform:', process.platform);
console.log('- process.connected:', process.connected);
console.log('- process.execArgv:', process.execArgv);
console.log('- process.exitCode:', process.exitCode);
console.log('- process.mainModule:', process.mainModule);
console.log('- process.release:', process.release);
console.log('- process.memoryUsage():', process.memoryUsage());
console.log('- process.uptime():', process.uptime());
```

运行效果如下：

```
- process.env: {
    USERDOMAIN_ROAMINGPROFILE: 'DESKTOP-05BA7LG',
    LOCALAPPDATA: 'C:\\Users\\XIAOKE\\AppData\\Local',
    PROCESSOR_LEVEL: '6',
    ......
}
- process.version: v19.0.1
- process.versions: {
    node: '19.0.1',
    v8: '10.7.193.13-node.16',
    uv: '1.43.0',
    zlib: '1.2.11',
    brotli: '1.0.9',
    ares: '1.18.1',
    modules: '111',
    nghttp2: '1.47.0',
    napi: '8',
    llhttp: '8.1.0',
    openssl: '3.0.7+quic',
    cldr: '41.0',
    icu: '71.1',
    tz: '2022b',
```

```
        unicode: '14.0',
        ngtcp2: '0.8.1',
        nghttp3: '0.7.0'
    }
- process.arch: x64
- process.platform: win32
- process.connected: undefined
- process.execArgv: []
- process.exitCode: undefined
- process.mainModule: Module {
        id: '.',
        path: 'K:\\nodepro',
        exports: {},
        filename: 'K:\\nodepro\\index.js',
        loaded: false,
        children: [],
        paths: [ 'K:\\nodepro\\node_modules', 'K:\\node_modules' ]
    }
- process.release: {
        name: 'node',
        sourceUrl: 'https://nodejs.org/download/release/v19.0.1/node-v19.0.1.tar.gz',
        headersUrl: 'https://nodejs.org/download/release/v19.0.1/node-v19.0.1-headers.tar.gz',
        libUrl: 'https://nodejs.org/download/release/v19.0.1/win-x64/node.lib'
    }
- process.memoryUsage(): {
        rss: 28078080,
        heapTotal: 6639616,
        heapUsed: 6031272,
        external: 455122,
        arrayBuffers: 17378
    }
- process.uptime(): 0.095098
```

4.1.3　全局函数

　　全局函数，即可以在程序的任何地方调用的函数，Node.js 主要提供了 6 个全局函数，其说明如表 4.6 所示。

表 4.6　Node.js 中的全局函数

函　　数	说　　明
setTimeout(cb,ms)	添加一个定时器，在指定的毫秒（ms）数后执行指定函数（cb）
clearTimeout(t)	取消定时器，停止一个之前调用 setTimeout()创建的定时器
setInterval(cb,ms)	添加一个定时器，每隔一定的时间（ms）就执行一次函数（cb）
clearInterval(t)	取消定时器，停止之前调用 setInterval()创建的定时器
setImmediate(callback[,...args])	安排在 I/O 事件的回调之后立即执行的 callback
clearImmediate(immediate)	取消由 setImmediate()创建的 Immediate 对象

下面对 Node.js 中全局函数的使用进行讲解。

1. setTimeout(cb,ms)和 clearTimeout(t)

这两个全局函数分别用来设置和取消一个定时器，此处需要说明的是，setTimeout(cb,ms)设置的定时器仅调用一次指定的方法。示例代码如下：

```
var timer=setTimeout(function(){
        console.log("您将在 2 秒后看到这句话")
},2000)
//clearTimeout(timer)
```

运行上面代码，2 秒后将会显示如下内容：

```
您将在 2 秒后看到这句话
```

如果将上面代码中的最后一行取消注释，则运行程序时不会输出任何内容，因为虽然前 3 行代码添加了一个定时器，但是第 4 行又取消了该定时器，所以在控制台不会输出内容。

2. setInterval(cb,ms)和 clearInterval(t)

这两个全局函数分别用来添加和取消一个定时器。其中参数 cb 为要执行的函数；ms 为调用 cb 函数前等待的时间；t 表示要取消的 setInterval()方法设置的定时器。使用 setInterval()方法设置定时器与使用 setTimeout()方法设置定时器的区别是，使用 setInterval()方法设置的定时器可以多次调用指定的方法，而使用 setTimeout()方法设置的定时器只能调用一次指定的方法。示例代码如下：

```
var i = 0                                    //记录执行程序的次数
var timer
timer = setInterval(function () {
    i += 1
    console.log("已执行" + i + "次")
    if (i >= 5) {
            clearInterval(timer)             //执行 5 次后，取消定时器
            console.log("执行完毕")
    }
}, 2000)
```

运行上面的代码，每隔 2 秒会显示一次执行函数的次数，直到执行 5 次以后，取消定时器，最终输出结果如下：

```
已执行 1 次
已执行 2 次
已执行 3 次
已执行 4 次
已执行 5 次
执行完毕
```

3. setImmediate(callback[,...args])和 clearImmediate(immediate)

这两个全局函数用来安排在 I/O 事件的回调之后立即执行的函数，以及取消 setImmediate()创建的

Immediate 对象。其中，callback 参数指的是要执行的函数，immediate 参数表示使用 setImmediate()创建的 Immediate 对象。

说明

I/O（input/output）即输入/输出，通常指数据在内部存储器与外部存储器或其他周边设备之间的输入和输出。

示例代码如下：

```
console.log("正常执行 1");
var a = setImmediate(function () {
    console.log("我被延迟执行了");
});
console.log("正常执行 2")
//clearImmediate(a)
```

上面代码的运行结果如下：

```
正常执行 1
正常执行 2
我被延迟执行了
```

如果将最后一行代码取消注释，则运行结果如下：

```
正常执行 1
正常执行 2
```

4.2　模块化编程

Node.js 主要使用模块系统进行编程，所谓模块，是指为了方便调用功能，预先将相关方法和属性封装在一起的集合体。模块和文件是一一对应的，即一个 Node.js 文件就是一个模块，这个文件可以是 JavaScript 代码、JSON 或者编译过的 C/C++扩展等。下面对 Node.js 模板化编程中用到的两个对象 exports 和 module 进行讲解。

4.2.1　exports 对象

在 Node.js 中创建模块需要使用 exports 对象，该对象可以共享方法、变量、构造和类等，下面通过一个实例讲解如何使用 exports 创建一个模块。

【例 4.2】使用 exports 对象实现模块化编程。（**实例位置：资源包\源码\04\02**）

步骤如下。

（1）在 WebStorm 中创建一个 module.js 文件，其中通过 exports 对象共享求绝对值和计算圆面积的方法，代码如下：

```
//求绝对值的方法 abs
exports.abs = function (number) {
    if (0 < number) {
        return number;
    } else {
        return -number;
    }
};
//求圆面积的方法 circleArea
exports.circleArea = function (radius) {
    return radius * radius * Math.PI;
};
```

（2）在 WebStorm 中创建一个 main.js 文件，用来调用前面创建的模块来计算指定值的绝对值及指定半径的圆面积，代码如下：

```
//加载 module.js 模块文件
var module = require('./module.js');
//使用模块方法
console.log('abs(-273) = %d', module.abs(-273));
console.log('circleArea(3) = %d', module.circleArea(3));
```

说明

上面代码中，通过使用 require()导入了创建的 module.js 模块文件。

运行 main.js 文件，结果如下：

```
abs(-273) = 273
circleArea(3) = 28.274333882308138
```

4.2.2　module 对象

在 Node.js 中，除了使用 exports 对象进行模块化编程，还可以使用 module 对象进行模块化编程。module 对象的常用属性如表 4.7 所示。

表 4.7　module 对象的常用属性

属　　性	说　　明
id	模块的标识符，通常是完全解析后的文件名，默认输出
path	Node.js 运行 js 模块所在的文件路径
exports	公开的内容，也就是导出的对象，引入该模块会得到这个对象
filename	当前模块文件名，包含路径
loaded	模块是否加载完毕
parent	当前模块的父模块对象
children	当前模块的所有子模块对象

【例 4.3】使用 module 对象实现模块化编程。（实例位置：资源包\源码\04\03）

步骤如下。

（1）在 WebStorm 中创建一个 module.js 文件，其中定义一个输出方法，然后通过 module 对象的 exports 属性指定对外接口，代码如下：

```
function Hello() {
    var name;
    this.setName = function (thyName) {
        name = thyName;
    };
    this.sayHello = function () {
        console.log(name + '，你好');
    };
};
module.exports = Hello;
```

（2）在 WebStorm 中创建一个 main.js 文件，用来调用创建的模块以输出内容，代码如下：

```
var Hello = require('./module.js');
hello = new Hello();
hello.setName('2023');
hello.sayHello();
```

运行 main.js 文件，结果如下：

```
2023，你好
```

注意

与使用 exports 对象相比，唯一的变化是使用 module.exports = Hello 代替了 exports。在外部引用该模块时，其接口对象就是要输出的 Hello 对象本身，而不是原先的 exports。

4.3　要点回顾

本章主要对 Node.js 编程的通用基础知识进行了介绍，以便为开发 Node.js 应用储备必要的基础。其中，分别讲解了 Node.js 中内置的全局变量、全局对象和全局函数以及实现模块化编程的两个对象 exports 和 module。学习本章时，重点掌握 console 对象和 module 对象的使用。

第 5 章

事件的监听与触发

Node.js 是由事件驱动的，每个任务都可以当作一个事件来处理，本章将对 Node.js 中的 events 模块及其中处理事件的类 EventEmitter 的使用进行详细讲解。

本章知识架构及重难点如下。

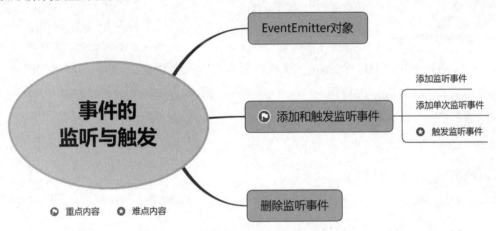

5.1 EventEmitter 对象

在 JavaScript 中，通过事件可以处理许多用户的交互，比如鼠标的单击、键盘按键的按下、对鼠标移动的反应等。在 Node.js 中也提供了类似的事件驱动，主要是通过 events 模块实现的，该模块中提供了 EventEmitter 类，用于处理事件。要使用 EventEmitter 类处理事件，首先需要对其进行初始化，代码如下：

```
EventEmitter = require('events')
eventEmitter = new EventEmitter()
```

在 Node.js 中，可以添加监听事件的对象都是继承自 EventEmitter 对象，后者提供了用于处理 Node.js 事件的方法，常用方法及说明如表 5.1 所示。

表 5.1　EventEmitter 对象中的常用方法及说明

方　　法	说　　明
addListener(eventName,listener)	添加监听事件
on(eventName,listener)	添加监听事件，与 addListener()方法等效

续表

方　　法	说　　明
emit(eventName[, ...args])	触发事件
setMaxListeners(limit)	设置可以监听的最大回调函数数量
removeListener(eventName,listener)	删除指定名称的监听事件
removeAllListeners([eventName])	删除全部监听事件
off(eventName, listener)	删除指定事件名称的监听事件，与 removeListener()方法等效
once(eventName,listener)	添加单次监听事件
prependListener(eventName, listener)	将事件监听器添加到监听器数组的开头

说明

EventEmitter 对象的 addListener()方法和 on()方法都用来添加监听事件，它们的使用是等效的，实际上，on 方法在内部实现时调用了 addListener()方法。Node.js 中推荐使用 on()方法添加监听事件。

【例 5.1】使用 EventEmitter 对象创建简单事件。（实例位置：资源包\源码\05\01）

在 WebStorm 中创建一个.js 文件，其中创建一个 EventEmitter 对象，并使用其 on 方法添加监听事件，在监听事件中输出一个日志信息，然后使用 emit()方法触发该监听事件。代码如下：

```
//引入 events 模块
var events = require('events');
//生成 EventEmitter 对象
var custom = new events.EventEmitter();
//添加监听事件 tick
custom.on('tick', function (code) {
    console.log('执行指定事件！');
});
//主动触发监听事件 tick
custom.emit('tick');
```

运行程序，效果如图 5.1 所示。

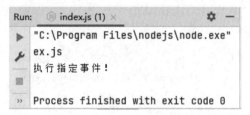

图 5.1　使用 EventEmitter 对象创建简单事件

上面的代码中，使用 EventEmitter 对象添加监听事件和触发监听事件的代码都放在了一个文件中，但实际应用时，通常会把添加监听事件的模块和触发监听事件的模块分开，如图 5.2 所示就是一种常用的实现 Node.js 监听事件的文件构成方式。其中，app.js 文件中添加相关监听事件，rint.js 文件中触发相关监听事件。

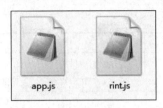

图 5.2　监听事件的文件构成

【例 5.2】演示项目中监听事件的添加与触发。（**实例位置：资源包\源码\05\02**）

程序开发步骤如下。

（1）在 WebStorm 中创建一个 rint.js 文件，该文件中使用 EventEmitter 对象的 emit()方法每隔 1 秒触发一次 tick 事件，代码如下：

```
//定义变量，用来记录执行次数
num=0
//引入 events 模块
var events = require('events');
//生成 EventEmitter 对象
exports.timer = new events.EventEmitter();
//触发监听事件 tick
setInterval(function () {
        num+=1
        exports.timer.emit('tick',num);
}, 1000);
```

（2）创建一个 app.js 文件，为 rint 模块添加具体的 tick 事件，该事件中输出一个日志信息，代码如下：

```
//引入 rint 模块
var rint = require('./rint.js');
//添加监听事件
rint.timer.on('tick', function (code) {
        console.log(`执行第 ${code} 次监听事件`);
});
```

运行 app.js 文件，效果如图 5.3 所示。

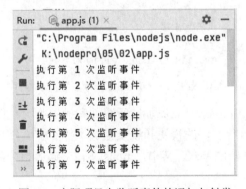

图 5.3　实际项目中监听事件的添加与触发

5.2　添加和触发监听事件

前面我们演示了如何在 Node.js 中添加监听事件和触发监听事件，主要用到的是 EventEmitter 对象的 on 方法和 emit 方法，下面对这两个方法及其使用进行详细讲解。

5.2.1　添加监听事件

通过上面的学习，我们已经知道，在 Node.js 中添加监听事件使用的是 EventEmitter 对象的 on 方法，该方法主要用来将回调函数添加到名为 eventName 的事件监听器数组的末尾，其语法格式如下：

```
on(eventName,listener)
```

☑　eventName：一个字符串，表示事件名称。

☑　listener：回调函数。

在使用 on 方法向事件监听器数组中添加函数时，不会检查其是否已被添加，如果多次调用并传入相同的 eventName 与 listener，会导致 listener 被重复添加多次。例如，下面代码会为 tick 事件添加 3 次同样的输出日志函数：

```
//引入 events 模块
var events = require('events');
//生成 EventEmitter 对象
var custom = new events.EventEmitter();
//添加监听事件 tick
custom.on('tick', function () {
    console.log('第 1 次添加！');
});
custom.on('tick', function () {
    console.log('第 2 次添加！');
});
custom.on('tick', function () {
    console.log('第 3 次添加！');
});
//主动触发监听事件 tick
custom.emit('tick');
```

执行上面代码时，默认运行结果如下：

```
第 1 次添加！
第 2 次添加！
第 3 次添加！
```

从上面的运行结果可以看出，在默认情况下，事件监听器会按照添加的顺序依次调用，但如果想要改变添加顺序，该怎么办呢？EventEmitter 对象提供了一个 prependListener 方法，该方法可以将事件回调函数添加到监听器数组的开头，其语法如下：

```
prependListener(eventName, listener)
```

☑　eventName：一个字符串，表示事件名称。

☑　listener：回调函数。

例如，将上面的代码修改如下：

```
//引入 events 模块
var events = require('events');
//生成 EventEmitter 对象
var custom = new events.EventEmitter();
//添加监听事件 tick
custom.on('tick', function () {
    console.log('第 1 次添加！');
});
//将回调函数添加到事件监听器数组的开头
custom.prependListener('tick', function () {
    console.log('第 2 次添加！');
});
custom.on('tick', function () {
    console.log('第 3 次添加！');
});
//主动触发监听事件 tick
custom.emit('tick');
```

运行结果会变成下面这样：

```
第 2 次添加！
第 1 次添加！
第 3 次添加！
```

另外，需要注意的是，在上面的示例中，我们可以为同一个事件添加多个回调函数，但如果添加的回调函数超过 10 个，则会出现如图 5.4 所示的警告提示。

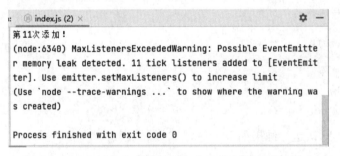

图 5.4　向同一个事件添加超过 10 个回调函数时的警告提示

通过观察图 5.4 可以看到，如果为同一个事件添加的回调函数超过了 10 个，程序可以正常运行，但会在运行完之后出现警告提示，如何避免该警告呢？EventEmitter 对象提供了一个 setMaxListeners 方法，该方法用来设置可以监听的最大回调函数数量，其语法格式如下：

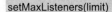

```
setMaxListeners(limit)
```

☑　limit：一个数字，用来表示可以监听的最大回调函数数量。

例如，将监听器可以监听的最大回调函数数量设置为 15 个，代码如下：

```
custom.setMaxListeners(15)
```

5.2.2　添加单次监听事件

使用前面介绍的 on 方法添加事件时，事件一旦添加就会一直存在，但如果遇到只想执行一次监听事件的情况，使用 on 方法就无能为力了，这时可以使用 EventEmitter 对象的 once 方法，该方法用来将单次监听器 listener 添加到名为 eventName 的事件，当 eventName 事件下次触发时，监听器会先被移除，然后再调用。once 方法的语法格式如下：

```
once(eventName,listener)
```

☑　eventName：一个字符串，表示事件名称。

☑　listener：回调函数。

【例 5.3】使用 once 方法添加单次监听事件。（实例位置：资源包\源码\05\03）

在 WebStorm 中创建一个 index.js 文件，其中使用 EventEmitter 对象的 once 方法为监听事件绑定一个回调函数，然后使用 emit 方法触发该监听事件，在触发时，设置每秒触发一次，代码如下：

```
//引入 events 模块
var events = require('events');
//生成 EventEmitter 对象
var custom = new events.EventEmitter();
function onUncaughtException(error) {
    //输出异常内容
    console.log('发生异常，请多加小心！');
}
//添加监听事件 event
custom.once('event', onUncaughtException);
//主动触发监听事件 event
setInterval(function () {
    custom.emit('event');
}, 1000);
```

运行程序，效果如图 5.5 所示。

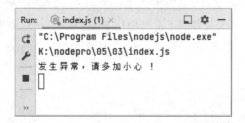

图 5.5　使用 once 方法添加监听事件的效果

说明

图 5.5 中，使用 once 方法添加监听事件后，每隔一秒触发一次该事件，但只执行了一次。但是，如果将代码中第 10 行的 once 修改为 on，则运行结果会变成每隔一秒输出一次日志。

5.2.3 触发监听事件

当对指定对象添加监听事件后，需要触发添加的监听事件，这时需要使用 EventEmitter 对象的 emit 方法，其语法格式如下：

```
emit(eventName[, ...args])
```

☑ eventName：一个字符串，表示要触发的事件名称。
☑ args：回调函数中需要的参数。
☑ 返回值：布尔值，表示是否成功触发事件。

【例 5.4】使用 emit 方法触发事件。（**实例位置：资源包\源码\05\04**）

在 WebStorm 中创建一个 index.js 文件，其中使用 EventEmitter 对象的 on 方法为监听事件绑定一个回调函数，然后使用 emit 方法触发该监听事件，代码如下：

```
//引入 events 模块
var events = require('events');
//生成 EventEmitter 对象
var custom = new events.EventEmitter();
//添加监听事件 event
custom.on('event', function listener() {
        console.log('触发监听事件！');
});
//主动触发监听事件 event
custom.emit('event');
```

运行程序，效果如下：

```
触发监听事件！
```

上面为事件添加的回调函数没有参数，但在实际开发中，可能需要定义带参数的回调函数，这时使用 emit 方法触发监听事件时，传入相应个数的参数即可。

【例 5.5】触发带参数的监听事件。（**实例位置：资源包\源码\05\05**）

在 WebStorm 中创建一个 index.js 文件，其中使用 EventEmitter 对象的 on 方法为监听事件绑定两个回调函数，第一个回调函数有一个参数，第二个回调函数的参数为不定长参数，然后使用 emit 方法触发该监听事件，代码如下：

```
//引入 events 模块
var events = require('events');
//生成 EventEmitter 对象
var custom = new events.EventEmitter();
```

```
//添加监听事件 event
custom.on('event', function listener1(arg) {
    console.log(`第 1 个监听器中的事件有参数 ${arg}`);
});
//添加监听事件 event
custom.on('event', function listener1(...args) {
    parameters = args.join(', ');                          //连接参数
    console.log(`第 2 个监听器中的事件有参数 ${parameters}`);
});
//主动触发监听事件 event
custom.emit('event', 1, '明日','年龄：30','爱好：编程');
```

运行程序，效果如图 5.6 所示。

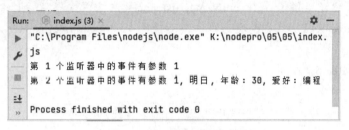

图 5.6　触发带参数的监听事件

从图 5.6 可以看出，由于在第一个 event 事件中定义的回调函数中只有一个参数 arg，因此在触发时，即使传入了多个值，其也只输入第一个值；在第二个 event 事件定义的回调函数中，由于使用了"...args"进行定义，这表示它是一个不定长参数，因此在触发时，会根据传入参数的个数输出相应的内容。

5.3　删除监听事件

前面已经学习了如何添加及触发监听事件，如果添加的监听事件不需要了，可以将它删除。删除监听事件的方法如下。

☑　removeListener(eventName,listener)：删除指定名称的监听事件。

☑　removeAllListeners([eventName])：删除全部监听事件。

下面通过一个实例来演示如何使用 Node.js 中删除监听事件的方法。

【例 5.6】删除指定的监听事件。（实例位置：资源包\源码\05\06）

该实例在例 5.4 的基础上进行修改，将要添加到监听事件的回调函数单独定义，并添加到 event 监听事件并触发；在触发监听事件后，使用 removeListener 方法删除该监听事件，并通过输出删除前后的监听事件名称进行对比。代码如下：

```
//引入 events 模块
var events = require('events');
//生成 EventEmitter 对象
var custom = new events.EventEmitter();
```

```
function listener() {
        console.log('触发监听事件！');
}
//添加监听事件 event
custom.on('event', listener);
//主动触发监听事件 event
custom.emit('event');
console.log(custom.eventNames());              //输出删除前的监听事件名称
custom.removeListener('event',listener) ;      //删除 event 事件
console.log(custom.eventNames());              //输出删除后的监听事件名称
```

 说明

在 EventEmitter 中还提供了 off(eventName, listener)方法，该方法实际上相当于 removeListener 方法的别名，也可以删除指定名称的监听事件，其使用方法与 removeListener 完全一样。

运行程序，效果如图 5.7 所示。

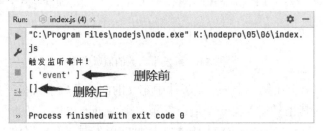

图 5.7　删除指定的监听事件

在使用 removeListener 方法删除监听事件时，如果同一个事件监听器被多次添加到指定 eventName 的监听器数组中，则必须多次调用 removeListener 方法才能删除所有事件。例如，将例 5.6 的代码修改如下：

```
//引入 events 模块
var events = require('events');
//生成 EventEmitter 对象
var custom = new events.EventEmitter();
function listener() {
        console.log('触发监听事件！');
}
//添加监听事件 event
custom.on('event', listener);
/*多次添加同一个事件*/
custom.on('event', listener);
custom.on('event', listener);
custom.on('event', listener);
//主动触发监听事件 event
custom.emit('event');
console.log(custom.eventNames());              //输出删除前的监听事件名称
custom.removeListener('event',listener);       //删除 event 事件
console.log(custom.eventNames());              //输出删除后的监听事件名称
```

上面代码中为 event 事件添加了 4 次 listener 回调函数，但只使用 removeListener 删除了一次 event 事件，运行结果如图 5.8 所示。

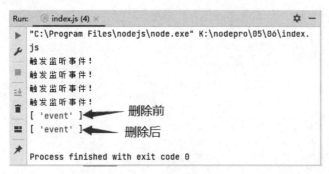

图 5.8　使用 removeListener 方法删除多次添加的事件时的效果

观察图 5.8 可以看出，删除前后，event 事件都存在，说明使用 removeListener 并没有完全删除多次添加的 event 事件。这时，如果想要完全删除 event 事件，可以使用 removeListener 方法删除 4 次，也可以直接使用 removeAllListeners 删除所有的监听事件，代码如下：

```
custom.removeAllListeners('event');                    //删除所有 event 事件
```

5.4　要　点　回　顾

Node.js 应用中的事件监听与触发，主要是使用 events 模块中提供的 EventEmitter 类来实现的。本章主要对事件监听与触发进行了详细讲解，包括事件的添加、触发、删除等操作。Node.js 中的任务是由事件驱动的，因此本章是开发 Node.js 应用的基础，读者一定要熟练掌握。

第 2 篇

核心技术

本篇详解 Node.js 的核心技术，包括 util 工具模块、fs 文件系统模块、os 操作系统模块、异步编程与回调、I/O 流操作等内容。学习完本篇，读者可以掌握更深一层的 Node.js 开发技术，并能够开发一些小型应用程序。

核心技术

- util工具模块
  学习Node.js的util工具模块，掌握如何使用它来格式化字符串、将对象转换为字符串、检查对象类型、实现对象间的原型继承等，弥补核心JavaScript提供的函数过于精简的不足

- fs文件系统模块
  学习Node.js的fs文件系统模块，掌握如何使用它对本地的文件及目录（文件夹）进行操作

- os操作系统模块
  学习Node.js的os操作系统模块，掌握如何使用它与操作系统进行交互，如获取内存信息、网络信息、本机用户、系统类型、系统目录等

- 异步编程与回调
  学习Node.js的异步编程模块，解决JavaScript单线程编程效率低的问题

- I/O流操作
  学习Node.js中的I/O流操作技术，掌握如何使用Node.js实现文件读写操作

第 6 章

util 工具模块

util 是 Node.js 内置的一个工具模块，使用它可以格式化字符串、将对象转换为字符串、检查对象类型、实现对象间的原型继承等，本章将对 util 工具模块的使用进行讲解。

本章知识架构及重难点如下。

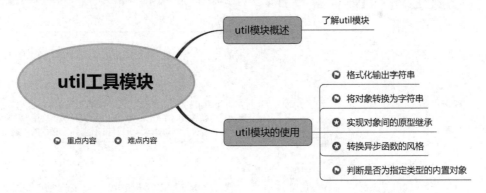

6.1　util 模块概述

util 模块是 Node.js 的内置模块，它提供了常用方法的集合，这主要是为了弥补核心 JavaScript 功能过于精简的不足，该模块的主要目的是满足 Node.js 内部 API 的需求。引用 util 模块的语法格式如下：

```
const util=require('util')
```

表 6.1 列举了 util 模块的常用方法和功能。

表 6.1　util 模块的常用方法和功能

方　　法	功　　能
callbackify(async_function)	将 async 异步函数（或者一个返回值为 Promise 的函数）转换成遵循错误优先回调风格的函数
inherits()	实现对象间的原型继承
inspect()	将任意对象转换为字符串，通常用于调试和错误输出
format()	格式化字符串
promisify(original)	传入一个遵循常见的错误优先回调风格的函数，然后返回一个返回值为 Promise 的函数

6.2 util 模块的使用

6.2.1 格式化输出字符串

util 模块提供了 format()方法, 用来对字符串进行格式化, 其语法格式如下:

```
util.format(format, [...])
```

参数 format 是包含零个或多个占位符的字符串, 每个占位符都是以一个%字符开始, 并最终被对应的参数转换的字符串值取代。format 方法支持的占位符有以下类型。

- ☑ %s: 指定字符串。
- ☑ %d: 指定数值。
- ☑ %1: 转换为整数。
- ☑ %f: 转换为小数。
- ☑ %j: 转换为 JSON 字符串。
- ☑ %o: 转换为具有通用 JavaScript 对象格式的字符串表示形式, 与 util.inspect()类似, 它显示了完整的对象以及不可枚举的属性。
- ☑ %O: 与%o 相似, 但没有选项, 它不包含不可枚举的属性。
- ☑ %%: 输出%。
- ☑ 返回值: 格式化后的字符串。

下面通过一个示例演示以上部分占位符的使用。

【例 6.1】使用 util 格式化字符串。(**实例位置: 资源包\源码\06\01**)

代码如下:

```
const util=require("util")
function Person() {
    this.name = '老张';
    this.age=60;
    this.showName = function() {
        return this.name;
    };
}
var man = new Person();
console.log(util.format("%d+%d=%d",50,70,50+70))
console.log(util.format("整数: %i",26.01))
console.log(util.format("小数: %f","26.01"))
console.log(util.format("百分数: %d%%","26"))
console.log(util.format("对象格式化为 JSON: %j",man))
```

运行结果如下:

```
50+70=120
整数: 26
小数: 26.01
百分数: 26%
对象格式化为 JSON: {"name":"老张","age":60}
```

6.2.2 将对象转换为字符串

util 模块提供了一个 inspect()方法,用于将任意对象转换为字符串,该方法通常用于调试和错误输出,其语法格式如下:

```
util.inspect(object[, showHidden[, depth[, colors]]])
```

其中,参数 object 是必需的参数,用来指定一个对象;参数 showHidden 为 true 时,将会显示更多的关于 object 对象的隐藏信息;参数 depth 表示最大递归层数,用于对象比较复杂时指定对象的递归层数;参数 colors 的值若为 true,表示输出格式将会以 ANSI 颜色编码,通常用于在终端上显示更漂亮的效果。

【例 6.2】使用 inspect()将对象转换为字符串。(**实例位置: 资源包\源码\06\02**)

创建一个 Person 对象,并创建 Person 对象的实例 man,然后将 man 对象转换成字符串,代码如下:

```javascript
const util=require("util")
function Person() {
    this.name = '老张';
    this.age=60;
    this.showName = function() {
        return this.name;
    };
}
var man = new Person();
console.log(util.inspect(man));
console.log(util.inspect(man, true));
```

运行结果如下:

```
Person { name: '老张', age: 60, showName: [Function (anonymous)] }
Person {
    name: '老张',
    age: 60,
    showName: <ref *1> [Function (anonymous)] {
        [length]: 0,
        [name]: '',
        [arguments]: null,
        [caller]: null,
        [prototype]: { [constructor]: [Circular *1] }
    }
}
```

6.2.3　实现对象间的原型继承

util 模块提供了一个 inherits()方法，用于实现对象间的原型继承，其语法格式如下：

```
util.inherits(constructor, superConstructor)
```

参数 constructor 表示要从原型继承的任何对象，参数 superConstructor 表示要继承的原型对象。

【例 6.3】使用 inherits()实现对象间的原型继承。（**实例位置：资源包\源码\06\03**）

创建一个原型对象 par 和一个继承自 par 对象的 ch 对象。首先为 par 对象定义 3 个属性，并使用 prototype 定义一个方法；然后使用 util 模块的 inherits()方法为 ch 对象实现 par 对象的原型继承。代码如下：

```javascript
var util = require('util');
function par() {
    this.name = '老张';
    this.age = 60;
    this.say = function () {
        console.log(this.name + "今年" + this.age + "岁");
    };
}
par.prototype.showName = function () {
    console.log("我是" + this.name);
};
function ch() {
    this.name = '小张';
}
util.inherits(ch, par);
var objBase = new par();
objBase.showName();
objBase.say();
console.log(objBase);
var objSub = new ch();
objSub.showName();
console.log(objSub);
```

运行结果如下：

```
我是老张
老张今年 60 岁
par { name: '老张', age: 60, sayHello: [Function (anonymous)] }
我是小张
ch { name: '小张' }
```

注意

通过上面的结果可以看出，ch 仅继承了 par 在原型中定义的函数，而构造函数内部的 age 属性、say 函数都没有被继承，这一点大家使用时要注意。

6.2.4　转换异步函数的风格

util 模块中的 callbackify()方法可以将 async 异步函数（或者一个返回值为 Promise 的函数）转换成遵循错误优先回调风格的函数，其语法格式如下：

```
util.callbackify(async_function)
```

参数 async_function 表示原始的 async 异步函数，该方法的返回值是一个以错误优先回调风格返回的 Promise 函数，基本形式为(err,ret)=>{}，第一个参数是错误原因。

例如，定义一个异步函数 fn，使用 util 模块的 callbackify()对其进行风格转换，然后执行转换风格后的异步函数，其中传入一个错误优先风格的回调函数 function(err,ret)。代码如下：

```
const util = require('util');
async function fn() {
        return '这是一个函数';
}
const callbackFunction = util.callbackify(fn);

callbackFunction(function (err, ret) {
        if (err) throw err;
        console.log(ret);
});
```

运行结果如下：

```
这是一个函数
```

说明

在定义的函数前面加 async 关键字，则该函数就会成为一个异步函数，关于异步函数的详细讲解，请参见第 9 章。

6.2.5　判断是否为指定类型的内置对象

除了上面常用的一些方法，util 模块中还提供了一个 types 类型，通过调用该类型的一些方法，可以为不同类型的内置对象提供类型检查。常用的类型检查方法如下。

☑　util.types.isAnyArrayBuffer(value)：判断 value 是否为内置的 ArrayBuffer 或 SharedArrayBuffer 实例。示例代码如下：

```
const util = require('util')
console.log(util.types.isAnyArrayBuffer(new ArrayBuffer()));
console.log(util.types.isAnyArrayBuffer(new SharedArrayBuffer()));
```

运行结果如下：

```
true
true
```

☑　util.types.isArrayBufferView(value)：判断 value 是否为 ArrayBuffer 视图的实例。示例代码如下：

```
const util = require('util')
console.log(util.types.isArrayBufferView(new Int8Array()));          //true
console.log(util.types.isArrayBufferView(Buffer.from('你好')));       //true
console.log(util.types.isArrayBufferView(new ArrayBuffer()));        //false
```

运行结果如下：

```
true
true
false
```

☑　util.types.isArrayBuffer(value)：判断 value 是否为内置的 ArrayBuffer 实例。示例代码如下：

```
const util = require('util'),
console.log(util.types.isArrayBuffer(new ArrayBuffer()));            //true
console.log(util.types.isArrayBuffer(new SharedArrayBuffer()));      //false
```

运行结果如下：

```
true
false
```

☑　util.types.isAsyncFunction(value)：判断 value 是否为异步函数。示例代码如下：

```
const util = require('util');
console.log(util.types.isAsyncFunction(function func(){}));          //false
console.log(util.types.isAsyncFunction(async   function func(){}));  //true
```

运行结果如下：

```
false
true
```

☑　util.types.isBooleanObject(value)：判断 value 是否为布尔类型。示例代码如下：

```
const util = require('util')
console.log(util.types.isBooleanObject(false));                     //false
console.log(util.types.isBooleanObject("false"));                   //false
console.log(util.types.isBooleanObject(new Boolean(false)));        //true
console.log(util.types.isBooleanObject(new Boolean(true)));         //true
console.log(util.types.isBooleanObject(Boolean(false)));            //false
```

运行结果如下：

```
false
false
true
```

71

```
true
false
```

☑ util.types.isBoxedPrimitive(value)：判断 value 是否为原始对象，如 new Boolean()、new String() 等。示例代码如下：

```
const util = require('util')
console.log(util.types.isBoxedPrimitive(new Boolean(false)));          //true
console.log(util.types.isBoxedPrimitive(new String("string")));        //true
console.log(util.types.isBoxedPrimitive("string"));                     //false
```

运行结果如下：

```
true
true
false
```

☑ util.types.isDatc(value)：判断 value 是否为 Date 的实例。示例代码如下：

```
const util = require('util');
console.log(util.types.isDate(new Date()));                //true
console.log(util.types.isDate(new Date(2023,6,18)));       //true
```

运行结果如下：

```
true
true
```

☑ util.types.isNumberObject(value)：判断 value 是否为 Number 对象。示例代码如下：

```
const util = require('util');
console.log(util.types.isNumberObject(0));                  //false
console.log(util.types.isNumberObject(new Number()));       //true
console.log(util.types.isNumberObject(new Number(0)));      //true
```

运行结果如下：

```
false
true
true
```

☑ util.types.isRegExp(value)：判断 value 是否为一个正则表达式。示例代码如下：

```
const util = require('util');
console.log(util.types.isRegExp(/^\w+$/));                  //true
console.log(util.types.isRegExp(new RegExp('abc')));        //true
```

运行结果如下：

```
true
true
```

☑　util.types.isStringObject(value)：判断 value 是否为一个 String 对象。示例代码如下：

```
const util = require('util');
console.log(util.types.isStringObject('string'));                    //false
console.log(util.types.isStringObject(new String('string')));        //true
```

运行结果如下：

```
false
true
```

说明

（1）通过上面的示例代码和对应效果可以看出，util.types 中各方法的返回值都是布尔类型。

（2）上面介绍的方法仅为 util.types 包含的常见方法，读者也可以在其官网说明手册中查看所有方法，官网网址是 http://nodejs.cn/api/util.html#util_util_types_isarraybufferview_value。

6.3　要 点 回 顾

本章重点讲解了 Node.js 中 util 模块的使用方法，util 模块是一个工具模块，需要重点掌握通过 util 模块对字符串进行格式化、将对象转换为字符串，以及使用 util.types 的相应方法对指定类型进行检查。

第 7 章

fs 文件系统模块

fs 模块是 Node.js 中内置的一个文件系统模块，使用它可以对本地的文件及目录（文件夹）进行操作，本章将对 fs 模块的使用进行讲解。

本章知识架构及重难点如下。

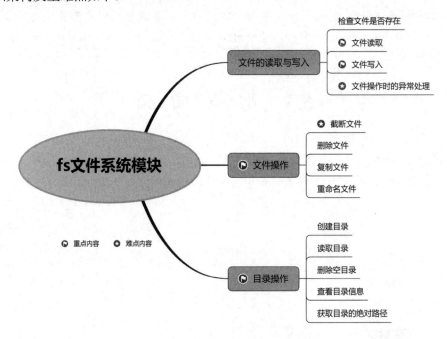

7.1　文件的读取与写入

fs 是 file system 的简写，表示文件系统，在 Node.js 中使用 fs 模块之前，首先需要使用 require()方法将 fs 模块引入，代码如下：

```
var fs=require('fs');
```

7.1.1　检查文件是否存在

fs 模块内置许多方法，用以对文件进行相关操作。具体使用时，有的方法如果发现文件不存在，可以创建文件，而有的方法则不能，这时就会出现错误，为了避免这类错误，在对文件进行操作之前，一般都需要检测文件是否存在，并且根据需要检查文件的可读或可写等属性。

检查文件是否存在及其属性可以通过 access() 方法实现，语法格式如下：

```
fs.access(path,mode, callback)
```

- ☑ path：文件的路径。
- ☑ mode：要执行的可访问性检查，默认值为 fs.constants.F_OK。查看文件访问常量以获取可能的 mode 值，具体文件访问常量如表 7.1 所示。

表 7.1　文件访问常量

常 量	说 明
F_OK	指示文件对调用进程可见的标志。这对于确定文件是否存在很有用，但没有说明 rwx 权限
R_OK	指示文件可以被调用进程读取的标志
W_OK	指示文件可以被调用进程写入的标志
X_OK	指示文件可以被调用进程执行的标志，在 Windows 系统中等效于 fs.constants.F_OK

- ☑ callback：回调函数，使用一个可能的错误参数进行调用。如果检查可访问性失败，则错误参数将是 Error 对象，常见的 Error 对象值如表 7.2 所示。

表 7.2　常见 Error 对象值及说明

值	说 明	值	说 明
EPERM	操作不允许	EACCES	拒绝访问
ENOENT	文件或者路径不存在	EFAULT	地址错误
ESRCH	进程不存在	EEXIST	文件已经存在
EINTR	系统调用中断	ENODEV	设备不存在
EIO	I/O 错误	ENOTDIR	路径不存在
ENXIO	设备或地址不存在	EISDIR	是一个路径
EBIG	参数列表过长	EINVAL	参数无效
ENOEXEC	执行格式错误	ENFILE	文件表溢出
EBADF	文件编号错误	EMFILE	打开的文件过多
ECHILD	子进程不存在	EFBIG	文件太大
EAGAIN	重试	ENOSPC	剩余空间不足
ENOMEM	内存不足	EROFS	只读文件系统
EBUSY	资源繁忙或者被锁定	ENOTEMPTY	非空目录

说明

fs 模块提供对文件与目录进行操作的方法时，通常分别提供了同步方法和异步方法，其中，同步方法名通常是在异步方法名后面加了 Sync 后缀，如本节中所讲的 access() 方法的对应同步方法为 accessSync()，但除了文件读写操作，一般都默认使用异步方法，所以本章讲解时，主要讲解默认的异步方法。

例如，查看 demo.txt 和 demo1 文件是否存在，示例代码如下：

```
var fs = require("fs")
//查看 demo.txt 文件是否存在
fs.access("demo.txt",fs.constants.F_OK, function (err) {
    if (err) {
        console.log("demo.txt 文件不存在");
    }
    else {
        console.log("demo.txt 文件存在");
    }
});
//查看 demo1 文件是否存在
fs.access("demo1 ",fs.constants.F_OK, function (err) {
    if (err) {
        console.log("demo1 文件不存在");
    }
    else {
        console.log("demo1 文件存在");
    }
});
```

程序运行结果如下：

```
demo.txt 文件存在
demo1 文件不存在
```

上面示例检查文件是否存在，除此之外，还可以检查文件的相关属性。如要检查文件是否可读，可以将上面代码中第 3 行的 fs.constants.F_OK 修改为 fs.constants.R_OK；而如果要检查文件是否可写，则可以将 fs.constants.F_OK 修改为 fs.constants.W_OK。另外，access()方法的 mode 参数也可以同时设置多个值，如果 mode 参数有多个值，中间用|分割。例如，检查 demo.txt 文件是否存在且是否可写的代码如下：

```
var fs = require("fs")
//查看 demo.txt 文件是否存在且可写
fs.access("demo.txt",fs.constants.F_OK | fs.constants.W_OK, function (err) {
    if (err) {
        console.log(err)
        if(err.code=="ENOENT"){
            console.log("demo.txt 文件不存在");
        }
        else if(err.code="EPERM"){
            console.log("demo.txt 文件存在,但不可写")
        }
        else{
            console.log("未知错误")
        }
    }
```

```
    else {
        console.log("demo.txt 存在，并且可写");
    }
});
```

在项目文件夹中放置一个设置为只读的 demo.txt 文件，然后运行上面代码，可看到运行结果如下：

```
[Error: EPERM: operation not permitted, access 'D:\Demo\demo.txt'] {
    errno: -4048,
    code: 'EPERM',
    syscall: 'access',
    path: 'D:\\Demo\\demo.txt'
}
demo.txt 文件存在,但不可写
```

说明

access()方法不仅可以检测文件是否存在，也可以检测文件夹是否存在。

7.1.2　文件读取

fs 模块为读取文件提供了两个方法，即 readFile()方法和 readFileSync()方法，二者的区别是，前者为异步读取文件（默认操作），后者为同步读取文件，这两个方法的语法格式如下：

```
fs.readFile(file,encoding,callback)
fs.readFileSync(file,encoding)
```

☑　file：文件名。

☑　encoding：文件的编码格式。

☑　callback：回调函数。

例如，下面代码使用 fs 模块的 readFileSync()方法和 readFile()方法分别对文件 poems.txt 和 demo.txt 进行同步和异步读取，并显示读取的内容，代码如下：

```
//引入模块
var fs = require('fs');
//使用 readFileSync()方法同步读取文件
var text = fs.readFileSync('poems.txt', 'utf8');
console.log(text);
//使用 readFile()方法异步读取文件
fs.readFile('demo.txt', 'utf8', function (error, data) {     //读取结果存储在 function 回调函数的第 2 个参数 data 中
    console.log(data);
});
```

poems.txt 和 demo.txt 文件内容如图 7.1 所示，运行上面代码后的效果如图 7.2 所示。

（a）poems.txt 文件内容　　　　　　　（b）demo.txt 文件内容

图 7.1　poems.txt 和 demo.txt 文件内容

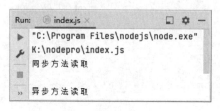

图 7.2　读取结果

 说明

　　fs 模块中的大部分功能都可以通过同步方法和异步方法来实现，这二者的区分方法是，方法名中含有 Sync 后缀的是同步方法。同步方法和异步方法的区别是：同步方法立即返回操作结果，在使用同步方法执行的操作结束之前，不能执行后续代码；异步方法将操作结果作为回调函数的参数进行返回，在方法调用之后，可以立即执行后续代码。在大多数情况下，应该调用异步方法，但是在很少的场景中，比如读取配置文件启动服务器的操作中，应该使用同步方法。

【例 7.1】模拟听歌时的显示歌词效果。（**实例位置：资源包\源码\07\01**）

　　在 WebStorm 中创建项目文件夹，在该项目文件夹中添加一个歌词文件 song.txt，然后创建 js.js 文件，在 js.js 文件中读取歌词文件中的内容，读取时，需要根据音乐播放进度显示对应的歌词，这需要使用正则表达式对歌词文件中的时间点进行解析（解析的格式为[00:00.00]），以显示对应时间点的歌词内容。代码如下：

```
//引入模块
var fs = require('fs');
//读取歌词文件
fs.readFile('./song.txt', function(err, data) {
    if (err) {
        return console.log('歌词文件读取失败');
    }
    data = data.toString();
    var lines = data.split('\n');
    //遍历所有行，通过正则表达式匹配对应时间点（时间点的格式为[00:00.00]），并输出对应的歌词
    var reg = /\[(\d{2})\:(\d{2})\.(\d{2})\]\s*(.+)/;
    for (var i = 0; i < lines.length; i++) {
        (function(index) {
            var line = lines[index];
            var matches = reg.exec(line);
            if (matches) {
                //获取分
                var m = parseFloat(matches[1]);
```

```
                        //获取秒
                        var s = parseFloat(matches[2]);
                        //获取毫秒
                        var ms = parseFloat(matches[3]);
                        //获取定时器中要输出的内容
                        var content = matches[4];
                        //将分+秒+毫秒转换为毫秒
                        var time = m * 60 * 1000 + s * 1000 + ms;
                        //使用定时器，让每行内容在指定的时间输出
                        setTimeout(function() {
                            console.log(content);
                        }, time);
                    }
                })(i);
            }
});
```

song.txt 歌词文件格式及内容如图 7.3 所示，程序运行效果如图 7.4 所示。

图 7.3　歌词文件格式及内容　　　　　图 7.4　模拟听歌时的显示歌词效果

说明

　　本实例的 JavaScript 代码中，for 循环中所有的内容都放在了匿名函数中，并且该匿名函数需要自动执行，这样在执行该文件时，保证了每次循环都会输出一句歌词。

7.1.3　文件写入

　　文件写入时，有 4 个方法供选择，分别为 writeFile()方法、writeFileSync()方法、appendFile()方法和 appendFileSync()方法，下面分别进行介绍。

1．writeFile()方法和 writeFileSync()方法

这两个方法分别用来对文件进行异步和同步写入，它们的语法格式如下：

```
fs.writeFile(file, data[, options], callback)
fs.writeFileSync(file, data[, options])
```

☑ file：文件名或文件描述符。

☑ data：写入文件的内容，可以是字符串也可以是缓冲区。

☑ options：可选参数，可以为以下内容。

➤ encoding：编码方式，默认值为 utf8，如果 data 为缓冲区，则忽略 encoding 参数。

➤ mode：文件的模式。默认值为 0o666。

➤ flag：文件系统标志。默认值为 w。

➤ signal：允许中止正在进行的写入文件操作。

☑ callback：回调函数。

【例 7.2】创建文件并且向文件中写入内容。（**实例位置：资源包\源码\07\02**）

在 WebStorm 中新建一个项目文件夹，在其中新建一个 poems.txt 文件，该文件中默认写入一首古诗《登鹳雀楼》；然后创建一个 js.js 文件，在 js.js 文件中首先使用 writeFile()方法以异步方式向 poems.txt 文件中写入古诗《春夜喜雨》，然后使用 writeFileSync()方法以同步方式向一个本不存在的 newpeoms.txt 文件中同样写入古诗《春夜喜雨》。代码如下：

```
//引入模块
var fs = require('fs');
//声明要写入的内容
var data = '          春夜喜雨\n\t\t 杜甫\n 好雨知时节，当春乃发生。\n 随风潜入夜，润物细无声。
          \n 野径云俱黑，江船火独明。\n 晓看红湿处，花重锦官城。';
//使用异步方式向 poems.txt 文件中写入古诗
fs.writeFile('poems.txt', data, 'utf8', function (error) {
    if (error) {
        throw error;
    }
    console.log('异步写入文件完成');
});
//使用同步方式向一个本不存在的 newpeoms.txt 文件中同样写入古诗
fs.writeFileSync('newpoems.txt', data, 'utf8');
console.log('同步写入文件完成！');
```

运行程序，进入项目文件夹中，可以发现新增了 newpoems.txt 文件，如图 7.5 所示，这说明使用 writeFileSync 方法向文件中写入内容时，如果文件不存在，系统会自动创建。分别打开 poems.txt 文件和 newpeoms.txt 文件，发现它们的内容都是古诗《春夜喜雨》，如图 7.6 所示，这说明使用 writeFile 方法向文件中写入内容时，会覆盖掉原有内容。

图 7.5　写入内容时自动创建的文件

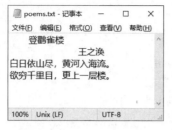
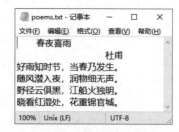
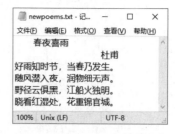

（a）poems.txt 文件原始内容　　（b）poems.txt 文件被覆盖后的新内容　　（c）newpoems.txt 文件的内容

图 7.6　写入内容时自动覆盖原有内容

2．appendFile()方法和 appendFileSync()方法

这两个方法分别向文件异步追加内容和同步追加内容，它们的语法格式如下：

```
fs.appendFile(path, data[, options],callback)
fs.appendFileSync(path, data[, options])
```

- ☑　path：义件路径。
- ☑　data：要写入文件的数据。
- ☑　callback：回调函数。
- ☑　options：可选参数，可以为以下内容。
  - ➢　encoding：编码方式，默认值为 utf8。
  - ➢　mode：文件模式，默认值为 0o666。
  - ➢　flag：文件系统标志，默认值为 a。

【例 7.3】为古诗增加古诗鉴赏内容。（实例位置：资源包\源码\07\03）

在 WebStorm 中创建项目文件夹，然后向项目文件夹中添加一个 poems.txt 文件，该文件的原始内容为古诗《春夜喜雨》，然后创建 js.js 文件，其中使用 appendFile()方法为 poems.txt 文件中的古诗添加古诗鉴赏内容。代码如下：

```
var fs = require("fs")
var path = "poems.txt"
var data = "\n 古诗鉴赏：这首诗描写细腻、动人。诗的情节从概括的叙述到形象的描绘，由耳闻到目睹，当晚到次晨，结构谨严。用词讲究。颇为难写的夜雨景色，却写得十分耀眼突出，使人从字里行间呼吸到一股令人喜悦的春天气息。"
fs.appendFile(path, data, function (err) {
    if (err) {
        console.log(err)
    }
    else {
        console.log("内容追加完成")
    }
})
```

poems.txt 文件原始内容如图 7.7 所示，运行程序后，再次打开 poems.txt 文件，其内容如图 7.8 所示。

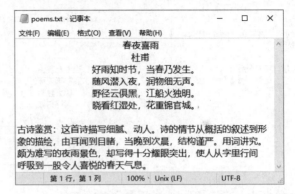

图 7.7　poems.txt 文件原始内容　　　　图 7.8　追加内容后的 poems.txt 文件

 说明

　　上面两组方法的区别是：第一组方法向文件写入内容，将新的内容替代文件中的原有内容；第二组方法在文件原内容的后面继续追加内容。具体使用时需要根据实际情况来选择方法。

7.1.4　文件操作时的异常处理

　　前面学习了文件读取和写入的操作方法，在实际编程中，经常会出现一些异常情况。比如，读取文件时文件并不存在，或者读取文件时文件路径有误等。出现类似情况会导致程序直接崩溃。所以，无论是异步方法还是同步方法，都需要对这些异常情况进行处理。

1. 同步操作的异常处理

使用同步方法进行文件操作时，可以使用 try-catch 语句进行异常处理。示例代码如下：

```
//引入模块
var fs = require('fs');
//文件读取
try {
    var data = fs.readFileSync('textfile.txt', 'utf8');
    console.log(data);
} catch (e) {
    console.log(e);
}
//文件写入
try {
    fs.writeFileSync('textfile.txt', 'Hello World .. !', 'utf8');
    console.log('完成文件写入操作');
} catch (e) {
    console.log(e);
}
```

2. 异步操作的异常处理

使用异步方法进行文件操作时，可以使用 if-else 语句进行异常处理。示例代码如下：

```
//引入模块
var fs = require('fs');
//文件读取
fs.readFile('textfile.txt', 'utf8', function (error, data) {
    if (error) {
            console.log(error);
    } else {
            console.log(data);
    }
});
//文件写入
fs.writeFile('textfile.txt', 'Hello World .. !', 'utf8', function (error) {
    if (error) {
            console.log(error);
    } else {
            console.log('完成文件写入操作');
    }
});
```

7.2　文件操作

在 fs 模块中还提供了很多其他的文件操作方法，这些方法同样有同步方法和异步方法之分（同步方法名称是在异步方法名称后面加 Sync 后缀），但由于对文件操作时，通常都采用默认的异步方法，因此本节中主要以异步方法为例讲解文件的常见操作，主要包括截断文件、删除文件、复制文件和重命名文件。

7.2.1　截断文件

在 fs 模块中，可以使用 truncate()方法对文件进行截断操作，所谓截断，是指删除文件内的一部分内容，以改变文件的大小。其语法格式如下：

```
fs.truncate(path[, len], callback)
```

☑　path：用于指定要被截断文件的完整文件路径及文件名。
☑　len：一个整数数值，用于指定被截断后的文件大小（以字节为单位）。
☑　callback：用于指定截断文件操作完毕时执行的回调函数，该回调函数中使用一个参数，参数值为截断文件操作失败时触发的错误对象。

注意

　　当 len 为 0 时，说明文件的内容为空。

【例 7.4】修改文本文件的大小。（**实例位置：资源包\源码\07\04**）

在 WebStorm 中创建项目文件夹，并在该项目文件夹中添加一个 poems.txt 文本文件，文本文件的原始内容为古诗《春夜喜雨》；然后创建一个 js.js 文件，该文件中首先使用 stat()方法获取文件的原大小，然后使用 truncate()方法将文件的大小截断为 140 字节，最后再次获取文件的大小，代码如下：

```javascript
var fs = require('fs');
fs.stat("poems.txt",function(err,stats){
    console.log("原文件大小为："+stats.size+"字节")
})
fs.truncate('poems.txt', 140, function (err) {
    if (err) console.log('对文件进行截断操作失败。');
    else {
        fs.stat('poems.txt', function (err, stats) {
            console.log('截断操作已完成\n 文件大小为：' + stats.size + '字节。');
        });
    }
});
```

poems.txt 文本文件原始内容如图 7.9 所示，运行程序，效果如图 7.10 所示，然后再次打开 poems.txt 文件，可看到文件内容被更改，更改后的内容如图 7.11 所示。

 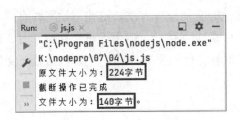 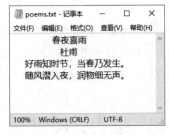

图 7.9　poems.txt 文件中的原内容　　　图 7.10　控制台运行结果　　　图 7.11　更改后的文件内容

7.2.2　删除文件

在 fs 模块中，可以使用 unlink()方法对文件进行删除操作，其语法格式如下：

```
fs.unlink(path, callback)
```

☑　path：用于指定被删除文件的路径。

☑　callback：回调函数。

【例 7.5】删除指定被路径下的文本文件。（**实例位置：资源包\源码\07\05**）

在 WebStorm 中创建项目文件夹，并在其中添加一个 poems.txt 文本文件，然后创建一个 js.js 文件，在该文件中使用 fs 模块的 unlink()方法删除 poems.txt 文件。代码如下：

```javascript
//引入模块
var fs = require("fs");
```

```
console.log("准备删除文件！");
fs.unlink('poems.txt', function (err) {
    if (err) {
        console.error(err);
    }
    console.log("文件删除成功！");
});
```

运行程序，即可将 poems.txt 文件删除。

7.2.3　复制文件

文件复制有两种形式：一种是将文件从一个位置复制到另外一个位置，另一种则是从原文件中读取数据并写入一个新文件中。针对这两种形式的文件复制操作，fs 模块都提供了相应的方法来实现。另外，由于复制文件时可能会有同步操作和异步操作，因此，本节同时讲解复制文件的同步方法和异步方法。

1．使用 copyFile()方法与 copyFileSync()方法复制文件

copyFile()方法与 copyFileSync()方法分别用于异步和同步复制文件，它们用来将文件从一个位置复制到另外一个位置，其语法格式如下：

```
fs.copyFile(src, dest[, mode], callback)
fs.copyFileSync(src, dest[, mode])
```

☑　src：要复制的源文件名。
☑　dest：要复制的目标文件名。
☑　mode：复制操作的修饰符，默认值为 0。
☑　callback：回调函数。

【例 7.6】复制文件。（**实例位置：资源包\源码\07\06**）

在 WebStorm 中新建一个项目文件夹，并在该项目文件夹中添加一个 poems.txt 文件；然后新建一个 js.js 文件，在 js.js 文件中使用 fs 模块的 copyFile()方法异步复制 poems.txt 文件，将其复制为 poems1.txt，代码如下：

```
var fs = require("fs")
fs.copyFile("poems.txt", "poems1.txt", function (err) {        //异步复制文件
    if (err) {
        console.log("复制文件失败")                          //提示复制失败
        console.log(err)                                      //显示错误信息
    }
    else {
        console.log("复制文件成功")                          //提示复制成功
    }
})
```

项目文件夹下的原始文件如图 7.12 所示，运行程序后，再次打开项目文件夹，可以看到会多出一

个 poems1.txt 文件，效果如图 7.13 所示。

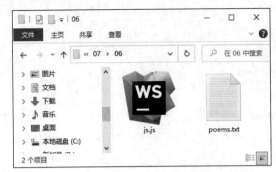

图 7.12　项目文件夹中的原始文件

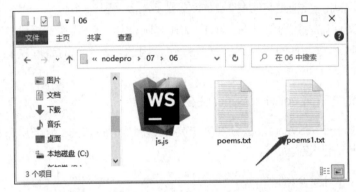

图 7.13　复制文件后的项目文件夹中文件

2．使用 readFile()和 writeFile()方法复制文件

除了上面介绍的直接复制文件的方式，还可以通过复制文件内容的方式实现文件的复制，这需要使用 fs 模块中的 readFile()方法和 writeFile()方法。其中，readFile()方法用来读取要复制的文件内容，writeFile()方法用来将读取到的文件内容写入新建的文件中，从而实现复制文件的功能。例如，使用 readFile()和 writeFile()方法实现例 7.6 的功能，代码如下：

```
var fs = require("fs")
//读取文件
fs.readFile("poems.txt", "utf8", function (err, data) {
    if (err) {
        console.log("读取文件失败")
        console.log(err)
    }
    else {
        console.log("读取文件成功")
        //写入文件
        fs.writeFile("poems1.txt", data, function (err) {
            if (err) {
                console.log("写入文件失败")
                console.log(err)
            }
```

```
            else {
                console.log("写入文件成功")
            }
        })
    }
})
```

> **说明**
>
> 上面使用了 readFile()和 writeFile()方法实现了文件的异步复制。同样，我们可以使用 readFileSync()和 writeFileSync()方法实现文件的同步复制，它们的使用方式与异步复制中的方法的使用方式类似。

7.2.4　重命名文件

在 fs 模块中，可以使用 rename()方法为文件重命名，重命名文件的同时会更改义件的路径，其语法格式如下：

```
fs.rename(oldPath, newPath, callback)
```

☑　oldPath：原文件名（目录名）。

☑　newPath：新文件名（目录名）。

☑　callback：回调函数。

例如，下面代码可以将文件 poems.txt 重命名为"春夜喜雨.txt"：

```
fs=require("fs")
fs.rename("poems.txt", "春夜喜雨.txt", function(err){
    if(err){
        console.log("糟糕！重命名文件失败")
        console.log(err)
    }
    else{
        console.log("重命名文件成功")
    }
})
```

【例 7.7】 批量重命名文件。（**实例位置：资源包\源码\07\07**）

在 WebStorm 中新建一个项目文件夹，并在该项目文件夹中添加一个 demo 文件夹，其中包含以 poems 为前缀的多个文本文件，文件中的内容为不同的古诗；然后新建一个.js 文件，该文件中使用 for 循环依次读取 demo 文件夹中所有文本文件的内容，并且将每个文本文件内容的第一行（古诗的标题）去掉所有空白字符（包括空格和换行符等），作为文本文件的新文件名。代码如下：

```
fs = require("fs")
//读取 demo 文件夹中的文件名
fs.readdir("demo", (err,files) =>   {
    for (var i = 0; i < files.length; i++) {                          //遍历文件夹中的文件
```

```
        fl="demo\\" + files[i]                                          //记录要重命名的文件名（包括路径）
        //读取文件，并将文件中的内容以换行符进行分割存储到数组中
        var data = fs.readFileSync(fl, "utf8").split("\n")
        //获取文件中第一行内容并去掉所有空白字符（包括空格和换行符等）
        var title = data[0].replace(/\s*/g, '')
        fs.rename(fl, "demo\\" + title + ".txt",function (err) {          // 重命名文件
            // if(err)
            //     console.error(err.message)
        })
    }
})
```

运行程序前的文件名如图 7.14 所示，运行程序后的文件名如图 7.15 所示。

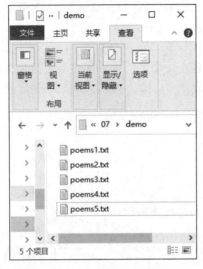

图 7.14　运行程序前的文件名

图 7.15　运行程序后的文件名

7.3　目　录　操　作

除了对文件进行操作的方法，fs 模块还提供了一系列对目录（文件夹）进行操作的方法，下面分别介绍。

7.3.1　创建目录

创建目录可以使用 mkdir()和 mkdirSync()方法实现，它们分别用来异步和同步创建目录，语法格式如下：

```
fs.mkdir(path[, options], callback)
fs.mkdirSync(path[, options])
```

☑　path：要被创建的目录的完整路径及目录名。

☑　options：指定目录的权限，默认为 0777（表示任何人可读可写该目录）。

☑　callback：指定创建目录操作完毕时调用的回调函数，该回调函数中只有一个参数，参数值为创建目录操作失败时触发的错误对象。

【例 7.8】批量创建文件并放到指定的文件夹中。（**实例位置：资源包\源码\07\08**）

在 WebStorm 中新建一个项目文件夹，该文件夹中添加一个 b.txt 文件，该文件中包含五首古诗名称。然后新建 js.js 文件，该文件中需要先判断 demo 文件夹是否存在。如果不存在，则使用 mkdir()方法创建该文件夹；如果存在，则读取 b.txt 文件的内容，并根据读取到的内容在 demo 文件夹中批量创建文件。代码如下：

```
var fs = require("fs")
//检查 demo 文件夹是否存在
fs.access("demo", fs.constants.F_OK, function (err) {
    if (err) {                                              //如果不存在，则创建 demo 文件夹，反之则继续下一步
        fs.mkdir("demo", function (err) {
            if(err)
                console.log("糟糕，创建文件夹时出错了")
        })
    }
    //读取 b.txt 文件，该文件中保存了要批量创建的文件的名称
    var data = fs.readFileSync("b.txt", "utf8").split("\r")
    //逐个创建文件
    for (var i = 0; i < data.length; i++) {
        var title = data[i].replace("\n", "")              //去掉读取到的内容中的换行符
        fs.writeFile("demo\\" + title + ".txt", "", function (err) {
            if(err)
                console.log("创建文件失败")
        })
    }
})
```

运行程序，打开项目文件夹，可以看到项目文件夹中新建了 demo 文件夹，并且 demo 文件夹中新建了 5 个文本文件，如图 7.16 所示。

这里需要注意的是，创建目录时需要一级一级地创建，而不是直接创建多级目录。例如，要创建目录"第 1 章\第 1 节"，首先需要保证"第 1 章"目录存在，然后才能创建目录"第 1 节"，例如，下面的代码是错误的：

```
const fs = require("fs")
fs.mkdir("第 1 章\\第 1 节",function(err){
    console.log("创建文件夹失败")
    console.log(err)
})
```

运行结果如图 7.17 所示，此时就会显示错误信息。

图 7.16　批量创建文件并放到指定的文件夹中

```
创建文件夹失败
[Error: ENOENT: no such file or directory, mkdir 'K:\nodepro\第1章\第1节'] {
  errno: -4058,
  code: 'ENOENT',
  syscall: 'mkdir',
  path: 'K:\\nodepro\\第1章\\第1节'
}
```

图 7.17　直接创建多级目录时的错误信息

正确方法应该是判断"第 1 章"目录是否存在，如果存在，可以直接创建"第 1 章\第 1 节"；否则，先创建目录"第 1 章"，然后创建目录"第 1 章\第 1 节"。代码如下：

```
const fs = require("fs")
fs.access("第 1 章", fs.constructor.F_OK, function (err) {
    if (err) {
        fs.mkdirSync("第 1 章")                        //如果"第 1 章"不存在，那么创建"第 1 章"
    }
    fs.mkdir("第 1 章\\第 1 节", function (err) {
        if (err) {
            console.log("该目录已存在")                //如果出现错误，表示该目录已经存在
        }
        else {
            console.log("创建目录成功")
        }
    })
})
```

运行程序，即可查看创建好的多级目录，效果如图 7.18 所示。

图 7.18　创建多级目录

7.3.2　读取目录

在 fs 模块中，可以使用 readdir()方法或者 readdirSync()方法读取目录，其中，readdir()方法用来异步读取目录，readdirSync()方法用来同步读取目录。由于在实际应用中，通常都使用默认的 readdir()方法异步读取，因此这里主要讲解 readdir()方法的使用，其语法格式如下：

```
fs.readdir(path[, options], callback)
```

☑　path：文件名或者文件描述符。

☑　options：可选参数，可以为如下值。

　　➢　encoding：编码方式。

　　➢　flag：文件系统标志。

　　➢　signal：允许中止正在进行的读取文件操作。

☑　callback：回调函数，在回调函数中有两个参数，具体如下。

　　➢　err：出现错误时的错误信息。

　　➢　data：调用成功时的返回值。

例如，可以使用下面代码读取..\test 文件夹中的内容：

```
const fs = require("fs")
fs.readdir('..\\test', function (err, files) {
    if (err) console.log('读取文件夹操作失败。');
    else console.log(files);
});
```

说明

上面代码中使用了相对路径..\test，使用 readdir 方法时，也可以使用绝对路径，如 C:\test。

7.3.3　删除空目录

在 fs 模块中，可以使用 rmdir()方法或者 rmdirSync()方法删除空目录，其中，rmdir()方法用来异步删除空目录，rmdirSync()方法用来同步删除空目录。由于在实际应用中，通常都使用默认的 rmdir()方法进行异步删除，因此这里主要讲解 rmdir()方法的使用，语法格式如下：

```
fs.rmdir(path[, options], callback)
```

☑　path：用于指定要被删除目录的完整路径以及目录名。

☑　options：可选参数，可以为如下值。

　　➢　recursive：如果为 true，则执行递归目录删除操作。在递归模式下，操作将在失败时重试。默认值为 false。

　　➢　retryDelay：重试之间等待的时间（以毫秒为单位）。如果 recursive 选项不为 true，则忽略此选项。默认值为 100。

➢ maxRetries：表示重试次数，如果遇到 EBUSY、EMFILE、ENFILE、ENOTEMPTY 或 EPERM 错误，Node.js 将在每次尝试时，以 retryDelay 毫秒的线性退避等待时间重试该操作。如果 recursive 选项不为 true，则忽略此选项。默认值为 0。

☑ callback：用于指定删除目录操作完毕时调用的回调函数。

例如，下面代码可以删除空的 demo 文件夹，如果 demo 文件夹不为空，则不能删除。代码如下：

```
const fs = require("fs")
fs.rmdir('./demo', function (err) {
        if (err){
                console.log('删除空目录操作失败。');
                console.log(err)
        }
        else console.log('删除空目录操作成功。');
});
```

说明

rmdir ()方法仅用于删除空文件夹，如果所指定的文件夹不是空文件夹，就会出现错误，例如上面示例中，如果在 demo 文件夹中放置一个 a.txt 文件，然后再次执行该程序，其运行结果如图 7.19 所示。

```
删除空目录操作失败。
[Error: ENOENT: no such file or directory, rmdir 'K:\nodepro\demo'] {
  errno: -4058,
  code: 'ENOENT',
  syscall: 'rmdir',
  path: 'K:\\nodepro\\demo'
}
```

图 7.19   删除非空文件夹时的错误信息

7.3.4   查看目录信息

在 fs 模块中，可以使用 stat()方法或者 lstat()方法查看目录或文件信息，但如果是查看链接文件的信息，就必须使用 lstat()方法。stat()方法或者 lstat()方法的语法格式如下：

```
stat(path,callback)
lstat(path,callback)
```

其中，path 参数用于指定要被查看的目录或文件的完整路径（包括目录名或者文件名）；callback 参数用于指定查看目录或文件操作完毕时调用的回调函数，该回调函数中包括两个参数，即 err 和 stats。err 表示出现错误时的错误信息，stats 为一个对象，表示文件的相关属性。

【例 7.9】查看指定文件夹的详细信息。（**实例位置：资源包\源码\07\09**）

在 WebStorm 中创建 js.js 文件，该文件中使用 stat 方法获取 demo 文件夹的详细信息。代码如下：

```
const fs = require("fs")
fs.stat("demo", function (err, stats) {
    if(err){
        console.log("获取文件夹信息失败")
    }
    else{
        console.log(stats)
    }
})
```

程序运行效果如图 7.20 所示。

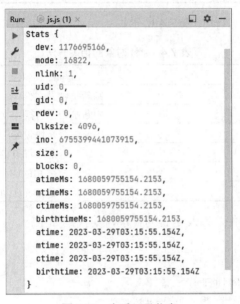

图 7.20　查看目录信息

从返回的结果中可以看到很多属性信息，关于这些属性信息的说明，如表 7.3 所示。

表 7.3　目录的属性信息

属 性 名 称	说　　明
dev	表示文件或目录所在的设备 ID
mode	表示文件或目录的权限
nlink	表示文件或目录的硬连接数量
uid	表示文件或目录的所有者的用户 ID
gid	表示文件或目录所属组的数字标识
rdev	表示字符设备文件或块设备文件所在的设备 ID
blksize	表示文件或目录中 I/O 操作的块大小（以字节为单位）
ino	表示文件或目录的索引编号
size	表示文件或目录的大小（即文件中的字节数）
blocks	表示分配给文件或目录的块数
atimeMs	表示最后一次访问文件或目录时的时间戳（以毫秒为单位）

续表

属 性 名 称	说　　明
mtimeMs	表示最后一次修改文件或目录时的时间戳（以毫秒为单位）
ctimeMS	表示最后一次更改文件或目录状态时的时间戳（以毫秒为单位）
birthtimeMs	表示创建文件或目录时的时间戳（以毫秒为单位）
atime	表示上次访问文件或目录的时间戳
mtime	表示上次修改文件或目录时的时间戳
ctime	表示上次更改文件或目录状态时的时间戳
birthtime	表示文件或目录创建时的时间戳

stat 对象包括一系列方法，具体如表 7.4 所示。

表 7.4　stat 对象的相关方法

方　　法	说　　明
isFile()	判断是否是文件
isDirectory()	判断是否是目录（文件夹）
isBlockDevice()	判断是否是块设备
isCharacterDevice()	判断是否是字符设备
isFIFO()	判断是否是 FIFO 存储器
isSocket()	判断是否是 socket 协议

例如，判断 b.txt 是否为文件，以及是否为目录，其代码如下：

```
const fs = require("fs")
fs.stat("b.txt", function (err, stats) {
        console.log("是否为文件", stats.isFile())
        console.log("是否为文件夹/目录", stats.isDirectory())
})
```

7.3.5　获取目录的绝对路径

在 fs 模块中，可以使用 realpath()方法或 realpathSync()方法获取指定目录的绝对路径，其中，realpath()方法用于异步操作，realpathSync()方法用于同步操作。由于在实际应用中，通常都使用默认的 realpath()方法进行异步操作，因此这里主要讲解 realpath()方法的使用，其语法格式如下：

```
fs.realpath(path[, options], callback)
```

☑　path：路径，可以为字符串或者 url。

☑　options：一般为 encoding，用于指定编码格式，默认为 utf8。

☑　callback：回调函数，该回调函数中有两个参数，具体如下。

➢　err：发生错误时的错误信息。

➢　resolvedPath：绝对路径。

例如，下面代码用来获取 b.txt 文件的绝对路径：

```
const fs = require("fs")
fs.realpath('b.txt', function (err,resolvedPath) {
    if (err){
        console.log('获取绝对路径失败');
        console.log(err)
    }
    else console.log(resolvedPath);
});
```

7.4　要点回顾

本章主要对 Node.js 中对文件系统进行操作的 fs 模块的使用进行了详细讲解，文件操作是 Node.js 应用开发中最常用的操作之一，我们需要重点掌握如何对文件进行读取与写入，如何对文件及文件夹进行创建、重命名、删除等常见的操作。

第 8 章

os 操作系统模块

os 模块是 Node.js 中内置的一个操作系统模块，它主要提供了对系统进行操作的一些方法，如获取内存信息、网络信息、系统名称、系统版本、系统目录等，本章将对 os 模块的使用进行讲解。

本章知识架构及重难点如下。

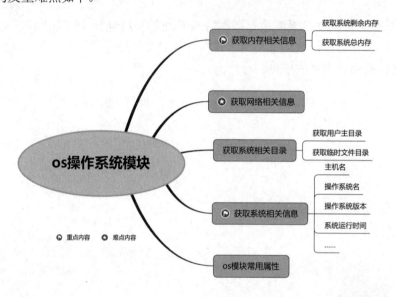

8.1 获取内存相关信息

使用 os 模块之前首先需要引入该模块，代码如下：

```
const path=require("os");
```

本节将对如何使用 os 模块获取内存相关信息进行讲解。

8.1.1 获取系统剩余内存

通过 os 模块的 freemem()方法可以获取空闲的系统内存量，该方法返回一个整数（单位：字节）。示例代码如下：

```
const os=require("os")
console.log("剩余内存:"+os.freemem()+"B")
```

运行结果如下：

剩余内存:3788435456B

说明

　　使用 os 模块的相关方法获取信息时，由于这些方法大部分都没有参数，因此本章讲解时，将不会单独列出各个方法的语法，而是直接在示例中通过 os.***的形式进行调用。

8.1.2　获取系统总内存

　　通过 os 模块的 totalmem()方法可以获取系统的总内存量，该方法返回一个整数（单位：字节）。示例代码如下：

```
const os=require("os")
console.log("总内存:"+os.totalmem()+"B")
```

运行结果如下：

总内存:8455630848B

　　【例 8.1】显示系统的内存使用情况。（**实例位置：资源包\源码\08\01**）

　　新建一个 js.js 文件，该文件中首先使用 os 模块的 freemem()方法和 totalmem()方法获取系统的剩余内存和总内存，然后将获取到的内存单位转换为 GB，并且计算内存的使用率（保存 2 位小数），最后分别输出总内存、剩余内存以及内存使用率。代码如下：

```
const os=require("os")
var free1=os.freemem()
var all1=os.totalmem()
var free=(free1/1024/1024/1024).toFixed(2)      //将剩余内存的单位转换为 GB
var all=(all1/1024/1024/1024).toFixed(2)        //将总内存的单位转换为 GB
rate=((all1_free1)/all1*100).toFixed(2)
console.log("总内存:"+all+"GB")
console.log("剩余内存:"+free+"GB")
console.log("内存使用率:"+rate+"%")
```

程序运行结果如下：

总内存:15.87GB
剩余内存:8.35GB
内存使用率:47.39%

说明

　　上面的运行结果为笔者计算机当前的内存使用状态，读者的运行结果可能会与此不同，并且多次运行的结果也可能不同，这都是正常情况。

8.2　获取网络相关信息

使用 os 模块可以获取计算机的网络信息，这需要通过 networkInterfaces() 方法实现，该方法的返回值是一个对象，该对象包含已分配了网络地址的网络接口信息，其说明如表 8.1 所示。

表 8.1　网络接口信息说明

网络接口信息	说　　明
address	一个字符串，用于指定分配的网络地址，即 IPv4 或 IPv6
netmask	一个字符串，指定 IPv4 或 IPv6 网络掩码
family	指定 Family 的字符串，值为 IPv4 或 IPv6 之一
mac	一个字符串，指定网络接口的 MAC 地址
internal	布尔值，如果网络接口是不可远程访问的环回接口或类似接口，则为 true，否则为 false
scopeid	一个数字，指定 IPv6 的作用域 ID
cidr	一个字符串，用于指定分配的 IPv4 或 IPv6 地址以及 CIDR 表示法中的路由前缀。如果网络掩码无效，则将其设置为 null

例如，获取笔者计算机的网络信息，代码如下：

```
const os=require("os")
console.log("该计算机的网络信息如下：\n")
console.log(os.networkInterfaces())
```

程序运行结果如下：

```
该计算机的网络信息如下：

{
  WLAN: [
    {
      address: '2408:8234:314:a297:8c83:7ef8:4411:14da',
      netmask: 'ffff:ffff:ffff:ffff::',
      family: 'IPv6',
      mac: '3c:06:a7:fb:47:57',
      internal: false,
      cidr: '2408:8234:314:a297:8c83:7ef8:4411:14da/64',
      scopeid: 0
    },
    ......
    {
      address: '192.168.1.5',
      netmask: '255.255.255.0',
      family: 'IPv4',
      mac: '3c:06:a7:fb:47:57',
      internal: false,
```

```
      cidr: '192.168.1.5/24'
    }
  ],
  'Loopback Pseudo-Interface 1': [
    {
      address: '::1',
      netmask: 'ffff:ffff:ffff:ffff:ffff:ffff:ffff:ffff',
      family: 'IPv6',
      mac: '00:00:00:00:00:00',
      internal: true,
      cidr: '::1/128',
      scopeid: 0
    },
    {
      address: '127.0.0.1',
      netmask: '255.0.0.0',
      family: 'IPv4',
      mac: '00:00:00:00:00:00',
      internal: true,
      cidr: '127.0.0.1/8'
    }
  ]
}
```

8.3　获取系统相关目录

8.3.1　获取用户主目录

通过 os 模块的 homedir()方法可以获取当前用户的主目录，其返回值类型为字符串，表示当前用户的主目录。

例如，获取笔者计算机的主目录，代码如下：

```
const os=require("os")
console.log("当前用户的主目录为："+os.homedir())
```

运行结果如下：

```
当前用户的主目录为：C:\Users\XIAOKE
```

8.3.2　获取临时文件目录

通过 os 模块的 tmpdir()方法可以获取本地计算机的临时文件目录，其返回值类型为字符串，表示默认的临时文件目录。

例如，获取笔者计算机的临时文件目录，代码如下：

```
const os=require("os")
console.log("当前计算机的临时文件目录为："+os.tmpdir())
```

运行结果如下：

当前计算机的临时文件目录为：C:\Users\XIAOKE\AppData\Local\Temp

8.4　获取系统相关信息

使用 os 模块可以获取与操作系统相关的信息，如主机名、系统名、系统 CPU 架构等，其用到的方法如表 8.2 所示。

表 8.2　os 模块中与获取操作系统信息相关的方法

方　　法	说　　明
hostname()	返回操作系统的主机名
type()	返回操作系统名
platform()	返回编译时的操作系统名
arch()	返回操作系统的 CPU 架构
release()	返回操作系统的发行版本
loadavg()	返回一个包含 1、5、15 分钟平均负载的数组，平均负载是 UNIX 特定的概念，在 Windows 上，其返回值始终为[0, 0, 0]
version()	返回标识操作系统内核版本的字符串
cpus()	返回一个对象数组，包含所安装的每个 CPU 内核的信息
uptime()	返回操作系统运行的时间，以秒为单位
getPriority([pid])	获取指定进程的调度优先级
setPriority()	为指定的进程设置调度优先级
endianness()	获取 CPU 的字节序，可能返回的值为 BE（大端字节序）和 LE（小端字节序）

下面对表 8.2 中常用方法的具体使用进行讲解。

1．hostname()

hostname()方法返回操作系统的主机名。

例如，获取笔者计算机的主机名，代码如下：

```
const os=require("os")
console.log("当前主机名：",os.hostname())
```

运行结果如下：

当前主机名：DESKTOP-R4VMEL1

2．type()

type()方法返回操作系统名。在 Linux 上返回 Linux；在 macOS 上返回 Darwin；在 Windows 上返

回 Windows_NT。

例如，获取笔者计算机的操作系统名称，代码如下：

```
const os=require("os")
console.log("当前操作系统为：",os.type())
```

运行结果如下：

```
当前操作系统为：Windows_NT
```

3．platform()

platform()方法返回编译时的操作系统名，其可能的值有 aix、darwin、freebsd、linux、openbsd、sunos 和 win32。

例如，获取笔者计算机当前操作系统编译时的操作系统名，代码如下：

```
const os=require("os")
console.log("当前操作系统编译时的名称为：",os.platform())
```

运行结果如下：

```
当前操作系统编译时的名称为：  win32
```

4．arch()

arch()方法返回操作系统的 CPU 架构，可能的值有 arm、arm64、ia32、mips、mipsel、ppc、ppc64、s390、s390x、x32 和 x64。

例如，获取笔者计算机当前操作系统的 CPU 架构，代码如下：

```
const os=require("os")
console.log("操作系统的 CPU 架构为：",os.arch())
```

运行结果如下：

```
操作系统的 CPU 架构为：  x64
```

5．release()

release()方法返回操作系统的发行版本，其值为字符串类型。

例如，获取笔者计算机操作系统的发行版本，代码如下：

```
const os=require("os")
console.log("当前操作系统的发行版本为：",os.release())
```

运行结果如下：

```
当前操作系统的发行版本为：  10.0.18363
```

6．version()

version()方法返回标识操作系统内核版本的字符串。

例如，获取笔者计算机操作系统的内核版本，代码如下：

```
const os=require("os")
console.log(os.version())
```

运行结果如下：

```
Windows 10 Education
```

7．cpus()

cpus()方法的返回值为一个对象数组，其中包含各 CPU 内核的信息，并且每个对象包含以下属性。
- ☑ model：字符串类型，表示 CPU 内核的型号。
- ☑ speed：整型，以兆赫兹（MHz）为单位，表示 CPU 内核的速度。
- ☑ times：是一个对象，其包含的属性如表 8.3 所示。

表 8.3 times 对象的属性

属 性	说 明
user	整型，表示 CPU 在用户模式下花费的毫秒数
nice	整型，表示 CPU 在正常模式下花费的毫秒数（nice 值仅用于可移植操作系统接口 POSIX，在 Windows 操作系统上，该值始终为 0）
sys	整型，表示 CPU 在系统模式下花费的毫秒数
idle	整型，表示 CPU 在空闲模式下花费的毫秒数
irq	整型，表示 CPU 在中断请求模式下花费的毫秒数

例如，查看计算机的 CPU 内核信息，代码如下：

```
const os = require("os")
console.log(os.cpus())
```

运行结果如图 8.1 所示。

8．uptime()

uptime()方法返回操作系统的运行时间，以秒为单位。
例如，获取当前操作系统的运行时间，代码如下：

```
const os=require("os")
const time=os.uptime()
console.log("系统的运行时间为："+os.uptime())
```

运行结果如下：

```
系统的运行时间为：10995
```

【例 8.2】查看计算机的运行时间。（实例位置：资源包\源码\08\02）
新建一个 js.js 文件，该文件中使用 os 模块的 uptime()方法获取计算机的运行时间，然后将其转换为时分秒的格式，代码如下：

```
const os = require("os")
var alltime = os.uptime()                              //获取总秒数
var sec = alltime % 60                                 //计算秒数
var allmin = parseInt(alltime / 60)                    //计算总分钟数
var min = allmin % 60                                  //计算分钟数
var hour = parseInt(allmin / 60)                       //计算小时数
console.log("当前计算机运行了" + alltime + "秒")
console.log("转换后为：%d 时%d 分%d 秒", hour, min, sec)
```

```
[
  {
    model: 'Intel(R) Core(TM) i5-4460  CPU @ 3.20GHz',
    speed: 3193,
    times: {
      user: 2888859,
      nice: 0,
      sys: 2109937,
      idle: 21772140,
      irq: 102703
    }
  },
  {
    model: 'Intel(R) Core(TM) i5-4460  CPU @ 3.20GHz',
    speed: 3193,
    times: {
      user: 3751343,
      nice: 0,
      sys: 2129593,
      idle: 20881734,
      irq: 36937
    }
  },
  {
    model: 'Intel(R) Core(TM) i5-4460  CPU @ 3.20GHz',
    speed: 3193,
    times: {
      user: 3066578,
      nice: 0,
      sys: 1944078,
      idle: 21752015,
      irq: 30468
    }
  },
  {
    model: 'Intel(R) Core(TM) i5-4460  CPU @ 3.20GHz',
    speed: 3193,
    times: {
      user: 3428281,
      nice: 0,
      sys: 2064406,
      idle: 21269984,
      irq: 29203
    }
  }
]
```

图 8.1　查看计算机的逻辑 CPU 内核信息

程序运行效果如图 8.2 所示。

当前计算机运行了 26946秒
转换后为：7时 29分 6秒

图 8.2　查看计算机运行时间

9．getPriority()

getPriority()方法获取指定进程的调度优先级，其语法格式如下：

```
os.getPriority([pid])
```

其中，参数 pid 为指定进程的 PID，如果省略 pid 或者 pid 为 0，该方法将返回当前进程的优先级。例如，查看 chrome.exe（pid 为 10904）进程的优先级，代码如下：

```
const os = require("os")
console.log(os.getPriority(10904))
```

运行结果如下：

```
19
```

说明

getPriority()方法中的 pid 参数可以在自己计算机的任务管理器中查看，具体方法是，右击任务栏的空白处，在弹出的快捷菜单中选择"任务管理器"命令，如图 8.3 所示。然后，在弹出的"任务管理器"窗口中选择"详细信息"选项卡，如图 8.4 所示，第二列信息为 pid。

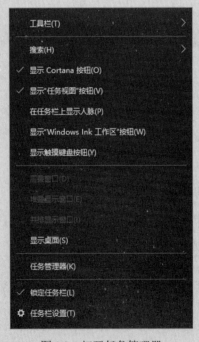

图 8.3　打开任务管理器

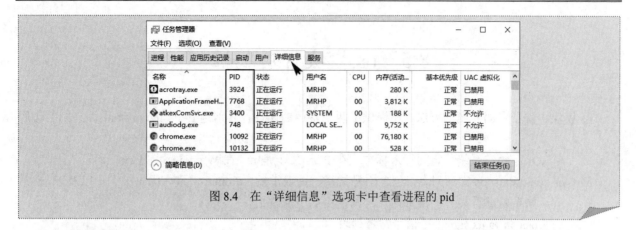

图 8.4　在"详细信息"选项卡中查看进程的 pid

10．setPriority()

setPriority()方法为指定的进程设置调度优先级。具体语法格式如下：

```
os.setPriority([pid,]priority)
```

其中，pid 为进程的 PID，当省略 pid 或者 pid 为 0 时，表示当前进程；priority 为分配给该进程的调度优先级，该值的取值范围为-20～19 的整数。

前面示例中 PID 为 10904 的进程的调度优先级为 19，下面通过 setPriority()方法将其调度优先级调整为 10，代码如下：

```
const os = require("os")
os.setPriority(10904,10)
```

运行程序后，打开任务管理器，查看 PID 为 10904 的进程的优先级由原来的"低"变成了"低于正常"，效果如图 8.5 和图 8.6 所示。

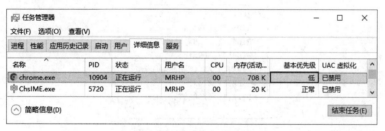

图 8.5　10904 进程的原优先级

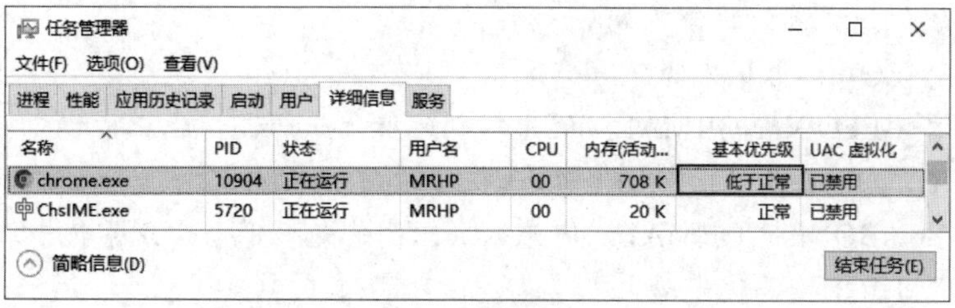

图 8.6　修改后的 10904 进程的优先级

8.5　os 模块常用属性

os 模块中除了上面介绍的方法，还提供了两个常用的属性，分别是 EOL 和 constants，它们的作用如下。

☑　os.EOL：操作系统特定的行末标志。在 POSIX 上是\n，在 Windows 上是\r\n。

☑　os.constants：os 常量列表，包含信号常量、错误常量、dlopen 常量、优先级常量以及 libuv 常量。如果要查看某一类常量列表，则使用如下属性值。

> os.constants.signals：信号常量列表。
> os.constants.errno：错误常量列表。
> os.constants.dlopen：dlopen 常量列表。
> os.constants.priority：优先级常量列表。

 说明

os 模块中的 libvu 常量无法单独查看，需要通过 constants 属性查看，该常量仅包含 UV_UDP_REUSEADDR 这一项。

例如，使用 os.constants.priority 查看系统的优先级常量，代码如下：

```
const os = require("os")
console.log(os.constants.priority)
```

运行结果如图 8.7 所示。

```
[Object: null prototype] {
  PRIORITY_LOW: 19,
  PRIORITY_BELOW_NORMAL: 10,
  PRIORITY_NORMAL: 0,
  PRIORITY_ABOVE_NORMAL: -7,
  PRIORITY_HIGH: -14,
  PRIORITY_HIGHEST: -20
}
```

图 8.7　查看优先级常量

 说明

图 8.7 中获取的优先级常量的含义如下。

☑　PRIORITY_LOW：低优先级。

☑　PRIORITY_BELOW_NORMAL：优先级别比低优先级高，比正常优先级低。

☑　PRIORITY_NORMAL：正常优先级。

☑　PRIORITY_ABOVE_NORMAL：优先级别比高优先级低，比正常优先级高。

☑　PRIORITY_HIGH：高优先级。

☑　PRIORITY_HIGHEST：最高优先级。

在使用 os 模块的 setPriority()方法设置进程优先级时，我们可以直接将其 priority 参数设置为以上 6 个值之一。

8.6　要点回顾

本章主要对 Node.js 中用来获取操作系统相关信息的 os 模块的使用进行了详细讲解，通过 os 模块，开发者可以获取到操作系统的名称、系统版本、系统类型、内存相关信息、网络相关信息等，这对于我们实现一些特定功能是很有帮助的。学习本章时，熟悉 os 模块可以实现的相关功能即可。

第 9 章

异步编程与回调

JavaScript 本身是单线程编程。所谓单线程编程，就是一次只能完成一个任务。如果有多个任务，必须等待前一个任务完成后，才会继续执行下一个任务，因此，单线程编程的效率非常低。为了解决这个问题，Node.js 中加入了异步编程模块。利用好 Node.js 异步编程，会给开发带来很大的便利。本章将对 Node.js 中的异步编程及回调进行讲解。

本章知识架构及重难点如下。

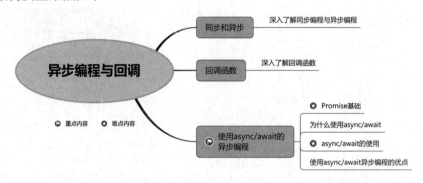

9.1　同步和异步

学习 Node.js 异步编程前，首先我们来了解一下什么是同步，什么是异步。

1. 同步

首先举一个简单的例子来说明同步的概念。比如有一家小吃店，只有一名服务员叫小王，这天中午，来了很多客人，小王需要为客人下单和送餐。那么，小王如果采用同步方法，效果如图 9.1 所示。

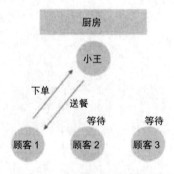

图 9.1　小王采用同步方法

小王首先为顾客 1 服务，将顾客下的单给到厨房，等待餐做好后送餐给顾客。服务完顾客 1 后，再按照同样的步骤服务顾客 2、顾客 3……使用这种方法，在服务完顾客 1 之前，顾客 2 和顾客 3 只能是一直等待，显然效率非常低。如果使用代码来模拟上面的场景，则代码如下：

```
//同步方法
console.log("小王为顾客 1 下单。")
console.log("小王为顾客 1 送餐。")
console.log("小王为顾客 2 下单。")
console.log("小王为顾客 2 送餐。")
console.log("小王为顾客 3 下单。")
console.log("小王为顾客 3 送餐。")
```

运行上面代码，效果如图 9.2 所示。

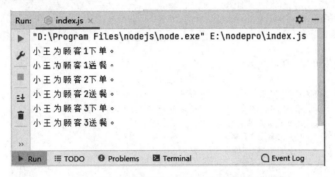

图 9.2　小王使用同步方法为顾客服务

2. 异步

同样是上面的例子，小王如果采用异步方法，则其为顾客服务的示意图如图 9.3 所示。

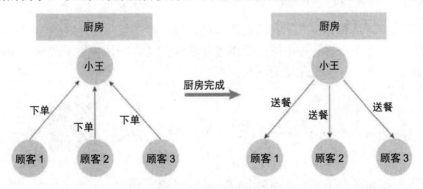

图 9.3　小王采用异步方法

小王可以分别将顾客 1、顾客 2 和顾客 3 下的单给到厨房，待厨房陆续做好时，小王再分别为顾客 1、顾客 2 和顾客 3 送餐，这就是采用了异步的方法，与同步方法相比，这样做的效率显然会大大提升。如果用代码来模拟上面的场景，则代码如下：

```
//异步方法
console.log("小王开始为顾客服务。");
//送餐服务
```

```
Function service(){
    //setTimeout 代码执行时，不会阻塞后面的代码执行
    setTimeout(function () {
        console.log("小王为顾客 1 送餐。");
    },0);
    setTimeout(function () {
        console.log("小王为顾客 2 送餐。");
    },0);
    setTimeout(function () {
        console.log("小王为顾客 3 送餐。");
    },0);
}
console.log("小王为顾客 1 下单。");
service();
console.log("小王为顾客 2 下单。");
console.log("小王为顾客 3 下单。");
```

运行上面代码，效果如图 9.4 所示。

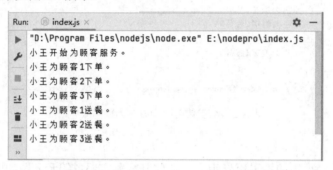

图 9.4　小王使用异步方法为顾客服务

对比小王使用同步方法和异步方法为顾客服务的过程，可以很明显地看到，在异步模式下的服务更加人性化，用户体验更好。Node.js 中同样提供了异步编程模式，Node.js 中的异步编程主要通过回调函数或者 async/await 实现，下面分别进行讲解。

9.2　回 调 函 数

什么是回调呢？比如我们在编写 JavaScript 脚本时，不知道用户何时点击按钮，因此通常会为按钮的点击事件定义一个事件处理程序，该事件处理程序会接收一个函数，用来在点击事件被触发时调用，这就是所谓的回调。

因此，回调本质上是一个函数，它可以作为值传递给另一个函数，并且只有在特定事件发生时才会被执行。例如，下面代码给按钮的点击事件绑定一个回调函数：

```
document.getElementById('button').addEventListener('click', () => {
    …                        //被点击
})
```

Node.js 异步编程的直接体现就是回调函数，Node.js 中使用了大量的回调函数，Node.js 中的大部分 API 都支持回调函数，如第 7 章中讲解过的操作文件的方法，基本上都同时提供了同步和异步操作的方法，并且默认使用的都是异步操作，在异步操作方法中都需要传递一个 callback 回调函数。

【例 9.1】回调函数的简单应用。（实例位置：资源包\源码\09\01）

在 WebStorm 中创建一个 .js 文件，其中定义两个函数 fooA 和 fooB，然后将 fooA 函数作为参数传递给 fooB，以执行相应的加法运算，代码如下：

```
function   fooA() {
    return 1
}
function   fooB(a) {
    return 2 + a
}
//fooA 是一个函数，但这里作为一个参数在 fooB 函数中被调用
c = fooB(fooA())
console.log(c)
```

运行程序，结果如图 9.5 所示。

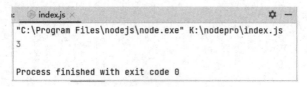

图 9.5　回调函数的简单应用

接下来，通过一个实例讲解如何通过异步编程调用回调函数。

【例 9.2】异步调用回调函数。（实例位置：资源包\源码\09\02）

在 WebStorm 中创建一个 .js 文件，该文件中主要实现将一个全局变量 a 从初始值 0 在 3 秒后变为 6 的过程，代码如下：

```
var a = 0;
function fooA(x) {
    console.log(x)
}
function timer(time) {
    setTimeout(function () {
        a=6
    }, time);
}
console.log(a);
timer(3000);
fooA(a);
```

运行程序，效果如图 9.6 所示。

通过观察图 9.6 可以发现，程序并没有按照我们的设想执行，这是因为虽然 timer 函数中将变量 a 设置为 6，但是程序执行时，由于 timer 函数中使用了 setTimeout，其不会阻塞后面代码的执行，因此程序并不会等待 timer 函数执行完，而是直接执行了最后一行的 fooA 函数，而此时还没有经过 3 秒的

时间，所以 a 的值仍是 0。

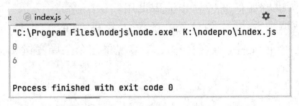

图 9.6　异步调用回调函数（1）

如果想达到我们希望的效果，应该在 timer 函数中加入一个回调函数作为参数，然后调用时，将 fooA 函数作为参数传递给 timer 函数，即代码修改如下：

```
var a = 0
function fooA(x) {
    console.log(x)
}
function timer(time, callback) {
    setTimeout(function () {
        a = 6
        callback(a);              //使用回调函数执行输出操作
    }, time);
}
console.log(a)
timer(3000,fooA)
```

再次运行程序，结果如图 9.7 所示。

图 9.7　异步调用回调函数（2）

9.3　使用 async/await 的异步编程

上面讲解了 Node.js 中的回调函数，但回调只适用于简单的异步场景！当程序中有很多回调时，代码会变得非常复杂，而且调试也会很麻烦，因此在 ES2015 标准中新增了 Promise 特性，用来帮助处理异步代码而不涉及使用回调。在更高级的 ES2017 标准中，又新增了 async/await 语法，使得异步编程更加简单。本节将对如何使用 async/await 实现异步编程进行讲解。

9.3.1　Promise 基础

async/await 建立在 Promise 之上，因此要学习 async/await，首先应该对 Promise 有所了解。

Promise 是 ES2015 标准中提供的一种处理异步代码（而不会陷入回调地狱）的方式，它本质上是一个对象，使用 new Promise()构造函数可以创建该对象，new Promise()构造函数中需要传入一个具有 resolve 和 reject 参数的函数，形式如下：

```
var p = new Promise(function(resolve, reject){

});
```

其中，resolve 表示异步操作执行成功后的回调函数（其参数通常用 data 表示），reject 表示异步操作执行失败后的回调函数（其参数通常用 err 表示）。Promise 对象共有 3 种状态。

☑ pending（进行中）：Promise 对象刚被创建时的状态，表示异步操作还未完成。

☑ fulfilled（已完成）：表示异步操作已经完成，并返回了一个值。

☑ rejected（已拒绝）：表示异步操作失败，返回一个错误信息。

 说明

回调地狱是从英语 callback hell 翻译过来的一个名词，形容的是在异步 JavaScript 中的一种现象：回调函数写得太多了，回调嵌套回调，让人很难凭直觉看懂代码。

例如，定义一个 runAsync 函数，该函数中创建一个 Promise 对象，在程序执行 1 秒后输出一个字符串，代码如下：

```
function runAsync(){
    var p = new Promise(function(resolve, reject){
        setTimeout(function(){
            console.log('执行异步操作 1')
            resolve('promise1')
        }, 1000)
    })
    return p
}
runAsync()
```

运行上面代码后，会输出"执行异步操作 1"，但其中的 resolve('promise1')并没有执行，它的作用是什么呢？

前面我们提到 resolve 是异步操作执行成功后要执行的回调函数，那么它如何执行呢？Promise 对象提供了 then 方法，用来指定执行 resolve 回调。

例如，下面的代码使用上面创建的 Promise 对象，并在 then 方法中执行 resolve 回调：

```
runAsync().then(function(data){
    console.log(data)
})
```

运行上面代码，会输出以下结果：

```
执行异步操作 1
promise1
```

从上面的示例可以看出，then 方法中的函数就类似于一个回调函数，但它能够在异步操作完成之后被执行，这就是 Promise 的好处，它能够将原来的回调函数分离出来，在异步操作执行完后，再去执行回调函数。

另外，使用 Promise 实现异步还有一个最大的特点：链式调用回调函数，即它可以在 then 方法中继续创建 Promise 对象并返回，然后继续调用 then 来进行回调操作。

例如，按照上面 runAsync 函数的方式再定义两个 runAsync2 和 runAsync3 函数，代码如下：

```
function runAsync2(){
    var p = new Promise(function(resolve, reject){
        setTimeout(function(){
            console.log('执行异步操作 2')
            resolve('promise2')
        }, 2000)
    })
    return p
}
function runAsync3(){
    var p = new Promise(function(resolve, reject){
        setTimeout(function(){
            console.log('执行异步操作 3')
            resolve('promise3')
        }, 1000)
    })
    return p
}
```

然后使用链式方式调用，代码如下：

```
runAsync()
    .then(function(data){
        console.log(data)
        return runAsync2()
    })
    .then(function(data){
        console.log(data)
        return runAsync3()
    })
    .then(function(data){
        console.log(data)
    })
```

运行上面代码，结果如下：

```
执行异步操作 1
promise1
执行异步操作 2
promise2
执行异步操作 3
promise3
```

上面我们讲解了使用 then 方法可以执行 resolve 回调，那么 reject 回调如何执行呢？reject 的作用是把 Promise 的状态设置为 rejected，我们同样可以在 then 方法中执行。

例如，修改上面定义的 runAsync 函数，其中定义一个 flag 变量，默认为 false，判断 flag 为 true 时，使用 resolve 回调传递值，否则，使用 reject 回调传递值。代码如下：

```
function runAsync(){
    flag=false
    var p = new Promise(function(resolve, reject){
        setTimeout(function(){
            if(flag){
                console.log('执行异步操作')
                resolve('promise')
            }
            else
                reject('执行异步操作失败')
        }, 1000)
    })
    return p
}
```

然后在 Promise 对象的 then 方法中分别执行 resolve 回调和 reject 回调，代码如下：

```
runAsync()
    .then(function(data){
        console.log(data);
    },
    function(err){
        console.log(err);
    })
```

运行上面修改后的代码，由于 flag 变量为 false，所以输出结果为：

```
执行异步操作失败
```

除了 then 方法，Promise 对象还提供了一个 catch 方法，也可以执行 reject 回调，其使用方法与 then 类似。例如，上面代码可以修改如下：

```
runAsync()
    .then(function(data){
        console.log(data);
    })
    .catch(function(err){
        console.log(err);
    });
```

9.3.2　为什么使用 async/await

ES2015 中引入 Promise 主要是为了解决异步回调的问题，但是由于它自身语法的复杂性，在 ES2017

标准中引入了 async/await。async/await 减少了 Promise 的样板，并且减少了 Promise 链式调用的"不破坏链条"的限制，它使得代码看起来像是同步的，但它是异步的并且在后台无阻塞。因此，通过使用 async/await 实现异步编程是一种更好的方式。

9.3.3 async/await 的使用

通过前面的讲解，我们知道 ES2015 标准下的异步函数会返回 Promise，例如下面的代码：

```
const AsyncOper = () => {
    return new Promise(resolve => {
        setTimeout(() => resolve('执行操作'), 1000)
    })
}
```

在使用 async/await 对上面代码进行异步回调时，只需要在声明的函数前面加上 async 关键字，并在要调用的函数名前面加上 await 即可。这里需要注意的是，客户端函数必须被定义为 async。例如，下面代码中，要异步调用上面定义的 AsyncOper 函数，首先需要使用 async 关键字定义一个匿名的函数，然后在要调用的 AsyncOper 函数前面加上 await 关键字，代码如下：

```
const useAsync = async () => {
    console.log(await AsyncOper())
}
```

说明

Node.js 中，在任何函数之前加上 async 关键字，就意味着该函数会返回 Promise，即使代码中没有显式返回 Promise，例如，下面两段代码是等效的：

```
//第 1 个函数
const Func1 = async () => {
    return '测试'
}
Func1().then(alert)                          //使用 alert 弹出信息测试函数

//第 2 个函数
const Func2 = () => {
    return Promise.resolve('测试')
}
Func2().then(alert)                          //使用 alert 弹出信息测试函数
```

【例 9.3】使用 async/await 执行异步回调。（**实例位置：资源包\源码\09\03**）

在 WebStorm 中创建一个 .js 文件，其中主要演示使用 async/await 执行异步回调操作，代码如下：

```
var fs = require("fs")                       //引入 fs 模块
//定义异步函数，用来判断是否为文件夹
async function isDir(path) {
    return new Promise((resolve, reject)=> {
```

```
        fs.stat(path, (err,stats)=> {
            if (err) {                               //如果发生错误，则返回
                return
            }
            if (stats.isDirectory()) {               //如果是文件夹，返回 true
                resolve(true);
            }else {                                  //否则返回 false
                resolve(false);
            }
        })
    })
}
var path = " D:\\测试文件夹"                          //指定要遍历的路径
var dirArr = []                                      //用来记录遍历得到的所有文件夹名称
fs.readdir(path, async (err, data) => {
    if (err) {
        return
    }
    //遍历指定路径下的所有文件和文件夹
    for (var i = 0; i < data.length; i++) {
        //异步调用 isDir 函数，判断是否为文件夹
        if (await isDir(path + '/' + data[i])) {
            dirArr.push(data[i])                     //将文件夹的名称添加到数组中
        }
    }
    console.log(dirArr)                              //输出所有文件夹名称
})
```

　　代码中所指定的 D 盘测试文件夹中的原始内容如图 9.8 所示，运行程序，效果如图 9.9 所示，从结果可以看出，本程序只输出了指定路径下的所有文件夹名称。

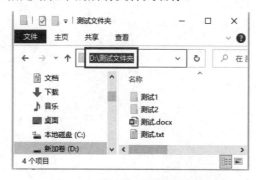

图 9.8　D 盘测试文件夹中的原始内容

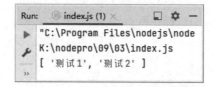

图 9.9　使用 async/await 执行异步回调得到的文件夹名称

9.3.4 使用 async/await 异步编程的优点

本节讲解了两种异步编程的方式，分别是 Promise 和 async/await。async/await 与 Promise 相比，有很多优点，主要如下：

☑ Promise 的出现解决了传统回调函数导致的"地狱回调"问题，但它的语法导致其发展成一个回调链，遇到复杂的业务场景时，这样的语法是不美观的；async/await 代码看起来更加简洁，使得异步代码看起来像同步代码，而 await 的本质其实就是可以提供等同于同步效果的等待异步返回能力的语法糖，只有这一句代码执行完，才会执行下一句。

☑ 被 async 修改的函数会默认返回一个 Promise 对象的 resolve 值，因此对 async 函数可以直接使用 then 方法，返回值就是 then 方法传入的函数。

☑ async/await 是基于 Promise 实现的，可以说是改良版的 Promise，它不能用于普通的回调函数。

☑ async/await 与 Promise 一样，是非阻塞的。

9.4 要 点 回 顾

本章主要对 Node.js 中的异步编程机制及其实现进行了详细讲解，在 Node.js 中，异步编程主要通过回调函数实现，但受限于回调函数的复杂性，后期增加了 Promise 和 async/await 方法，而 async/await 相当于 Promise 的改良版，它使得 Node.js 中的异步回调更加简单。学习本章时，重点掌握 async/await 的使用。

第 10 章

I/O 流操作

I/O 流，即输入（input）、输出（output）流，它提供了一种向存储设备写入数据和从存储设备读取数据的方式，它是 Node.js 中执行读写文件操作的一种非常重要的方式。本章将对 Node.js 中 I/O 数据流的使用进行详细讲解。

本章知识架构及重难点如下。

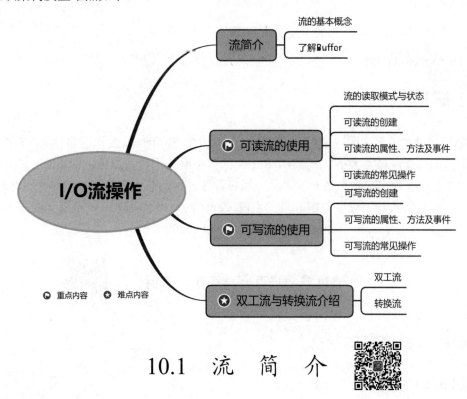

10.1 流 简 介

10.1.1 流的基本概念

程序中的流是一个抽象概念，当程序需要从某个数据源读取数据时，就会开启一个数据流，数据源可以是文件、内存或者网络等，而当程序将数据写入某个数据源时，也会开启一个数据流，而数据源的目的地也可以是文件、内存或者网络等。

以文件流为例，当需要读取一个文件时，如果使用 fs 模块的 readFile()方法读取，程序会将该文件的内容视为一个整体，为其分配缓存区并一次性将内容读取到缓存区中，在这期间，Node.js 将不能执行任何其他处理，这就可能导致一个问题，即如果文件很大，会耗费较多的时间。

如果使用文件流读取文件，则可以将文件一部分一部分地读取，这样可以保证效率，并且不会占用太大的内存。下面介绍流的基本类型，以及如何引用。

1．流的基本类型

Node.js 中的流有 4 种基本类型，分别如下。

- ☑ Readable：可读流。
- ☑ Writable：可写流。
- ☑ Duplex：可读可写流（也称双工流）。
- ☑ Transform：转换流，表示在读写过程中可以修改和变换数据的 Duplex 流。

2．流模块的引用

使用 Node.js 中的流之前，首先要引用 stream 模块，代码如下：

```
const stream = require('stream');
```

10.1.2　了解 Buffer

Buffer 翻译为中文是缓冲区，读者也可以理解为：一个 Buffer 就是开辟的一块内存区域，Buffer 的大小就是开辟的内存区域的大小。在流中，Buffer 的大小取决于传入流构造函数的 highWaterMark 选项参数，该参数指定了字节总数或者对象总数，当可读缓冲区的总大小达到 highWaterMark 指定的阈值时，流会暂时停止从数据源读取数据，直到当前缓冲区的数据被释放；如果要获取缓冲区中存储的数据，需要使用 writable.writableBuffer 或 readable.readableBuffer。

10.2　可读流的使用

10.2.1　流的读取模式与状态

1．可读流的读取模式

可读流有两种读取模式，即流动（flowing）模式和暂停（paused）模式。

所有的可读流都是以暂停模式开始，当流处于暂停模式时，可以通过 read()方法从流中按需读取数据。

流动模式指的是一旦开始读取文件，会按照 highWaterMark 的值按次读取，直到读取完为止。当流处于流动模式时，因为数据是持续变化的，所以需要使用监听事件来处理它。

流的暂停模式和流动模式是可以互相切换的，如通过添加 data 事件、使用 resume()方法或者 pipe()方法等都可以将可读流从暂停模式切换为流动模式；使用 paused()方法或者 unpipe()方法可以将可读流从流动模式切换为暂停模式。

2．可读流的状态

在实际使用可读流时，它一共有 3 种状态，即初始状态（null）、流动状态（true）和非流动状态（false）。

当流处于初始状态（null）时，由于没有数据使用者，所以流不会产生数据，这时如果监听 data 事件、调用 pipe()方法或 resume()方法，都会将当前状态切换为流动状态（true），这样可读流即可开始主动地产生数据并触发事件。

如果调用 pause()方法或者 unpipe()方法，就会将可读流的状态切换为非流动状态（false），这将暂停流，但不会暂停数据生成。此时，如果再为 data 事件设置监听器，就不会再将状态切换为流动状态（true）了。

10.2.2　可读流的创建

Node.js 中的可读流使用 stream 模块中的 Readable 类表示，因此可以直接使用下面代码创建：

```
const readable – new stream.Readable();
```

另外，还可以使用 fs 模块的 createReadStream 方法创建可读流，语法格式如下：

```
fs.createReadStream(path[, options])
```

☑　path：读取文件的文件路径，可以是字符串、缓冲区或网址。

☑　options：读取文件时的可选参数，可选值如下。

➢　flags：指定文件系统的权限，默认为 r。

➢　encoding：编码方式，默认为 null。

➢　fd：文件描述符，默认为 null。

➢　mode：设置文件模式，默认为 0o666。

➢　autoClose：文件出错或者结束时，是否自动关闭文件，默认为 true。

➢　emitClose：流销毁时，是否发送 close 事件，默认为 true。

➢　start：指定开始读取的位置。

➢　end：指定结束读取的位置。

➢　highWaterMark：可读取的阈值，一般设置在 16～100KB 范围内。

例如，下面代码创建一个可读流：

```
const fs = require("fs");
const read = fs.createReadStream("凉州词.txt");
```

10.2.3　可读流的属性、方法及事件

可读流提供了很多属性、方法和事件，用来获取可读流信息、对可读流进行操作，以及监听可读流的相应操作，它们的说明分别如表 10.1、表 10.2 和表 10.3 所示。

表 10.1　可读流的常用属性及说明

属　　性	说　　明
destroyed	可读流是否已销毁，如果已经调用了 readable.destroy()方法，则该属性值为 true
readable	可读流是否被破坏、结束或者报错
readableEncoding	获取可读流的 encoding 属性
readableEnded	可读流是否已经没有数据，如果触发了 end 事件，则该属性值为 true
readableFlowing	可读流的当前状态
readableHighWaterMark	构造可读流时传入的 highWaterMark 的值
readableLength	获取准备读取的队列中的字节数（或对象数）

表 10.2　可读流的常用方法及说明

方　　法	说　　明
read([size])	从流中读取数据
setEncoding(encoding)	设置从流中读取的数据所使用的编码
pause()	暂停从可读流对象发出的 data 事件
ispaused()	获取可读流的当前操作状态
destroy()	销毁可读流
resume()	恢复从可读流对象发出的 data 事件
pipe(destination[, options])	把可读流的输出传输到一个由 deatination 参数指定的 Writable 流对象
unpipe([destination])	分离附加的 Writale 流对象
filter(fn[, options])	筛选流
forEach(fn[, options])	迭代遍历流

表 10.3　可读流的常用事件及说明

事　　件	说　　明
close	当流或其数据源被关闭时，触发该事件
data	在流将数据块传送给使用者后触发
end	当流中没有数据可供使用时触发
error	当流由于底层内部故障而无法生成数据或尝试推送无效数据块时触发
pause	当调用 stream.pause()且 readsFlowing 不为 false 时触发
readable	当有数据可从流中读取时触发
resume	当调用 stream.resume()且 readsFlowing 不为 true 时触发

✔ 说明

　　触发流事件同样采用第 5 章中讲解过的 on()方法实现，例如，下面代码创建了一个可读流，然后触发其 data 事件：

```
const fs = require("fs")
var read = fs.createReadStream('凉州词.txt')
read.on('data', function (chunk) {
    console.log("读取到的数据: " + chunk.toString());
})
```

10.2.4　可读流的常见操作

1．读取数据

使用 read()方法可以从流中读取数据，其语法格式如下：

```
对象名.read([size])
```

☑　　size：要读取的数据的字节数。

☑　　返回值：返回值可能为字符串、Buffer、null 等。

例如，创建一个可读流，读取文件"凉州词.txt"中的内容，代码如下：

```
const fs = require("fs");
const read = fs.createReadStream("凉州词.txt");
read.on('readable', function () {
    while (null !== (chunk = read.read(25))) {
        console.log(chunk.toString());
    }
});
```

2．设置编码格式

可读流读取数据时，默认情况下没有设置字符编码，流数据返回的是 Buffer 对象。如果设置了字符编码，则流数据返回指定编码的字符串。设置可读流中数据的编码格式需要使用 setEncoding()方法，其语法格式如下：

```
对象名.setEncoding(encoding)
```

参数 encoding 用来设置编码格式。

下面使用 utf8 编码方式读取"凉州词.txt"文件中的内容，代码如下：

```
const fs = require("fs");
const read = fs.createReadStream("凉州词.txt");
read.setEncoding("utf8")                        //设置编码格式
read.on('readable', function () {
    console.log(read.read());                   //设置编码格式后，此处不再需要使用 toString()方法
});
```

3．暂停与恢复流

pause()方法可以使流动模式的可读流停止触发 data 事件，并切换为非流动模式，其语法格式如下：

```
对象名.pause()
```

resume()方法可以恢复从可读流对象发出的 data 事件,将可读流切换为流动模式,其语法格式如下：

```
对象名.resume()
```

【例 10.1】按行输出古诗内容。（**实例位置：资源包\源码\10\01**）

创建一个 .js 文件，使用可读流读取文件"凉州词.txt"的内容并显示，读取时，设置每隔一秒读取一行内容，这里使用可读流的 pause() 方法在读取每行数据后暂停，然后每隔 1 秒后，再使用 resume() 方法恢复流数据的读取。代码如下：

```javascript
const fs = require('fs');
const read= fs.createReadStream("凉州词.txt", {highWaterMark: 25});
read.setEncoding("utf8")                    //设置编码格式
read.on('data', function (chunk) {
    console.log(chunk.toString());
    read.pause();
    setTimeout(function () {
        read.resume();
    }, 1000);
});
read.on("close",function(){
    console.log("读取完毕");
})
```

运行程序，每隔一行会显示一行内容，效果如图 10.1 和图 10.2 所示。

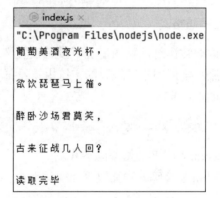

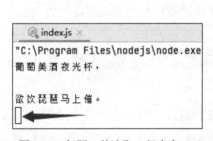

图 10.1 每隔一秒读取一行内容（1）　　图 10.2 每隔一秒读取一行内容（2）

4．获取流的运行状态

对可读流进行操作时，可以使用 ispaused() 方法判断流当前的操作状态，该方法不需要参数，返回结果为 true 或 false，其语法格式如下：

```
对象名.ispaused()
```

示例代码如下：

```javascript
const readable = new stream.Readable();
console.log(readable.ispaused());
readable.pause()
console.log(readable.ispaused());
```

上面代码的运行结果如下：

```
false
true
```

说明

> ispaused()方法主要用于 readable.pipe()底层的机制，大多数情况下不会直接使用该方法。

5. 销毁流

使用 destroy()方法可以销毁可读流，其语法格式如下：

对象名.destroy([error])

该方法中有一个可选参数 error，用于在处理错误事件时发出错误。

例如，创建一个可读流对象，使用该对象读取文件内容后，使用 destroy()销毁该对象，代码如下：

```
const fs = require("fs")
var read = fs.createReadStream('凉州词.txt')
read.setEncoding("utf8")
read.on('data', function (chunk) {
        console.log("读取到的数据：\n" + chunk.toString());
})
read.destroy()
```

上面代码运行结果为空，因为最后一行代码销毁了可读流 read，可读流在销毁后，会将读取的数据清空，因此，通常在程序可能出现异常时，才会在处理异常的过程中使用销毁流方法。

6. 绑定可写流至可读流

readable.pipe()方法可以将可写流绑定到可读流，并将可读流自动切换到流动模式，同时将可读流的所有数据推送到绑定的可写流。pipe()方法的语法格式如下：

可读流对象名.pipe(destination[, options])

- ☑ destination：要绑定到可读流的可写流对象。
- ☑ options：保存管道选项，通常为 end 参数，其参数值为 true，表示如果可读流触发 end 事件，可写流也调用 steam.end()结束写入，如果设置 end 值为 false，则目标流就会保持打开。
- ☑ 返回值：返回目标可写流。

说明

> pipe 的含义为管道，比如要从 A 桶中向 B 桶中倒水，如果直接用 A 桶来倒水，那么水流可能会忽大忽小，而 B 桶中的水有可能因为溢出或者来不及使用而浪费，那么如何让水不浪费呢？这时就可以用一根水管连接 A 桶与 B 桶，这样 A 桶中的水通过水管匀速地流向 B 桶，B 桶中的水就可以及时使用而不会造成浪费。流中的 pipe 也是如此，它是连接可读流和可写流的一条管道，可以实现读取数据和写入数据的一致性。这里需要说明的是，pipe()是可读流的方法，只能将可写流绑定到可读流，反之则不可以。

【例 10.2】 通过将可写流绑定至可读流为文件追加内容。(**实例位置:资源包\源码\10\02**)

创建一个可读流 read,从中读取文本文件 demo.txt 的内容,文件中的内容为《凉州词》古诗赏析;然后创建一个可写流 write,其操作的"凉州词.txt"文件内容为《凉州词》古诗内容,使用可读流的 pipe()方法将可写流 write 绑定到可读流 read,代码如下:

```
var fs = require("fs");
var read = fs.createReadStream('demo.txt');                //创建可读流
var write = fs.createWriteStream('凉州词.txt', {flags: "a"});    //创建可写流
read.pipe(write);                                          //将可写流绑定到可读流
console.log("已完成")
```

说明

上面代码中用到可写流,关于可写流的具体使用将在 10.3 节进行介绍,这里了解即可。

"凉州词.txt"文件原内容如图 10.3 所示,运行上面代码后,再次打开"凉州词.txt"文件,内容如图 10.4 所示。

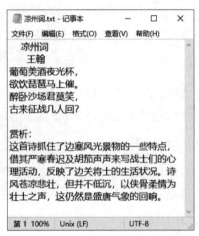

图 10.3 "凉州词.txt"文件原内容 　　　图 10.4 "凉州词.txt"文件新内容

7. 解绑可写流

上文讲解了使用可读流的 pipe()方法可以将可写流绑定到可读流,还可以通过可读流的 unpipe()方法将已经绑定的可写流进行解绑,其语法格式如下:

```
可读流对象名.unpipe([destination])
```

该方法中有一个可选参数 destination,表示要解绑的可写流,如果该参数省略,表示解绑所有的可写流。

例如,代码如下:

```
var fs = require("fs");
var read = fs.createReadStream('demo.txt');                //创建可读流
var write = fs.createWriteStream('凉州词.txt', {flags: "a"});    //创建可写流
read.pipe(write);                                          //将可写流绑定到可读流
```

```
console.log("已绑定可写流")
read.unpipe(write)                                         // 解绑
console.log("已解绑可写流")
```

上面代码先为可读流 read 绑定一个可写流 write，这时 demo.txt 文件中的内容都被追加到"凉州词.txt"文件中，然后将 write 解绑，于是从"凉州词.txt"文件中移除 demo.txt 中的内容，最终"凉州词.txt"文件中的内容将不会发生变化。

说明

由于解绑可写流操作会将已经绑定至可读流的可写流清除，因此，为了保持数据的一致性，通常在写入或者追加操作出现异常情况时，使用 unpipe()方法对可写流执行解绑操作。

10.3　可写流的使用

10.3.1　可写流的创建

Node.js 中的可写流使用 stream 模块中的 Writable 类表示，使用该类时，需要重写其中的 write()方法，因此要使用 stream 模块中的 Writable 类创建可写流，需要使用的代码类似下面代码：

```
const stream = require('stream');
const writable = new stream.Writable({
        write: function (chunk, encoding, next) {
                console.log(chunk.toString());
                next();
        }
});
```

另外，还可以使用 fs 模块的 createWriteStream()方法创建可写流，语法格式如下：

```
fs.createWriteStream(path[, options])
```

☑　path：写入文件的文件路径。
☑　options：写入文件时的可选参数，可选值如下。
   ➢　flags：指定文件系统的权限，默认为 w，如果要修改文件内容，而不是替换，需要将该值设置为 a。
   ➢　encoding：编码方式，默认为 null。
   ➢　fd：文件描述符，默认为 null。
   ➢　mode：设置文件模式，默认为 0o666。
   ➢　autoClose：文件出错或者结束时，是否自动关闭文件，默认为 true。
   ➢　emitClose：流销毁时，是否发送 close 事件，默认为 true。
   ➢　start：指定开始写入的位置。

> ➤ highWaterMark：可写入的阈值，一般设置在 16～100KB 范围内。

例如，下面代码创建一个可写流：

```
var fs = require("fs");
var write = fs.createWriteStream('demo.txt');                    //创建可写流
```

10.3.2 可写流的属性、方法及事件

可写流提供了很多属性、方法和事件，用来获取可写流信息、对可写流进行操作，以及监听可写流的相应操作，它们的说明分别如表 10.4、表 10.5 和表 10.6 所示。

表 10.4 可写流的常用属性及说明

属　　性	说　　明
destroyed	可写流是否已销毁，如果已经调用了 writable.destroy()，则为 true
writable	可写流是否被破坏、报错或结束
writableEnded	可写流是否已经没有数据，如果在调用 writable.end()之后，该值为 true
writableCorked	获取完全 uncork 流需要调用 writable.uncork()的次数
writableFinished	可写流中的数据是否已传输完，在触发 finish 事件之前需将其设置为 true
writableHighWaterMark	返回构造可写流时传入的 highWaterMark 的值
writableLength	包含准备写入的队列中的字节数（或对象）
writableNeedDrain	如果流的缓冲区已满且流将发出 drain，则为 true

表 10.5 可写流的常用方法及说明

方　　法	说　　明
write()	写入数据
end()	通知可写流对象写入结束
setDefaultEncoding	为可写流设置默认的编码方式
end()	关闭可写流
destroy()	销毁可写流
cork()	强制把所有写入的数据都缓冲到内存中
uncork()	将调用 stream.cork()方法缓冲的所有数据输出到目标

表 10.6 可写流的常用事件及说明

事　　件	说　　明
close	当可写流或数据源被关闭时，触发该事件
open	创建可写流的同时会打开文件，而打开文件就会触发该事件
drain	当写入缓冲区为空时触发该事件
error	写入或管道数据发生错误时触发该事件
finish	调用 stream.end()且缓冲区数据都已传给底层系统之后触发该事件
pipe	当在可读流上调用 stream.pipe()方法时会触发该事件，并将此可写流添加到其目标集
unpipe	在可读流上调用 stream.unpipe()方法时会触发该事件，从其目标集中移除此可写流

10.3.3　可写流的常见操作

1．写入数据

使用 write()方法可以向流中写入数据，其语法格式如下：

```
对象名.write( chunk[, encoding, callback])
```

- ☑　chunk：要写入的数据，其值可以是字符串、缓冲区或数组等。
- ☑　encoding：可选参数，表示写入数据时的编码方式。
- ☑　callback：可选参数，是一个回调函数，写入数据完成后执行。

【例 10.3】使用可写流为文件追加内容。(**实例位置：资源包\源码\10\03**)

使用 fs 模块的 createWriteStream 方法创建一个可写流对象，然后使用其 write 方法为古诗《凉州词》追加诗词赏析内容。代码如下：

```
const fs = require("fs")
var txt = "这首诗抓住了边塞风光景物的一些特点，借其严寒春迟及胡笳声声来写战士们的心理活动，反映了边关将士的生活状况。诗风苍凉悲壮，但并不低沉，以侠骨柔情为壮士之声，这仍然是盛唐气象的回响。"
//在文件原有内容后面追加内容，所以定义文件权限为 "a"
var decr = fs.createWriteStream("凉州词.txt", {flags: "a"})
decr.write("\n 鉴赏:\n" + txt, "utf8")                        //写入内容
```

本实例的运行效果可参考图 10.3 和图 10.4。

2．设置编码方式

使用 setDefaultEncoding()方法可以设置可写流的默认编码方式，其语法格式如下：

```
对象名.setDefaultEncoding(encoding)
```

参数 encoding 表示要设置的编码方式。

例如，创建可写流，并将写入数据的编码方式设置为 utf8，代码如下：

```
const fs = require("fs")
var writeSteam = fs.createWriteStream("demo.txt")
writeSteam.setDefaultEncoding("utf8")                        //设置编码方式
writeSteam.write("测试数据")                                  //写入内容
```

3．关闭流

写入流的 end()方法用来标识已经没有需要写入流中的数据了，因此通常用来关闭流，其语法格式如下：

```
对象名.end([chunk[, encoding]][, callback])
```

- ☑　chunk：可选参数，表示关闭流之前要写入的数据。
- ☑　encoding：如果 chunk 为字符串，那么 encoding 为编码方式。

☑ callback：流结束或者报错时的回调函数。

例如，下面代码中在关闭流之前写入一段数据：

```
const fs = require("fs")
var writeSteam = fs.createWriteStream("demo.txt")
writeSteam.setDefaultEncoding("utf8")                //设置编码方式
writeSteam.write("测试数据")                          //写入内容
writeSteam.end("写入完成")                            //关闭流
//writeSteam.write('继续写入');
```

运行程序，demo.txt 文件中内容如下：

```
测试数据
写入完成
```

说明

使用 end()方法关闭流后，无法再向流中写入数据，否则将会产生异常，例如，去掉上面代码中最后一行的注释，再次运行时，将会出现如图 10.5 所示的错误提示。

```
Run:    index.js ×
"C:\Program Files\nodejs\node.exe" K:\nodepro\index.js
node:events:491
        throw er; // Unhandled 'error' event
        ^

Error [ERR_STREAM_WRITE_AFTER_END]: write after end
    at new NodeError (node:internal/errors:393:5)
    at _write (node:internal/streams/writable:322:11)
    at Writable.write (node:internal/streams/writable:337:10)
    at Object.<anonymous> (K:\nodepro\index.js:6:12)
    at Module._compile (node:internal/modules/cjs/loader:1159:14)
    at Module._extensions..js (node:internal/modules/cjs/loader:1213:10)
    at Module.load (node:internal/modules/cjs/loader:1037:32)
    at Module._load (node:internal/modules/cjs/loader:878:12)
    at Function.executeUserEntryPoint [as runMain] (node:internal/modules/ru
n_main:82:12)
    at node:internal/main/run_main_module:23:47
Emitted 'error' event on WriteStream instance at:
    at emitErrorNT (node:internal/streams/destroy:151:8)
    at emitErrorCloseNT (node:internal/streams/destroy:116:3)
    at process.processTicksAndRejections (node:internal/process/task_queues:
82:21) {
  code: 'ERR_STREAM_WRITE_AFTER_END'
}
```

图 10.5　关闭流后继续写入数据时的错误提示

4．销毁流

使用 destroy()方法可以销毁所创建的写入流，并且流被销毁后，无法再向流写入数据。其语法格式如下：

```
对象名.destroy([error])
```

参数 error 为可选参数，表示使用 error 事件触发的错误。

例如，下面代码使用写入流向一个文件中写入了一个字符串，使用 destroy()方法销毁创建的写入流，代码如下：

```
const fs = require("fs")
var writeSteam = fs.createWriteStream("demo.txt")
writeSteam.setDefaultEncoding("utf8")          //设置编码方式
writeSteam.write("测试数据")                    //写入内容
writeSteam.destroy()                           //销毁流
```

上面代码运行后，将会导致 demo.txt 文件中没有任何数据，因为虽然第 4 行代码中使用 write()方法写入了数据，但由于紧接着销毁了写入流，这将导致使用该流执行的任何操作都会失效。因此，在使用写入流销毁操作时，通常在异常处理中使用该操作。

注意

一旦流被销毁，就无法对其进行任何操作，并且销毁流时，使用 write()方法写入的数据可能并没有完成使用，这可能触发 ERR_STREAM_DESTROYED 错误，因此如果数据在关闭之前需要刷新，建议使用 end()方法而不是 destroy()方法。

5．将数据缓冲到内存

使用写入流的 cork()方法可以强制把所有写入的数据都缓冲到内存中，它的主要目的是为了适应将几个数据快速连续地写入流的情况。cork()方法不会立即将它们转发到底层目标处，而是缓冲所有数据块，直到调用 uncork()方法。cork()方法的语法格式如下：

```
对象名.cork()
```

说明

当使用 uncork()方法或 end()方法时，缓冲区数据将被刷新。

例如，下面代码创建一个写入流，并在控制台中输出一句话，然后调用 cork()方法后，在控制台中输出另外一句话，代码如下：

```
const stream = require('stream');
const writable = new stream.Writable({
    write: function (chunk, encoding, next) {
            console.log(chunk.toString());
            next();
    }
});
writable.write('天气晴朗');
writable.cork();
writable.write('阳光明媚');
```

运行结果如下：

```
天气晴朗
```

通过观察上面结果，发现调用 cork()方法后，接下来要输出的内容并没有显示。

6. 输出缓冲后的数据

前面介绍了 cork()方法，用以强制把所有写入的数据都缓冲到内存中，而使用 uncork()方法可以将调用 cork()方法后缓冲的所有数据输出到目标处。uncork()方法的语法格式如下：

```
对象名.uncork()
```

例如，修改上面的示例，在其最后代码下方添加一行代码，调用写入流的 uncork()方法，即代码修改如下：

```javascript
const stream = require('stream');
const writable = new stream.Writable({
    write: function (chunk, encoding, next) {
        console.log(chunk.toString());
        next();
    }
});
writable.write('天气晴朗');
writable.cork();
writable.write('阳光明媚');
writable.uncork();
```

运行上面代码，效果如下：

```
天气晴朗
阳光明媚
```

10.4 双工流与转换流介绍

10.4.1 双工流

双工流 Duplex 可以实现流的可读和可写功能，即同时实现 Readable 和 Writable。实现双工流需要进行以下 3 步。

（1）继承 Duplex 类。

（2）实现_read()方法。

（3）实现_write()方法。

使用代码演示上面的 3 个步骤，其形式如下：

```javascript
const Duplex = require('stream').Duplex;
const myDuplex = new Duplex({
    _read(size) {
        // ...
    },
```

```
    _write(chunk, encoding, callback) {
        // ...
    }
});
```

【例 10.4】双工流的使用。（**实例位置：资源包\源码\10\04**）

创建一个 .js 文件，其中创建双工流对象，并分别实现双工流的_read()方法和_write()方法；然后通过监听 data 事件实现数据的读取，通过调用 write()方法实现数据的写入；最后分别监听 end 事件和 finish 事件，确认读取和写入操作完成。代码如下：

```
const stream = require('stream');
var duplexStream = stream.Duplex();

duplexStream._read = function () {
    this.push('读取数据');
    this.push(null)
}

duplexStream._write = function (data, enc, next) {
    console.log(data.toString());
    next();
}

duplexStream.on('data', data => console.log(data.toString()));
duplexStream.on('end', data => console.log('读取完成'));

duplexStream.write('写入数据');
duplexStream.end();
duplexStream.on('finish', data => console.log('写入完成'));
```

运行结果如图 10.6 所示。

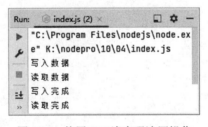

图 10.6　使用双工流实现读写操作

10.4.2　转换流

转换流 Transform 其实也是双工流，它与 Duplex 的区别在于，Duplex 虽然同时具备可读流和可写流的功能，但两者是相对独立的，而 Transform 中可读流的数据会经过一定的处理过程自动进入可写流。需要说明的是，从可读流到可写流，它们的数据量不一定相同。例如，常见的压缩、解压缩用的 zlib 就使用了转换流，压缩和解压缩前后的数据量明显不同。

实现转换流需要进行以下两步。

（1）继承 Transform 类。

（2）实现_transform()方法。_transform()方法用来接收数据，并产生输出（需要调用 this.push(data)，如果不调用，则接收数据但不输出）。当数据处理完后，必须执行 callback(err, data)回调函数，该函数中的第一个参数用于传递错误信息，第二个参数用来输出数据（效果和 this.push(data)相同），但参数可以省略。

使用代码演示上面的两个步骤，其形式如下：

```
const Stream = require('stream')
class TransformReverse extends stream.Transform {

    constructor() {                                    //继承构造函数
        super()
    }

    _transform(data, encoding, callback) {
        this.push(data);
        callback();
    }
}
```

【例 10.5】转换流的使用。（实例位置：资源包\源码\10\05）

创建一个.js 文件，其中首先通过继承 Transform 自定义一个转换流，在自定义的转换流中重写_transform()方法时，实现将写入数据进行反转输出的功能；然后使用转换流的 write()方法写入数据，并通过监听 data 事件实现数据的读取；最后分别监听 end 事件和 finish 事件，确认读取和写入操作完成。代码如下：

```
const Stream = require('stream');
class TransformStream extends stream.Transform {
    constructor() {
        super()
    }

    _transform(data, encoding, callback) {
        //将写入的数据进行反转
        const res = data.toString().split(").reverse().join(");
        this.push(res);                              //输出反转后的数据
        callback()
    }
}

var transformStream = new TransformStream();

transformStream.on('data', data => console.log(data.toString()))
transformStream.on('end', data => console.log('读取完成'));

transformStream.write('写入数据');
```

134

```
transformStream.end()

transformStream.on('finish', data => console.log('写入完成'));
```

运行结果如图 10.7 所示。观察图 10.7，发现写入的数据在输出时，实现了反转输出。

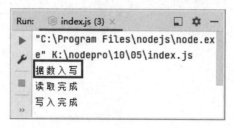

图 10.7　转换流的使用

10.5　要点回顾

本章主要对 Node.js 中的 I/O 数据流的类型及使用方法进行了讲解，I/O 数据流包括可读流、可写流、双工流、转换流 4 种。本章主要对可读流和可写流的使用进行了详细讲解，包括创建、设置编码方式、关闭、暂停、销毁等常见操作；另外，还简单介绍了双工流和转换流的使用。实际开发中，可读流和可写流的使用比较常见，尤其是在对文件进行操作时。学习本章时，重点掌握可读流和可写流的使用方法。

第 3 篇
高级应用

本篇详解 Node.js 的高级应用技术，包括 Web 应用构建基础、WebSocket 网络编程、Web 模板引擎、Express 框架、数据存储之 MySQL 数据库、数据存储之 MongoDB 数据库、程序调试与异常处理等内容。学习完本篇，读者将具备使用 Node.js 技术开发服务端程序的能力。

高级应用

- Web应用构建基础

  学习使用Node.js构建Web应用的基础知识，这是Web开发的必备知识

- WebSocket网络编程

  学习Node.js的网络编程模块，掌握如何使用Node.js实现WebSocket网络数据通信

- Web模板引擎

  学习Node.js开发中将页面模板和要显示的数据结合起来生成HTML页面的常用工具

- Express框架

  学习Node.js开发中最常用的Web框架Express，同时了解其轻量级衍生框架Koa

- 数据存储之MySQL数据库

  学习如何使用Node.js来操作目前最常用的关系型数据库MySQL，数据库技术是Web开发的核心技术之一

- 数据存储之MongoDB数据库

  学习另外一个基于分布式文件存储的数据库，它为Node.js Web应用提供了可扩展的高性能数据存储解决方案，广受业界欢迎

- 程序调试与异常处理

  学习Node.js开发过程中的程序调试与异常处理方法，这是程序员的必备技能

第 11 章

Web 应用构建基础

本章将对使用 Node.js 构建 Web 应用的一些基础知识进行讲解，包括 Web 请求与响应、什么是客户端与服务器端，构建 Web 应用所需的 url 模块、querystring 模块、http 模块、path 模块等。

本章知识架构及重难点如下。

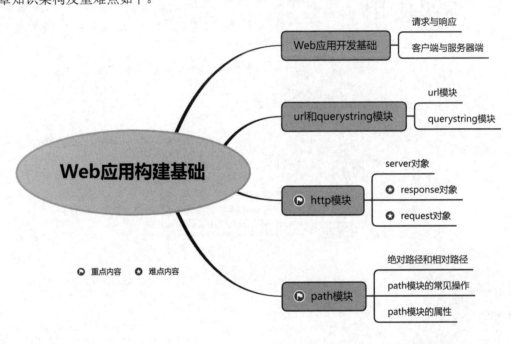

11.1 Web 应用开发基础

Web 应用开发是网页或网站开发过程的一个广义术语，通俗地讲，Web 应用开发就是我们常说的做网站，包括客户端和服务器端两个组成部分。本书讲解的 Node.js 主要用于开发服务器端，它在 Web 应用开发中起到了请求和响应的作用。本节将对 Web 应用开发的几个基本概念进行介绍。

11.1.1 请求与响应

上面提到 Node.js 在 Web 应用开发中起到了请求和响应的作用，那么什么是请求，什么是响应呢？这里首先以生活中点外卖的过程进行举例说明，如图 11.1 所示。

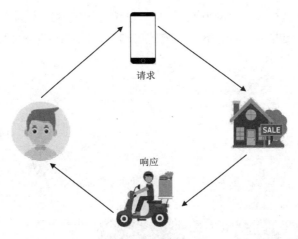

图 11.1　生活中点外卖的过程

　　客户想吃外卖，首先需要通过手机找到一家外卖店下单，下单后系统会通知外卖店，某个客户订了一份外卖，这个过程就是"请求"的过程；外卖店在接收到这个"请求"后，开始制作外卖，并在做好后通过派送人员将外卖送到客户手中，这个过程就是"响应"的过程。

　　我们可以将在浏览器中输入网址的过程比作"订外卖"，把 Web 服务器比作"外卖店"，最终看到的网站页面就好比"派送人员送到客户手中的外卖"。例如用浏览器打开淘宝网站的过程，首先需要在浏览器的地址栏中输入 https://www.taobao.com/，这相当于向淘宝的服务器提出了一个请求，请求内容是想查看淘宝网站的首页内容；淘宝服务器接收到这个请求后，进行后台处理，并将首页内容返回到浏览器中，这样淘宝首页内容就呈现在我们眼前了。

11.1.2　客户端与服务器端

　　通过"点外卖"和"访问淘宝网"的例子，相信大家已经理解请求和响应的含义了。接下来，我们再来介绍客户端和服务器端。一般把发出请求的对象称为客户端，比如前面点外卖中的客户，访问淘宝网的浏览器就相当于客户端；需要响应用户请求的一方被称为服务器端，比如前面的外卖店和淘宝服务器就相当于服务器端。

　　在 Web 应用中，客户端向服务器端请求访问网站的网页或文件等，而服务器端接收请求后，会向客户端返回所请求的网页或文件，其示意图如图 11.2 所示。

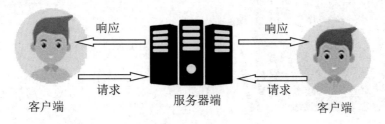

图 11.2　客户端与服务器端

到这里，读者可能会问，有没有什么办法可以查看请求和响应的内容呢？当然有。使用浏览器的开发者工具，就可以查看请求的信息和响应的信息。以访问淘宝网站为例，具体操作如下。

（1）打开浏览器，找到并单击浏览器右上方的 ⋮ 图标，在弹出的下拉列表中选择"更多工具"→"开发者工具"，如图 11.3 所示。

图 11.3　选择浏览器的"开发者工具"

（2）在弹出的开发者工具界面中，单击上方菜单中的"Network"，然后在左侧列表中选择www.taobao.com，即可在右侧显示相应的请求和响应内容，如图 11.4 所示。

图 11.4　在"开发者工具"中查看请求和响应信息

11.2　url 和 querystring 模块

11.2.1　url 模块

url 模块主要用于对 URL 地址进行解析，使用该模块时，需要使用 require() 函数进行引入，其语法格式如下：

```
const url=require('url')
```

url 模块的主要方法如表 11.1 所示。

表 11.1　url 模块的主要方法

方　　法	说　　明
parse()	将 url 字符串转换成 url 对象
format(urlObj)	将 url 对象转换成 url 字符串
resolve(from,to)	为 url 插入或替换原有的标签

例如，下面代码使用 url 模块的 parse() 方法将一个 url 网址转换成 url 对象，代码如下：

```
//使用 url 模块
var url = require('url');
//调用 parse 方法
var parsedObject = url.parse('https://www.mingrisoft.com/systemCatalog/26.html');
console.log(parsedObject);
```

上面代码的运行结果如图 11.5 所示。

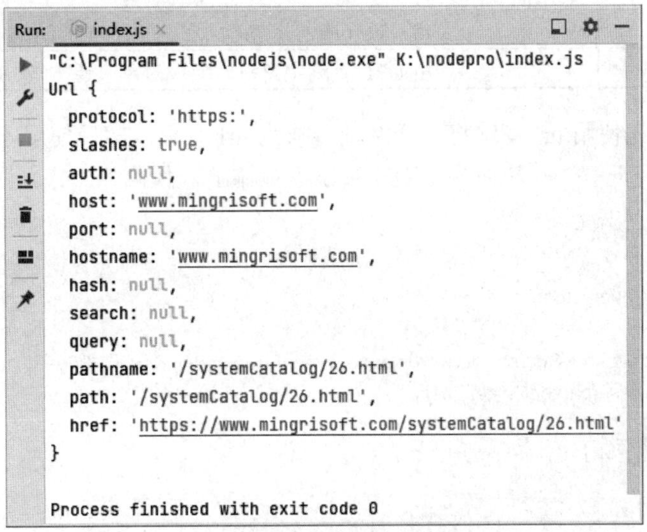

```
Run:    index.js ×
    "C:\Program Files\nodejs\node.exe" K:\nodepro\index.js
    Url {
      protocol: 'https:',
      slashes: true,
      auth: null,
      host: 'www.mingrisoft.com',
      port: null,
      hostname: 'www.mingrisoft.com',
      hash: null,
      search: null,
      query: null,
      pathname: '/systemCatalog/26.html',
      path: '/systemCatalog/26.html',
      href: 'https://www.mingrisoft.com/systemCatalog/26.html'
    }

    Process finished with exit code 0
```

图 11.5　使用 url 模块中的方法

说明

图 11.5 中转换后的 url 对象的各个参数说明如下，了解即可。

- ☑ protocol：协议。
- ☑ slashes：是否含有协议的 "//"。
- ☑ auth：认证信息，如果有密码，为 usrname:passwd，否则为 null。
- ☑ host：IP 地址、域名或主机名。
- ☑ port：端口（默认 8080 不显示）。
- ☑ hostname：主机名字。
- ☑ hash：锚点值。
- ☑ search：查询字符串参数，包含 "?"。
- ☑ query：查询字符串参数，不包含 "?"。
- ☑ pathname：访问的资源路径名。
- ☑ path：访问的资源路径。
- ☑ href：完整的 url 地址。

11.2.2　querystring 模块

querystring 模块用于实现 URL 参数字符串与参数对象之间的互相转换，其引入语法如下：

```
const querystring=require('querystring')
```

querystring 模块的主要方法如表 11.2 所示

表 11.2　querystring 模块的主要方法

方　　法	说　　明
stringify()	将对象（通常是 JSON 对象）转换成 URL 查询字符串
parse()	将 URL 查询字符串转换成对象（通常是 JSON 对象）

例如，下面代码首先使用 url 模块将一个网址转换为 url 对象，然后使用 querystring 模块的 parse() 方法获取 url 中的查询字符串，并转换为 JSON 对象进行输出，代码如下：

```
//使用 url 模块和 querystring 模块
var url = require('url');
var querystring = require('querystring');
var parsedObject =
  url.parse('https://search.jd.com/Search?keyword=java&enc=utf-8&wq=java&pvid=425de9f31d014547807ff3ab31e81af1');
console.log(querystring.parse(parsedObject.query));
```

上面代码的运行结果如下：

```
[Object: null prototype] {
  keyword: 'java',
  enc: 'utf-8',
```

```
wq: 'java',
    pvid: '425de9f31d014547807ff3ab31e81af1'
}
```

11.3　http 模块

http 模块允许 Node.js 通过超文本传输协议（HTTP）传输数据，它使开发 Web 应用变得更加容易，要使用 http 模块，首先需要使用下面代码引入它：

```
var http = require('http');
```

http 模块中主要有 server 对象、response 对象和 request 对象，本节将对它们的使用进行讲解。

11.3.1　server 对象

server 对象用来创建一个服务。在 Node.js 中，使用 http 模块中的 createServer()方法，可以创建一个 server 对象，代码如下：

```
var server = require('http').createServer();
```

server 对象中主要使用的方法有 listen()方法和 close()方法，如表 11.3 所示，它们分别控制着服务器的启动和结束。

表 11.3　server 对象中的方法

方　　法	说　　明
listen(port)	启动服务器
close()	关闭服务器

说明

　　端口（port）是计算机与计算机之间信息的通道。计算机中的端口从 0 开始，一共有 65535 个端口。

例如，首先创建一个 server 服务对象，并使用其 listen()方法启动一个端口号为 52273 的本地地址，运行 10 秒后，使用 server 服务对象的 close()方法关闭服务器。代码如下：

```
//创建 server 对象
var server = require('http').createServer();
//启动服务器，监听 52273 端口
server.listen(52273, function () {
    console.log('服务器监听地址是 http://127.0.0.1:52273');
});
//10 秒后执行 close()方法
var test = function () {
```

```
        //关闭服务器
        server.close();
};
setTimeout(test, 10000);
```

运行上面代码，初始效果如图 11.6 所示，等待 10 秒后，效果如图 11.7 所示。

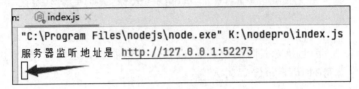

图 11.6 初始运行效果

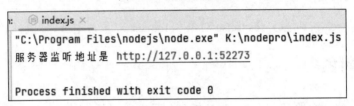

图 11.7 等待 10 秒后自动关闭服务器

11.3.2 response 对象

response 对象用来输出响应内容，发送给客户端，该对象常用的方法如下。

☑ writeHead(statusCode[,statusMessage][,headers])：返回响应头信息。参数说明如下。

➤ statusCode：接收数字类型的状态码。

➤ statusMessage：接收任何显示状态消息的字符串。

➤ headers：接收任何函数、数组或字符串。

☑ end([data][,encoding])：返回响应内容。参数说明如下。

➤ data：执行完毕后要输出的字符。

➤ encoding：对应 data 的字符编码。

例如，使用 http 模块的 createServer()方法创建一个服务，在其中使用 response 对象中的 writeHead()方法和 end()方法获取服务器的响应内容，代码如下：

```
//创建 Web 服务器，并监听 52273 端口
require('http').createServer(function (request, response) {
        //返回响应内容
        response.writeHead(200, { 'Content-Type': 'text/html' });
        response.end('<h1>Hello,Node.js</h1>');
}).listen(52273, function () {
        console.log('服务器监听地址是  http://127.0.0.1:52273');
});
```

运行上面代码，然后在浏览器中输入 http://127.0.0.1:52273/，可以看到浏览器中的界面效果如图 11.8 所示。

图 11.8　Web 服务器输出响应信息

response 对象可以响应各种类型的内容，如 HTML 文件、多媒体文件等，下面分别进行介绍。

1. 响应 HTML 文件

上面的示例中，我们直接在 end()方法中编写响应内容<h1>Hello,Node.js</h1>并返回给客户端。但是实际开发中，不可能把所有内容都写在 end()方法中，比如我们可以响应一个编写好的 HTML 文件，可以使用 fs 模块的 readFile()方法读取其内容，然后通过 end()方法去响应读取到的 HTML 文件内容并返回给客户端。

【例 11.1】将 HTML 文件返回给客户端。（**实例位置：资源包\源码\11\01**）

步骤如下。

（1）新建一个 index.html 文件，其中使用<h1>标签和<pre>标签输出一个 404 页面的字符画，该文件中的内容主要用作响应内容，代码如下：

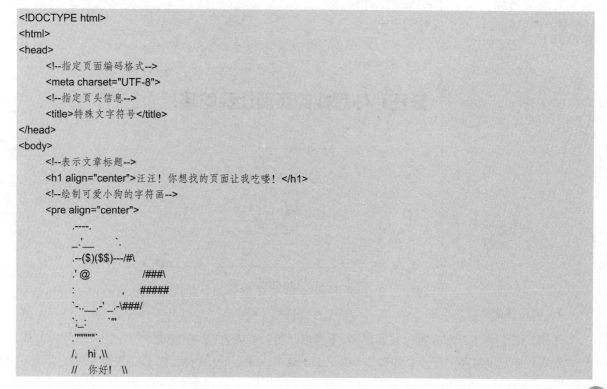

```
          `._,__.,_._,.
      ___`.|`.'__
     (___.|____)
  </pre>
</body>
</html>
```

（2）新建一个.js 文件，该文件中使用 createServer()方法创建一个 Web 服务器，然后使用 fs 模块的 readFile()方法读取 index.html 的内容，存储到变量 data 中，最后通过 response 对象中的 end()方法输出给客户端。代码如下：

```
//引入模块
var fs = require('fs');
var http = require('http');
//创建服务器
http.createServer(function (request, response) {
    //读取 HTML 文件内容
    fs.readFile('index.html', function (error, data) {
        response.writeHead(200, { 'Content-Type': 'text/html' });
        response.end(data);
    });
}).listen(52273, function () {
    console.log('服务器监听地址是 http://127.0.0.1:52273');
});
```

运行.js 文件，在浏览器中输入 http://127.0.0.1:52273/，可以看到浏览器中的效果如图 11.9 所示。

图 11.9 响应 HTML 文件

2．响应多媒体文件

【例 11.2】将图片和视频返回客户端。(**实例位置：资源包\源码\11\02**)

本实例中需要准备的资源文件有 JavaScript.mp4 和 demo.jpg 文件，然后在资源文件的目录下新建一个 js.js 文件，其中使用 createServer()方法创建两个 Web 服务器，分别监听 52273 端口和 52274 端口。52273 端口的服务器用来输出图片，52274 端口的服务器用来输出视频。然后，使用 response 对象分别响应已经准备好的图片文件和视频文件，发送给客户端。js.js 文件如下：

```
//引入模块
var fs = require('fs');
var http = require('http');
//创建服务器，监听 52273 端口
http.createServer(function (request, response) {
        //读取图片文件
        fs.readFile('demo.jpg', function (error, data) {
                response.writeHead(200, { 'Content-Type': 'image/jpeg' });
                response.end(data);
        });
}).listen(52273, function () {
        console.log('服务器监听位置是  http://127.0.0.1:52273');
});
//创建服务器，监听 52274 端口
http.createServer(function (request, response) {
        //读取视频文件
        fs.readFile('JavaScript.mp4', function (error, data) {
                response.writeHead(200, { 'Content-Type': 'video/mpeg4' });
                response.end(data);
        });
}).listen(52274, function () {
        console.log('服务器监听位置是  http://127.0.0.1:52274');
});
```

运行 js.js 文件，在浏览器中输入 http://127.0.0.1:52273/，可以看到浏览器中的效果如图 11.10 所示。

图 11.10　响应图片文件

在浏览器中输入 http://127.0.0.1:52274/，可以看到浏览器中的效果如图 11.11 所示。

3．网页自动跳转

在访问网站时，网页自动跳转是经常出现的情形之一，在 Node.js 中，实现该功能需要使用响应信息头的 Location 属性来指定要跳转的地址。

图 11.11 响应视频文件

【例 11.3】实现网页自动跳转。(实例位置：**资源包\源码\11\03**)

新建一个 js.js 文件，使用 createServer() 方法创建 Web 服务器后，在 writeHead() 方法中，使用 Location 属性指定要跳转的网页地址为 https://www.mingrisoft.com/。运行 js.js 文件，在浏览器中输入 http://127.0.0.1:52273/，可以看到浏览器中的效果如图 11.12 所示。

图 11.12 自动跳转到其他网页

实例代码如下：

```
//引入模块
var http = require('http');
```

```
//创建服务器，实现网页自动跳转
http.createServer(function (request, response) {
    response.writeHead(302, { 'Location': 'https://www.mingrisoft.com/' });
    response.end();
}).listen(52273, function () {
    console.log('服务器监听地址在 http://127.0.0.1:52273');
});
```

注意

上述代码中，writeHead()方法的第一个参数（状态码）指定为 302，表示执行自动网页跳转。表 11.4 列出了常见的状态码及其含义。

表 11.4　常见的状态码

状　态　码	说　　明	举　　例
1**	处理中	100 Continue
2**	成功	200 OK
3**	重定向	302 Temporarily Moved
4**	客户端错误	400 Bad Request
5**	服务器端错误	500 Internal Server Error

11.3.3　request 对象

request 对象表示 HTTP 请求，包含了请求查询字符串、参数、内容、HTTP 头等属性，其常用属性如表 11.5 所示。

表 11.5　request 对象中的常见属性

属　　性	说　　明
method	返回客户端请求方法
url	返回客户端请求 url
headers	返回请求信息头，可能包含以下值： content-type：请求携带的数据的类型 accept：客户端可接受文件的格式类型 user-agent：客户端相关的信息 content-length：文件的大小和长度 host：主机地址
trailers	返回请求网络
httpVersion	返回 HTTP 协议版本

HTTP 请求有两种，分别是 GET 请求和 POST 请求。其中，GET 请求用来获取数据，POST 请求用来提交数据。对于我们来说，分辨这两种请求的最直观的方法就是：GET 把参数包含在 URL 中，比如通过浏览器的地址栏直接输入访问某个网址，就是 GET 请求；POST 通过 request body 传递参数，比如输入用户名和密码登录某个网站，就是 POST 请求。

【例 11.4】request 对象的使用。（**实例位置：资源包\源码\11\04**）

具体步骤如下。

（1）创建一个 login.html 文件，该文件为一个基本的用户登录页面。代码如下：

```html
<!DOCTYPE html>
<head>
    <meta charset="utf-8">
    <title>用户登录</title>
    <style>
        body {
            font: 13px/20px 'Lucida Grande', Tahoma, Verdana, sans-serif;
            color: #404040;
            background: #0ca3d2;
        }
        .container {
            margin: 80px auto;
            width: 640px;
        }
        /*篇幅原因，此处省略部分 CSS 代码*/
    </style>
</head>
<body>
<section class="container">
    <div class="login">
        <h1>用户登录</h1>
        <form method="post">
            <p><input type="text" name="login" value="" placeholder="用户名"></p>
            <p><input type="password" name="password" value="" placeholder="密码"></p>
            <p class="remember_me">
                <label>
                    <input type="checkbox" name="remember_me" id="remember_me">
                    记住密码
                </label>
            </p>
            <p class="submit"><input type="submit" name="commit" value="登录"></p>
        </form>
    </div>
</section>
</body>
</html>
```

（2）新建一个 js.js 文件，该文件中通过 request 对象的 method 属性对 GET 和 POST 请求进行判断。如果是 GET 请求，直接访问页面；如果是 POST 请求，则显示 POST 请求提交的数据。代码如下：

```javascript
//引入模块
var http = require('http');
var fs = require('fs');
//创建服务器
http.createServer(function (request, response) {
```

```
        if (request.method == 'GET') {
            //GET 请求
            fs.readFile('login.html', function (error, data) {
                    response.writeHead(200, { 'Content-Type': 'text/html' });
                    response.end(data);
            });
        } else if (request.method == 'POST') {
            //POST 请求
            request.on('data', function (data) {
                    response.writeHead(200, { 'Content-Type': 'text/html' });
                    response.end('<h1>' + data + '</h1>');
            });
        }
}).listen(52273, function () {
        console.log('服务器监听地址是  http://127.0.0.1:52273');
});
```

运行 js.js 文件，在浏览器中输入 http://127.0.0.1:52273/，可以看到浏览器中的效果如图 11.13 所示。

图 11.13　用户登录界面

在页面中输入用户名和密码，单击"登录"按钮，可以看到如图 11.14 所示的效果，这就是将通过 POST 请求提交的数据显示出来。

图 11.14　显示 POST 请求提交的信息

151

11.4　path 模块

path 模块提供了用于处理文件路径的方法，本节将首先了解计算机中的绝对路径和相对路径，然后讲解使用 path 模块中对路径的常见操作。

11.4.1　绝对路径和相对路径

大家都知道，我们平时使用计算机查找文件时，必须知道文件的位置，而表示文件的位置就需要使用路径。比如当看到路径 D:/images/a.png 时，就知道 a.png 文件位于 D 盘的 images 文件夹中。计算机中通常有两种方式表示路径，即绝对路径和相对路径，下面分别介绍。

1. 绝对路径

绝对路径指的是文件在计算机本地的实际路径，例如上文中的 D:/images/a.png。使用绝对路径时需要确保文件路径与实际位置一致。例如开发项目时，使用绝对路径引用了图片，项目完成后，如果将该项目部署到服务器上，要想访问使用了绝对路径的图片，则服务器上也必须存在与之相符的路径，否则图片将无法显示。比如项目中使用了 D:/images/a.png，则在部署项目的服务器上也必须存在 D 盘，并且 D 盘中需要存在 images 文件夹，该文件夹中存在 a.png 图片文件。从这里可以看出，使用绝对路径有很大的局限性，在开发实际项目时，不推荐使用。

2. 相对路径

相对路径是指当前文件所在路径与其他文件（或文件夹）的路径关系，相对路径的使用方法有以下 3 种。

☑　目标文件与当前路径同级。如果目标文件与当前路径为同级时，其访问格式为 ".\"+目标文件名称，其中 ".\" 可以省略，以图 11.15 为例，如果要在 js.js 文件中使用 story.txt 文件，那么可以直接使用路径.\story.txt 或者 story.txt。

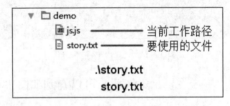

图 11.15　相对路径的使用（1）

☑　目标文件位于当前路径的下一级。如果目标文件位于当前路径的下一级时，其访问格式为：目标文件的父文件夹名称+ "\\" +目标文件名称。以图 11.16 为例，如果要在 js.js 文件中使用 story.txt 文件，由于 js.js 与 story.txt 的父文件夹 dire 位于同一级，因此需要使用 dire\\story.txt。

☑　目标文件位于当前路径的上一级。如果目标文件位于当前路径的上一级，其访问格式为 "..\\" +目标文件名称，以此类推，如果目标文件位于当前路径的上上级，则其访问格式为 "..\\..\\"

+目标文件名称。以图 11.17 为例，如果要在 js.js 中使用 story.txt 文件，由于 story.txt 文件与 js.js 文件的父文件夹 dire 同级，因此应该使用..\\story.txt。

图 11.16　相对路径的使用（2）

图 11.17　相对路径的使用（3）

【例 11.5】通过指定相对路径读取文件。（**实例位置：资源包\源码\11\05**）

使用 Node.js 读取一个记事本文件，并且将文件中的内容显示在控制台中，步骤如下。

（1）新建一个文件夹，名为 text，并在该文件夹中放置一个记事本文件，名为 story.txt。

（2）新建一个 js.js 文件，该文件与 text 文件夹同级，在 js.js 文件中实现读取 story 文本文件内容并显示的功能，代码如下：

```
var fs=require("fs");                    //引入 fs 模块
var path="text\\story.txt"               //定义 story.txt 文件的路径
text=fs.readFileSync(path,"utf8")        //读取文件
console.log(text)                        //显示文件内容
```

运行程序，效果如图 11.18 所示。

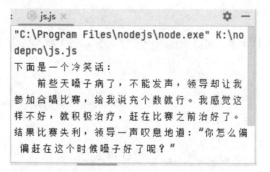

图 11.18　通过指定相对路径读取文件

11.4.2　path 模块的常见操作

使用 path 模块之前需要引入该模块，代码如下：

```
var path=require("path");
```

下面对使用 path 模块的常用操作进行讲解。

1. 获取文件所在目录

获取文件所在的目录，需要使用 dirname()方法，其语法格式如下：

```
path.dirname(p)
```

参数 p 为字符串，表示路径（包含文件名）。示例代码如下：

```
var path=require("path")
pa=path.dirname("D:\\Demo\\11\\js.js")
console.log(pa)
```

运行结果如下：

```
D:\Demo\11
```

2. 获取文件名

获取指定路径中的文件名，需要使用 basename()方法，其语法格式如下：

```
path.basename(p[,ext])
```

参数 p 为字符串，表示路径；ext 为可选参数，表示文件的扩展名。示例代码如下：

```
var path=require("path")
pa=path.basename("D:\\Demo\\11\\js.js")
console.log(pa)
```

运行结果如下：

```
js.js
```

如果将上面代码中的第 2 行修改如下：

```
pa=path.basename("D:\\Demo\\11\\js.js",".js")
```

则运行结果如下：

```
js
```

3. 获取扩展名

获取文件扩展名需要使用 extname()方法，其语法格式如下：

```
path.extname(p)
```

参数 p 为字符串，用于指定一个路径。示例代码如下：

```
var path=require("path")
pa=path.extname("D:\\Demo\\11\\js.js")
console.log(pa)
```

运行结果如下：

```
.js
```

【例 11.6】通过扩展名获取文件夹中的图片文件。（**实例位置：资源包\源码\11\06**）

新建一个 js.js 文件，在该文件中通过 fs 模块的 readdir()方法获取 media 文件夹中的所有文件，然后使用 path 模块的 extname()方法依次获取文件的扩展名，并且判断其扩展名是否为.png 或.jpg，如果是，则输出文件名。代码如下：

```
var path = require("path")
var fs = require('fs');
var text = "media 文件夹中的图片有"
fs.readdir('media', function (err, files) {          //获取 media 文件夹中的所有文件
    if (err) console.log('读取目录操作失败。');      //读取错误时的返回内容
    else {
        for (var i = 0; i < files.length; i++) {     //通过 for 循环遍历每文件夹中的文件
            //判断文件的扩展名
            If (path.extname(files[i]) == ".jpg" || path.extname(files[i]) == ".png") {
                text += path.basename(files[i]) + "、"
            }
        }
        console.log(text)
    }
});
```

运行程序，效果如图 11.19 所示。

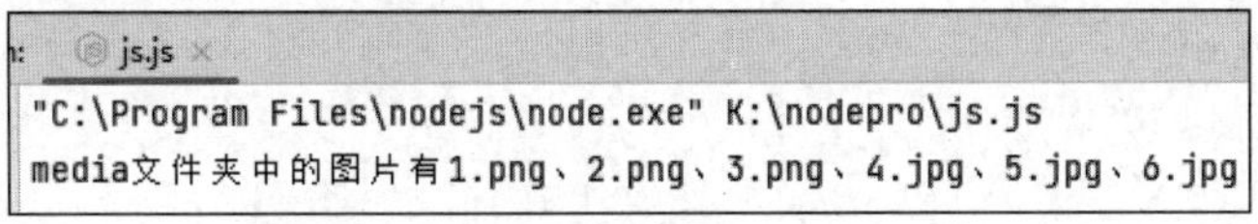

```
: ⊚ js.js ×
"C:\Program Files\nodejs\node.exe" K:\nodepro\js.js
media文件夹中的图片有1.png、2.png、3.png、4.jpg、5.jpg、6.jpg
```

图 11.19　查看文件夹中的图片文件

4．解析路径的组成

path 模块提供了 parse()方法，可以将指定路径解析为一个路径对象，其语法格式如下：

```
path.parse(p)
```

参数 p 表示路径；该方法的返回值为一个路径对象，该对象有以下属性。

☑　root：路径所属的根盘符。

☑　dir：路径所属的文件夹。

☑　base：路径对应的文件名。

☑　ext：路径对应文件的扩展名。

☑　name：文件对应的文件名称（不包含扩展名）。

示例代码如下：

```
var path=require("path")
pa="D:\\Demo\\07\\03\\js.js"
console.log(path.parse(pa))
```

运行结果如下：

```
{
  root: 'D:\\',
  dir: 'D:\\Demo',
  base: 'js.js',
  ext: '.js',
  name: 'js'
}
```

5. 从对象返回路径字符串

path 模块中提供了一个 format()方法，该方法与 parse()方法的功能正好相反，它可以将路径对象转换为路径字符串。其语法格式如下：

```
path.format(pathObject)
```

参数 pathObject 为路径对象，为其添加属性时，需要遵循以下优先级。

☑ dir 属性高于 root 属性，所以同时出现 dir 属性和 root 属性时，忽略 root 属性。

☑ base 属性高于 name 属性和 ext 属性，所以当 base 属性出现时，忽略 name 属性和 ext 属性。

例如，分别定义 3 个路径对象，其中设置不同的属性值，最后使用 path 模块的 format()方法将这 3 个路径对象转换为字符串输出，代码如下：

```
var path = require("path")
pathObj1 = {
    root: 'D:\\',
    dir: "D:\\demo\\images",
    base: 'a.png',
    name: 'a',
    ext: '.png'
}
pathObj2 = {
    dir: "D:\\demo\\images",
    base: 'a.png',
}
pathObj3 = {
    dir: "D:\\demo\\images",
    name: 'a',
    ext: '.png'
}
console.log(path.format(pathObj1))
console.log(path.format(pathObj2))
console.log(path.format(pathObj3))
```

上面代码中创建了 3 个路径对象，第 1 个对象 pathObj1 设置了路径对象的所有属性；第 2 个路径对象 pathObj2 省略了 root 属性、name 属性和 ext 属性；第 3 个路径对象 pathObj3 省略了 root 属性和 base 属性。运行结果如下：

```
D:\demo\images\a.png
D:\demo\images\a.png
D:\demo\images\a.png
```

6．判断路径是否为绝对路径

path 模块提供了 isAbsolute()方法，用于判断路径是否为绝对路径，其语法格式如下：

```
path.isAbsolute(p)
```

参数 p 为字符串，表示路径。返回值有 true 和 false，当路径为绝对路径时，返回值为 true，反之为 false。

例如，新建 js.js 文件，在该文件中添加两个路径，然后判断其是否为绝对路径，代码如下：

```
var path=require("path")
pa1="D:\\Demo\\js.js"
pa2="..\\Demo\\js.js"
console.log(path.isAbsolute(pa1))
console.log(path.isAbsolute(pa2))
```

运行结果如下：

```
true
false
```

7．将路径解析为绝对路径

使用 path.resolve()方法可以将路径解析为绝对路径，其语法格式如下：

```
path.resolve([...paths])
```

参数 paths 为路径或者路径序列，即可以有一个也可以是多个。使用该方法时，需要注意以下 3 点。

☑　给定的路径序列会从右到左进行处理，后面的每个 path 会被追加到前面，直到构造出绝对路径。例如下面代码：

```
path.resolve("E:","目录 1","目录 2","目录 3")
```

运行结果如下：

```
E:\目录 1\目录 2\目录 3
```

☑　如果 resolve()方法中的路径序列经处理后无法构造成绝对路径，则处理后的路径序列会自动追加到当前工作目录。例如下面代码：

```
path.resolve("目录 1","目录 2","目录 3")
```

运行结果如下：

```
D:\Demo\11\07\目录 1\目录 2\目录 3
```

上面的返回结果中的"D:\Demo\11\07\"为当前工作目录，因为处理后的路径"目录 1\目录 2\目录

3"不是绝对路径，所以自动将其追加到当前工作目录。

☑ 　如果参数值为空，则返回当前工作路径。示例代码如下：

```
path.resolve()
```

返回结果如下：

```
D:\Demo\11\07
```

说明

上面的返回结果为笔者的当前工作路径，读者学习时，返回值应该为读者的实际工作路径。

【例 11.7】 使用 resolve()方法处理路径片段。（**实例位置：资源包\源码\11\07**）

创建 js.js 文件，在该文件中定义 4 个路径字符串，然后通过 resolve()方法，将其解析为不同的绝对路径。代码如下：

```
var path=require("path")
var pa1="E:"
var pa2="media"
var pa3="a.mp4"
var pa4="..\\07"
console.log(path.resolve(pa2,pa3))
console.log(path.resolve(pa1,pa2,pa3))
console.log(path.resolve(pa4,pa2,pa3))
```

运行程序，效果如图 11.20 所示。

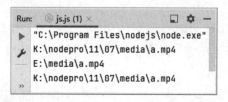

图 11.20　使用 resove()方法将路径解析为绝对路径

8．将路径转换为相对路径

path 模块提供了 relative()方法可以将路径转换为相对路径，其语法格式如下：

```
path.relative(from,to)
```

参数 from 和 to 都是字符串，用来传入两个路径。该方法可以根据当前工作目录返回 from 到 to 的相对路径。如果 from 和 to 各自解析到相同的路径，则返回空字符串。

示例代码如下：

```
var path=require("path");
pa1="D:\\Demo\\11";
pa2="D:\\Demo\\11\\js.js";
```

```
console.log(path.relative(pa1,pa2));
console.log(path.relative(pa1,pa1));
```

上面代码中，定义了两个路径 pa1 和 pa2，然后分别返回 pa1 到 pa2 的相对路径、pa1 到 pa1 的相对路径，运行结果如下：

```
js.js
```

通过上面的结果可以看到，当 from 和 to 路径相同时，其返回值为空。

【例 11.8】将列表中的绝对路径转换为相对路径。（实例位置：资源包\源码\11\08）

新建一个 js 文件，在文件中添加一个由路径字符串组成的列表，然后在 for 循环中使用 isAbsolute() 方法依次判断路径是否为绝对路径，如果是绝对路径，则将其转换为相对路径，代码如下：

```
var path = require("path");
pathList = ["D:\\mydiro\\index.html",
        "..\\images\\a.png",
        "D:\\mydiro\\images\\b.jpg",
        "D:\\mydiro\\js\\bootstrap.min.js",
        "..\\js\\main.js",
        "D:\\mydiro\\css\\bootstrap.min.css",
        "..\\css\\main.css"
]
var text1="所有路径如下：  "
var text2=""
for (var i = 0; i < pathList.length; i++) {
        text1 += pathList[i] + "\t";
        if (path.isAbsolute(pathList[i])) {
                text2 += pathList[i] + " 为绝对路径，将其转换为相对路径为：" + path.relative(pathList[0], pathList[i]) + "\n"
        }
}
console.log(text1 + "\n")
console.log(text2)
```

运行程序，效果如图 11.21 所示。

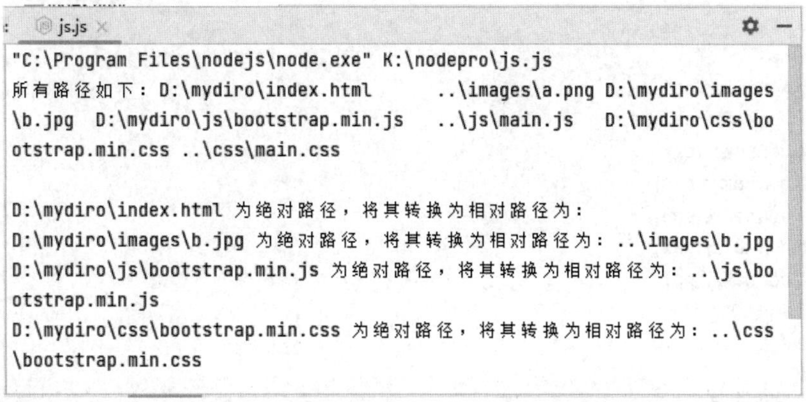

图 11.21　将列表中的绝对路径转换为相对路径

9．多路径的拼接

path 模块中的 join()方法连接路径（使用平台特定的路径分隔符，POSIX 系统是/，Windows 系统是\），其语法格式如下：

```
path.join([…paths])
```

上述语法中，参数 paths 为多个路径片段。示例代码如下：

```
var path=require("path")
var pa1="\\images"
var pa2="a.png"
var pa3="..\\video.mp4"
console.log(path.join(pa1,pa2))
console.log(path.join(pa1,pa2,pa3))
```

运行结果如下：

```
\images\a.png
\images\video.mp4
```

10．规范化路径

path 模块中的 normalize()方法可用于解析和规范化路径，当路径中包含"."".."\""/"之类的相对说明符时，该方法会尝试分析实际的路径。normalize()方法的语法格式如下：

```
path.normalize(p)
```

参数 p 用于指定路径字符串。

例如，使用 normalize()方法对含有"."".."\""/"等相对说明符的路径进行解析，代码如下：

```
var path = require("path")
pa1 = "D:/demo/11/js.js"
pa2 = "D:/\demo\/V11/\js.js"
pa3 = "D:\\demo\\11\\js.js"
pa4 = "..\\demo\\a.mp4"
pa5 = ".\\demo\\a.mp4"
pa6 = "../demo/a.mp4"
pa7 = "./demo/a.mp4"
console.log(path.normalize(pa1))
console.log(path.normalize(pa2))
console.log(path.normalize(pa3))
console.log(path.normalize(pa4))
console.log(path.normalize(pa5))
console.log(path.normalize(pa6))
console.log(path.normalize(pa7))
```

运行结果如下：

```
D:\Demo\11\10>node js.js
D:\demo\11\js.js
```

```
D:\demo\11\js.js
D:\demo\11\js.js
..\demo\a.mp4
demo\a.mp4
..\demo\a.mp4
demo\a.mp4
```

说明

解析和规范化路径时，normalize()方法不会判断该路径是否真实存在，只是根据获得的信息来分析路径。

11.4.3　path 模块的属性

path 模块除提供方法执行一些常见的文件及路径操作外，还提供了一些属性，这里了解即可，具体如下。

☑ path.delimiter：提供平台特定的路径定界符，其值有“;”和“:”。如果在 POSIX（portable operating system interface，可移植操作系统接口）平台上，其为“:”；如果在 Windows 平台上，其为“;”。

☑ path.sep：提供平台特定的路径片段分隔符，其值有“\”和“/”。如果在 POSIX 平台上，其值为“/”；如果在 Windows 平台上，其值为“\”。

☑ path.posix：提供特定于 POSIX 平台的 path 方法的访问。

☑ path.win32：提供特定于 Windows 平台的 path 方法的访问。

11.5　要点回顾

本章主要对使用 Node.js 构建 Web 应用的基础知识进行了讲解，学习本章时，应该了解 Web 应用开发的几个基本概念：请求、响应、客户端、服务器端，然后重点掌握 http 模块的使用，熟悉 path 模块的使用。

第 12 章

WebSocket 网络编程

Node.js 中主要通过 socket.io 模块进行 WebSocket 网络编程，该模块提供了服务器端和客户端相关的组件，可以很方便地为应用加入 WebSocket 支持，并且支持不同的浏览器，本章将对其使用进行详细讲解。

本章知识架构及重难点如下。

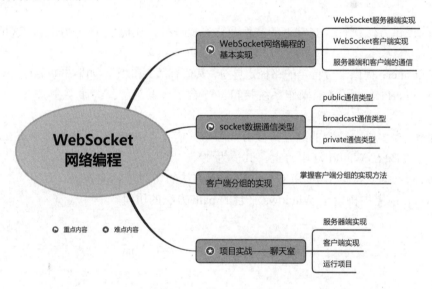

12.1　WebSocket 网络编程的基本实现

WebSocket 是从 HTML5 开始提供的一种浏览器与服务器间进行通信的网络技术。使用 WebSocket 时，浏览器和服务器只需要做一个握手的动作，然后浏览器和服务器之间就形成了一条快速通道，两者之间就可以直接进行数据的互相传送。

使用 socket.io 模块可以很方便地实现 WebSocket 网络编程，使用之前，首先需要通过 npm 包管理器进行下载和安装，命令如下：

```
npm install socket.io
```

上述命令默认下载的是 socket.io 模块的最新版本，如果要下载指定的版本，比如下载 1.x.x，在上述命令后面添加@1 即可，即：

```
npm install socket.io@1
```

安装 socket.io 模块后，如果要在程序中使用，需要进行引入，代码如下：

```
var socketio = require('socket.io');
```

使用 socket.io 模块进行 WebSocket 网络编程时，通常需要 3 个步骤，依次为创建 WebScoket 服务器、创建 WebSocket 客户端、服务器端和客户端的通信，下面分别进行讲解。

12.1.1　WebSocket 服务器端实现

创建 WebSocket 服务器时，首先需要借助 http 模块的 createServer()方法创建一个 Web 服务器；然后导入 socket.io 模块，并在 WebSocket 服务器构造函数中传入创建的 Web 服务器，从而创建一个 WebSocket 服务器；最后监听 connection 事件，判断是否有客户端连接。

socket.io 模块可以监听的服务器端事件如表 12.1 所示。

表 12.1　服务器端事件及说明

事 件 名 称	说　　　明
connection	客户端成功连接到服务器
disconnect	客户端断开连接
message	捕获客户端发送的信息
error	发生错误

例如，下面代码中通过 http 模块创建了一个 Web 服务器，其中读取一个名称为 index.html 的客户端文件；然后使用 socket.io 模块创建一个 WebSocket 服务器，为 WebSocket 服务器设置 connection 监听事件，当用户在 WebSocket 客户端发起 socket 请求时，会触发该事件，监听是否有客户端连接。代码如下：

```
var fs = require("fs")
var http = require("http");
var server = http.createServer(function (req, res) {          //创建 Web 服务器
    if (req.url == "/") {
            //读取客户端文件
            fs.readFile("index.html", function (err, data) {
                    res.end(data);
            });
    }
});
server.listen(52273, function (socket) {
    console.log("监听地址在：http://127.0.0.1:52273")
});
//创建 WebSocket 服务器
var io = require('socket.io');
io=io(server);
//监听客户端连接
io.sockets.on("connection", function (socket) {
    console.log("1 个客户端连接了");
});
```

运行上面代码，效果如图 12.1 所示。

图 12.1　WebSocket 服务器端的执行效果

说明

由于上面示例中没有编写客户端代码，即没有客户端连接，因此控制台没有显示"1 个客户端连接了"。

12.1.2　WebSocket 客户端实现

创建 WebSocket 客户端时，需要加载 socket.io 客户端代码文件，即 socket.io.js，然后通过 socket.io 模块中的全局对象 io 的 connect()方法来向服务器端发起连接请求。connect()方法的语法格式如下：

```
io.connect(url)
```

参数 url 为可选参数，表示要连接的 WebSocket 服务器地址，其可以是 WebSocket 服务器的 http 完整地址，也可以是相对路径，如果省略，则表示默认连接当前路径。

例如，在 12.1.1 节的示例代码中，可以看到使用 http 模块创建的 Web 服务器中读取了一个 index.html 客户端文件，该文件中主要引入 socket.io.js 客户端代码文件，并使用全局对象 io 的 connect()方法向服务端发起连接请求。代码如下：

```
<!DOCTYPE html>
<html lang="en">
<head>
    <meta charset="utf-8">
    <title>Document</title>
</head>
<body>
<h2 style="color:red;text-align: center;margin: 20px auto">我是你们朝思暮想的客户端 index.html</h2>
<script type="text/javascript" src="/socket.io/socket.io.js"></script>
<script type="text/javascript">
    var socket = io.connect();
</script>
</body>
</html>
```

编写完 index.html 客户端文件后，再次运行 12.1.1 节中编写的服务器端文件，并单击运行结果中的链接 http://127.0.0.1:52273，效果如图 12.2 所示。

此时，再次返回控制台，可看到控制台发生变化，效果如图 12.3 所示。

图 12.3 是连接一个客户端时控制台的运行效果，如果在浏览器中多次打开 http://127.0.0.1:52273 地址，会发现每打开一次，控制台就会显示一次"1 个客户端连接了"，图 12.4 为打开 3 个客户端网页时

的控制台的效果。

图 12.2　浏览器中运行效果

图 12.3　控制台的运行效果

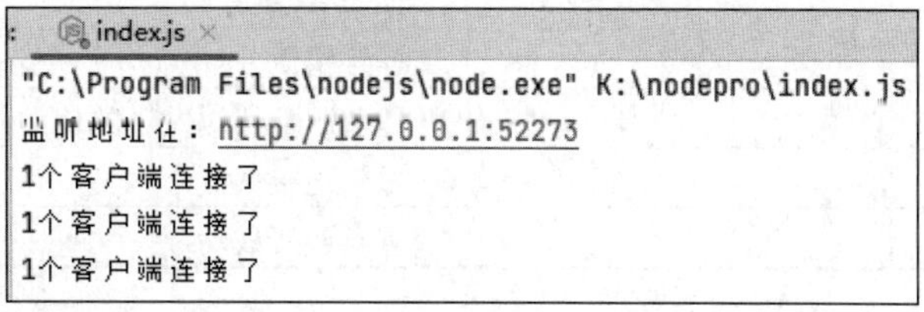

图 12.4　打开 3 个客户端网页时的控制台的效果

说明

　　上面代码中，在客户端文件中引入了一个 socket.io.js 文件，该文件是在使用 socket.io 模块时自动下载到项目中的。我们可以在启动 Web 服务器后，在浏览器的地址栏中输入地址 http://127.0.0.1:52273/socket.io/socket.io.js，查看 socket.io.js 文件，图 12.5 为该文件中的部分内容。

图 12.5　自动下载的 socket.io.js 文件

12.1.3 服务器端和客户端的通信

创建了服务器端和客户端以后，就可以在服务器端和客户端之间传输数据了。socket.io 模块使用事件的方式进行数据传输，其中，socket.io 可以监听的服务器端事件在 12.1.1 节已经介绍过，具体可参见表 12.1，而其可以监听的客户端事件如表 12.2 所示。

表 12.2　客户端事件及说明

事 件 名 称	说　　明
connect	成功连接到服务器
connecting	正在连接
disconnect	断开连接
connect_failed	连接失败
error	连接错误
message	捕获服务器端发送的信息
reconnect_failed	重新连接失败
reconnect	重新连接成功

要实现监听和发送事件，同样使用 on()方法和 emit()方法，具体如下。

☑　on()：监听 socket 事件。

☑　emit()：发送 socket 事件。

【例 12.1】实现服务器端与客户端之间的通信。（**实例位置：资源包\源码\12\01**）

本实例需要创建的文件有 js.js 文件（服务器端代码）和 index.html 文件（客户端代码）。具体步骤如下。

（1）编写 js.js 文件，该文件中首先引入相关模块，然后创建 Web 服务器与 WebSocket 服务器，使用 on()方法监听 connection 事件，在有客户端连接时，继续监听是否有客户端发送的 clientData 事件，该事件是客户端自定义的一个事件，如果监听到该事件，则输出客户端传输的数据，并使用 emit()方法向客户端发送一个自定义的 serverData 事件。js.js 文件如下：

```
//引入模块
var http = require('http');
var fs = require('fs');

//创建 Web 服务器
var server = http.createServer(function (request, response) {
    //读取 index.html
    fs.readFile('index.html', function (error, data) {
        response.writeHead(200, {'Content-Type': 'text/html'});
        response.end(data);
    });
}).listen(52273, function () {
    console.log('服务器监听地址在 http://127.0.0.1:52273');
});
```

```
//创建 WebSocket 服务器
var io = require('socket.io')(server);
io.sockets.on('connection', function (socket) {
        console.log('客户端已连接！');
        //监听客户端的事件 clientData，该事件在客户端定义
        socket.on('clientData', function (data) {
                //显示客户端发来的数据
                console.log('客户端发来的数据是:', data);
                //向客户端发送 serverData 事件和数据
                socket.emit('serverData', "谢谢，同乐同乐");
        });
});
```

（2）编写 index.html 文件，在该文件中生成 socket 对象，然后使用其 on()方法监听服务器端发送的 serverData 事件，如果监听到，输出传输的数据；然后为按钮创建一个点击事件，该点击事件中，获取文本框中输入的文本内容，并使用 emit()方法向服务器端发送一个自定义的 clientData 事件。index.html 文件中的代码如下：

```
<!DOCTYPE html>
<html>
<head>
        <meta charset="utf-8">
        <script src="/socket.io/socket.io.js"></script>
</head>
<body onload="start()">
<fieldset>
        <legend>发送消息</legend>
        <div><label for="text">发送内容：</label><input type="text" id="text"/></div>
        <div><input type="button" id="button" value="确定"/></div>
</fieldset>
</body>
<script>
        //向服务器端发起连接请求
        var socket = io.connect();
        function start() {
                //监听服务器端的事件和数据
                socket.on('serverData', function (data) {
                        alert("来自服务器端的消息"+"\n" + data);
                });
                //创建表单点击事件
                document.getElementById('button').onclick = function () {
                        //获取表单数据
                        var text = document.getElementById('text').value;
                        //向服务器端发送事件 clientData 和数据
                        socket.emit('clientData', text);
                };
        };
</script>
</html>
```

运行 js.js 文件，初始效果如图 12.6 所示。

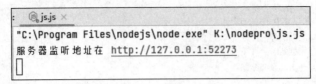

图 12.6　WebSocket 服务器的执行效果

打开浏览器，在地址栏中输入 http://127.0.0.1:52273，并按 Enter 键，此时浏览器中将显示如图 12.7 所示的 index.html 客户端页面，而服务器端控制台中会显示客户端已连接，如图 12.8 所示。

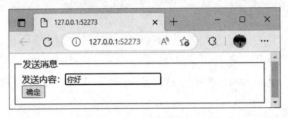

图 12.7　浏览器中显示的 index.html 客户端页面

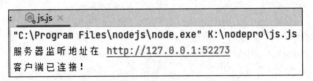

图 12.8　服务器端控制台显示客户端已连接

在浏览器中的文本框中输入"你好"，并单击"确定"按钮，此时，会弹出对话框显示从服务器端发来的消息，同时服务器端控制台也会接收到从客户端发来的"你好"消息，如图 12.9 和图 12.10 所示。

图 12.9　接收服务器端的消息

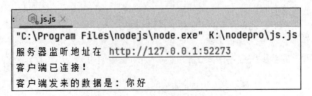

图 12.10　接收客户端的消息

12.2　socket 数据通信类型

使用 socket.io 模块进行 socket 数据通信，主要有 3 种类型，如表 12.3 所示。

表 12.3　socket 通信类型

类 型 名 称	说　明
public	向所有客户端传递数据（包含自己）
broadcast	向所有客户端传递数据（不包含自己）
private	向特定客户端传递数据

本节将分别介绍 socket 的 3 种数据通信类型。

12.2.1　public 通信类型

public 通信类型的示意图如图 12.11 所示。客户 A 向 WebSocket 服务器发送一个事件，WebSocket 所有的客户端（客户 A、客户 B 和客户 C）都会接收到这个事件。

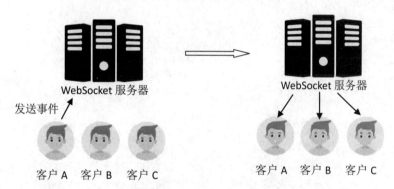

图 12.11　public 通信类型示意图

实现 public 通信的方法非常简单，直接使用 io.sockets.emit()方法即可，其语法格式如下：

```
io.sockets.emit(event, data)
```

参数 event 表示要发送的事件，参数 data 表示要发送的数据。

【例 12.2】使用 socket 发布一则通知。（**实例位置：资源包\源码\12\02**）

本实例实现在网页上发布一则通知，发布后，自己和其他客户端都能收到该通知。步骤如下：

（1）新建一个 js.js 文件，该文件中通过在 WebSocket 服务器端使用 io.sockets.emit()方法向客户端发送一则通知，主要代码如下：

```
//引入模块
var http = require('http');
var fs = require('fs');
```

```
var socketio = require('socket.io');
//创建 Web 服务器
var server = http.createServer(function (request, response) {
    //读取客户端 index.html 文件
    fs.readFile('index.html', function (error, data) {
        response.writeHead(200, {'Content-Type': 'text/html'});
        response.end(data);
    });
}).listen(52273, function () {
    console.log('服务器监听地址在 http://127.0.0.1:52273');
});
//创建 WebSocket 服务器
var io = socketio(server);
io.sockets.on('connection', function (socket) {
    //监听客户端的事件 receiveData
    socket.on('receiveData', function (data) {
        console.log("客户端的消息："+data)
        io.sockets.emit('serverData', data);            //发送消息（public 通信类型）
    });
});
```

（2）新建客户端页面 index.html，在该页面中，通过监听服务器端的 serverData 自定义事件，接收服务器端发送的通知并显示。代码如下：

```html
<!DOCTYPE html>
<html lang="en">
<head>
    <meta charset="UTF-8">
    <title>Title</title>
    <style>
        .bold {
            font-weight: bold;
        }
        ul {
            list-style: none;
        }
    </style>
    <script src="/socket.io/socket.io.js"></script>
</head>
<body>
<form action="">
    <fieldset style="width: 360px;margin: 0 auto">
        <legend>发布公告</legend>
        <textarea id="text" style="width: 320px;height: 90px;margin-left: 10px"></textarea><br>
        <div style="text-align: center"><button id="btn" type="button">发送</button></div>
    </fieldset>
    <ul id="box"></ul>
</form>
<script>
    window.onload = function () {
```

```
            var nick = "";
            var box = document.getElementById("box")
            const socket = io.connect()
            socket.on("serverData", function (data) {
                console.log(data)
                var html1 = "<span class='bold'>" + data + "</span>"
                var li = document.createElement("li")
                li.innerHTML += html1
                box.append(li)
            })
            document.getElementById("btn").onclick = function () {
                var text = document.getElementById("text").value
                socket.emit("receiveData", text)
            }
        }
</script>
</body>
</html>
```

运行 js.js 文件，然后在浏览器中多次打开 http://127.0.0.1:52273 网页地址（这里打开了 3 次），此时打开的页面的初始效果相同，如图 12.12 所示。

图 12.12　客户端的初始运行效果

在任意一个对话框中，输入一则通知后，单击"发送"按钮，此时就可以看到浏览器中的 3 个打开页面中都显示该通知，如图 12.13 所示。

图 12.13　public 通信的效果

12.2.2 broadcast 通信类型

broadcast 通信类型的示意图如图 12.14 所示。客户 A 向 WebSocket 服务器发送一个事件，WebSocket 的客户 A 之外的其他所有客户端都会接收到这个事件。

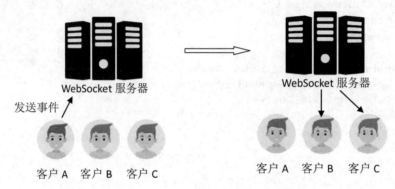

图 12.14　broadcast 通信类型示意图

实现 broadcast 通信的方法非常简单，直接使用 socket.broadcast.emit() 方法即可，其语法格式如下：

```
socket.broadcast.emit(event, data)
```

参数 event 表示要发送的事件，参数 data 表示要发送的数据。

【例 12.3】实现群发消息功能。（实例位置：资源包\源码\12\03）

本实例实现群发一条消息，而发布者本人看不到该消息，步骤如下。

（1）新建一个 js.js 文件，该文件中通过在 WebSocket 服务器端使用 socket.broadcast.emit() 方法向客户端群发消息，主要代码如下：

```
//引入模块
var http = require('http');
var fs = require('fs');
var socketio = require('socket.io');
//创建 Web 服务器
var server = http.createServer(function (request, response) {
    //读取 index.html
    fs.readFile('index.html', function (error, data) {
        response.writeHead(200, {'Content-Type': 'text/html'});
        response.end(data);
    });
}).listen(52273, function () {
    console.log('服务器监听地址在 http://127.0.0.1:52273');
});
//创建 WebSocket 服务器
var io = socketio(server);
io.sockets.on('connection', function (socket) {
    //监听客户端的事件 clientData
    socket.on('receiveData', function (data) {
```

```
            console.log("客户端的消息: "+data)
            socket.broadcast.emit('serverData', data);                //发送消息（broadcast 通信类型）
        });
    });
```

（2）新建客户端页面 index.html，在客户端页面中，通过监听服务器端的 serverData 自定义事件，接收服务器端发送的消息并显示。代码如下：

```html
<!DOCTYPE html>
<html lang="en">
<head>
    <meta charset="UTF-8">
    <title>Title</title>
    <script src="/socket.io/socket.io.js"></script>
</head>
<body>
<form action="">
    <fieldset style="width: 200px;margin: 0 auto">
        <legend>发布公告</legend>
        <textarea id="text" cols="50" rows="10"></textarea><br>
        <button id="btn">我写好了</button>
    </fieldset>
    <div id="box"></div>
</form>
<script>
    var box=document.getElementById("box")
    const socket = io.connect()
    window.onload=function () {
        socket.on("serverData", function (data) {
            var html=data+"<br>"
            box.innerHTML+=html                                //将获取的信息添加到 div 中
        })
        document.getElementById("btn").onclick=function () {
            var text = document.getElementById("text").value
            socket.emit("receiveData", text)                   //发送消息
        }
    }
</script>
</body>
</html>
```

运行 js.js 文件，然后在浏览器中多次打开 http://127.0.0.1:52273 网页地址（这里打开了 3 次，并且，为方便描述，笔者按照打开顺序依次将它们称为 1 号客户端、2 号客户端和 3 号客户端），此时打开的页面的初始效果相同，如图 12.15 所示。

接下来，在 1 号客户端的文本框中输入消息后，单击"我写好了"按钮，即可将消息群发出去，这时 2 号客户端和 3 号客户端可以接收到该消息，但是 1 号客户端接收不到该消息，效果如图 12.16 所示。

图 12.15 客户端初始效果

图 12.16 群发消息

12.2.3 private 通信类型

private 通信类型的示意图如图 12.17 所示。客户 A 向 WebSocket 服务器发送一个事件，WebSocket
会向指定的客户端（如客户 C）发送这个事件。

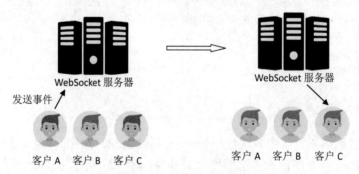

图 12.17 private 通信类型示意图

实现 private 通信的方法非常简单，直接使用 io.to(id).emit()方法即可，其语法格式如下：

```
io.to(id).emit(event, data)
```

参数 id 表示客户端的名称，参数 event 表示要发送的事件，参数 data 表示要发送的数据。

【例 12.4】实现与好友聊天功能。**（实例位置：资源包\源码\12\04）**

本实例中模拟的是小 B（第一个客户端）与两个好友（后面两个客户端）的聊天过程。具体步骤如下。

（1）在 WebStorm 中创建一个 js.js 文件，该文件中的 only 事件中的数据是其他好友向小 B 单独发送的内容，而 all 事件中的数据为群发的内容。服务器向客户端发送的事件有 toOne 和 toMany，它们分别将单独发送的内容和群发的内容发送至客户端。js.js 文件中的代码如下：

```javascript
//引入模块
var http = require('http');
var fs = require('fs');
var socketio = require('socket.io');

//创建 Web 服务器
var server = http.createServer(function (request, response) {
        //读取 index.html
        fs.readFile('index.html', function (error, data) {
                response.writeHead(200, {'Content-Type': 'text/html'});
                response.end(data);
        });
}).listen(52273, function () {
        console.log('服务器监听地址在 http://127.0.0.1:52273');
});
//创建列表，用来记录连接的客户端
var list=[]
//创建 WebSocket 服务器
var io = socketio(server);
io.sockets.on('connection', function (socket) {
        list.push(socket.id)                      //有客户端连接时，将其 id 保存到列表中
        socket.on("only",function(data){
                        io.to(list[0]).emit('toOne', data)    //向指定客户端发送 private 类型消息
        })
        socket.on("all",function(data){
                io.sockets.emit("toMany",data)
        })
})
```

（2）新建客户端页面 index.html，该页面中使用 socket.on()方法监听 toOne 和 toMany 事件，并将这两个事件中附带的消息内容显示在网页中。代码如下：

```html
<!DOCTYPE html>
<html lang="en">
<head>
        <meta charset="UTF-8">
        <title>Title</title>
        <style>
                label {
                        display: block;
                        width: 230px;
```

```
                    margin: 10px auto;
                }
                .bold {
                    font-weight: bold;
                    color: red;
                }
                ul {
                    list-style: none;
                }
        </style>
        <script src="/socket.io/socket.io.js"></script>
</head>
<body>
<form action="">
    <fieldset style="width: 360px;margin: 0 auto">
        <legend>发送消息</legend>
        <label>内容：<input id="text" type="text"><br></label>
        <div id="sendTo">
            <button id="btn" type="button">群发</button>
            <button id="btnB" type="button">发送给小 B</button>
        </div>
    </fieldset>
    <ul id="box"></ul>
</form>
<script>
    window.onload = function () {
        var box = document.getElementById("box")
        var sendTo = document.getElementById("sendTo")
        const socket = io.connect()
        socket.on("toOne", function (data) {              //显示接收到的私信内容
            var html1 = "<span>收到一条私信：</span>"
            html1 += "<span class='bold'>" + data + "</span>"
            var li = document.createElement("li")
            li.innerHTML += html1
            box.append(li)
        })
        socket.on("toMany",function(data){                //显示群发内容
            var html1 = "<span>收到一条群发消息：</span>"
            html1 += "<span class='bold'>" + data + "</span>"
            var li = document.createElement("li")
            li.innerHTML += html1
            box.append(li)
        })
        document.getElementById("btn").onclick = function () {
            var text = document.getElementById("text").value
            socket.emit("all", text)                      //群发消息
        }
        document.getElementById("btnB").onclick = function () {
            var text = document.getElementById("text").value
```

```
                    socket.emit("only", text)                              //私发消息
            }
    }
</script>
</body>
</html>
```

运行 js.js 文件，3 次打开 http://127.0.0.1:52273 网页地址（按打开顺序，第一个为"小 B"客户端），此时打开的 3 个网页的效果都如图 12.18 所示。

图 12.18　浏览器中初始运行效果

分别在 3 个浏览器中模拟与好友聊天，效果如图 12.19 所示。

图 12.19　好友聊天效果图

说明

　　使用 socket 发送 private 类型的信息时，如果使用的是 socket.io 1.0 及之前的版本，则需要使用 io.sockets.to(id).emit()方法。

12.3　客户端分组的实现

除了 12.2 节中所讲的 3 种常规通信类型外，在服务器端向客户端发送消息时，还可以对要接收消息的客户端进行分组，下面进行讲解。

1．创建分组

使用 socket.io 模块实现客户端分组功能时可以通过 socket.join()方法进行分组，其语法格式如下：

```
socket.join(room)
```

参数 room 表示分组的组名。

例如，下面代码创建了两个分组：group1 和 group2：

```
socket.on('group1', function (data) {
    socket.join('group1');
});
socket.on('group2',function(data){
    socket.join('group2');
});
```

说明

一个客户端可以进入多个分组。

2．退出分组

客户端能够进入分组，同样也可以退出分组，退出分组使用 socket.leave()方法实现，其语法格式如下：

```
socket.leave(data.room);
```

其中，data 为要退出分组的客户端；room 为要退出的分组的组名。

例如，下面代码使指定用户（由客户端传递的数据 data 提供）退出 group2 分组：

```
socket.on('leavegroup2', function (data) {
    var room="group2"
    socket.leave(data.room);
    io.sockets.in('group2').emit('leave2', data);
});
```

3．向分组中的用户发送消息

向分组中的用户发送消息时，可以分为两种情况。第一种情况是，分组中的所有人（包括自己）都可以接收到消息，这时可以使用 io.sockets.in().emit()方法，其语法格式如下：

```
io.sockets.in(room).emit(event,data)
```

第二种情况是，分组中除自己以外的所有人都可以接收该消息，这时可以使用 io.sockets.broadcast.to().emit()方法，其语法格式如下：

```
io.sockets.broadcast.to(room).emit(event,data)
```

参数 room 表示接收该消息的分组的组名，参数 event 表示要发送的事件，参数 data 表示要发送的数据。

【例 12.5】实现进群通知和退群通知。（**实例位置：资源包\源码\12\05**）

大家知道无论 QQ 群还是微信群，当有新用户进群时，所有群成员都能接收到进群通知，而在退群时，群内的管理员可以收到退群通知。本实例将模拟并升级该功能，实现用户进群或者退群时所有群成员都可以收到通知的功能。步骤如下。

（1）创建 socket 服务器端 js.js 文件，在服务器端监听的事件有 group1、group2、leavegroup1 和 leavegroup2，分别表示客户端进入 group1 分组、客户端进入 group2 分组、客户端离开 group1 分组和客户端离开 group2 分组，在监听到相应的事件发生时，分别向相应的分组内发送进入和离开的通知消息。代码如下：

```
//引入模块
var fs = require('fs');
//创建服务器
var server = require('http').createServer();
var io = require('socket.io')(server);
server.on('request', function (request, response) {
    //读取客户端文件
    fs.readFile('index.html', function (error, data) {
        response.writeHead(200, {'Content-Type': 'text/html'});
        response.end(data);
    });
}).listen(52273, function () {
    console.log('服务器监听地址是 http://127.0.0.1:52273');
});
//监听 connection 事件
io.sockets.on('connection', function (socket) {
    //创建分组名称
    var roomName = null;
    //监听客户端进入 group1 分组
    socket.on('group1', function (data) {
        socket.join('group1');
        io.sockets.in('group1').emit('welcome1', data);
    });
    //监听客户端进入 group2 分组
    socket.on('group2', function (data) {
        socket.join('group2');
        io.sockets.in('group2').emit('welcome2', data);
    });
    //监听客户端离开 group1 分组
    socket.on('leavegroup1', function (data) {
        var roomName="group1"
        socket.leave(data.room);
        io.sockets.in('group1').emit('leave1', data);
    });
    //监听客户端离开 group2 分组
    socket.on('leavegroup2', function (data) {
        var roomName="group2"
```

```
            socket.leave(data.room);
            io.sockets.in('group2').emit('leave2', data);
        });
    });
```

（2）新建客户端页面 index.html，在该页面中定义一个 show()函数，用来以指定的格式显示进群和退群通知；然后分别监听服务器端发送的进入和离开事件，并调用 show()函数显示相应的信息；另外，在客户端页面中，需要使用 socket.emit()方法向服务器端发送 group1、group2、leavegroup1 和 leavegroup2 这 4 个事件，以便让服务器端进行监听。index.html 页面的关键代码如下：

```
<script src="/socket.io/socket.io.js"></script>
<script>
    window.onload = function () {
        //声明变量
        var nickname = ""
        var socket = io.connect();
        //监听事件
        socket.on("welcome2", function (data) {
            show(2, "进入", data)                          //客户进入 2 群
        })
        socket.on("welcome1", function (data) {
            show(1, "进入", data)                          //客户进入 1 群
        })
        socket.on("leave1", function (data) {
            show(1, "退出", data)                          //客户离开 1 群
        })
        socket.on("leave2", function (data) {
            show(2, "退出", data)                          //客户离开 2 群
        })
        document.getElementById("group1").onclick = function () {
            if (nickname == "") {     setName()   }
            socket.emit("group1", nickname)                //发送进入 1 群事件
        }
        document.getElementById("group2").onclick = function () {
            if (nickname == "") {     setName()   }
            socket.emit("group2", nickname)                //发送进入 2 群事件
        }
        document.getElementById("leavegroup1").onclick = function () {
            socket.emit("leavegroup1", nickname)           //发送离开 1 群事件
        }
        document.getElementById("leavegroup2").onclick = function () {
            socket.emit("leavegroup2", nickname)           //发送离开 2 群事件
        }
        document.getElementById("setName").onclick = function () {
            setName()
        }
        function setName() {
            var name = document.getElementById("name")
```

```
                if (name.value == "") {
                        alert("请设置昵称")
                }
                else {
                        nickname = name.value
                        document.getElementById("none").style.display = "none"
                }
        }
        function show(room, out, data) {
                var box = document.getElementById("box" + room)
                box.innerHTML += "<li><span class='red'>" + data + "</span><span>" +
                                out + "</span><span>本群</span></li>"
        }
    };
</script>
<fieldset>
    <legend>进群</legend>
    <label Id="none"><span>设置昵称：</span><input type="text" id="name" style="">
        <button type="button" id="setName">设置名称</button>
    </label>
    <div class="btnbox">
        <button type="button" id="group1">进入 1 群</button>
        <button type="button" id="group2">进入 2 群</button>
        <button type="button" id="leavegroup1">退出 1 群</button>
        <button type="button" id="leavegroup2">退出 2 群</button>
    </div>
    <div>
        <ul id="box1"><p>客户 1 群</p></ul>
        <ul id="box2"><p>客户 2 群</p></ul>
    </div>
</fieldset>
```

运行 js.js 文件，然后分别打开 3 次 http://127.0.0.1:52273 网页地址，其初始效果如图 12.20 所示，依次在浏览器中设置昵称，设置昵称后的效果如图 12.21 所示。

图 12.20　浏览器初始运行效果

图 12.21　设置昵称后的效果

在 3 个打开的页面中分别单击进群和退群的按钮，相应群中的客户端即可显示进群或者退群的消息，效果如图 12.22 所示。

图 12.22　显示进群或退群消息

12.4　项目实战——聊天室

【例 12.6】制作简单聊天室。（实例位置：资源包\源码\12\06）

本节将根据本章所学的 WebSocket 网络编程知识设计一个简单的聊天室，其效果如图 12.23 所示。

图 12.23　聊天室

12.4.1　服务器端实现

服务器端是在 app.js 文件中实现的，其中主要监听客户端发送的 message 事件，并将获取到的消息使用 io.sockets.emit()方法发送给所有客户端。代码如下：

```
//引入模块
var http = require('http');
var fs = require('fs');
var socketio = require('socket.io');
//创建 Web 服务器
var server = http.createServer(function (request, response) {
    //读取文件
    fs.readFile('HTMLPage.html', function (error, data) {
        response.writeHead(200, { 'Content-Type': 'text/html' });
        response.end(data);
    });
}).listen(52273, function () {
    console.log('Server Running at http://127.0.0.1:52273');
});

//创建 WebSocket 服务器
var io = socketio(server);
//监听连接事件
io.sockets.on('connection', function (socket) {
    //监听客户端消息事件
    socket.on('message', function (data) {
        //向所有客户端发送获取到的消息
        io.sockets.emit('message', data);
    });
});
```

12.4.2　客户端实现

客户端是在 HTMLPage.html 文件中实现的，该文件中首先使用 io.connect()方法向服务器端发起连接请求，然后监听服务器端发送的 message 事件，获取服务器端发送的消息，并显示在相应的标签中。HTMLPage.html 页面的关键代码如下：

```
<link rel="stylesheet" href="https://code.jquery.com/mobile/1.4.5/jquery.mobile-1.4.5.min.css" />
<script src="https://code.jquery.com/jquery-1.11.1.min.js"></script>
<script src="https://code.jquery.com/mobile/1.4.5/jquery.mobile-1.4.5.min.js"></script>
<script src="/socket.io/socket.io.js"></script>
<script>
    $(document).ready(function () {
        //向服务器端发送连接请求
        var socket = io.connect();
        //监听 message 事件
        socket.on('message', function (data) {
            //显示聊天消息
            var output = '';
            output += '<li>';
            output += '    <h3>' + data.name + '</h3>';
```

```
                    output += '        <p>' + data.message + '</p>';
                    output += '        <p>' + data.date + '</p>';
                    output += '</li>';
                    $(output).prependTo('#content');
                    $('#content').listview('refresh');
                });
            //发送事件
            $('button').click(function () {
                    socket.emit('message', {
                        name: $('#name').val(),
                        message: $('#message').val(),
                        date: new Date().toUTCString()
                    });
                });
            });
    });
</script>
<div data-role="page">
    <div data-role="header">
            <h1>聊天室</h1>
    </div>
    <div data-role="content">
            <h3>昵称</h3>
            <input id="name" />
            <a data-role="button" href="#chatpage">开始聊天</a>
    </div>
</div>
<div data-role="page" id="chatpage">
    <div data-role="header">
            <h1>聊天室</h1>
    </div>
    <div data-role="content">
            <input id="message" />
            <button>发送信息</button>
            <ul id="content" data-role="listview" data-inset="true"></ul>
    </div>
</div>
```

说明

客户端 HTMLPage.html 文件中使用了 jQuery Mobile 组件，这主要是为了使该实例能够支持移动端的显示，因为通过该组件能够快速构建跨平台的移动应用程序，这里使用它也只是一个辅助作用，方便演示实例效果，对其了解即可。

客户端初始页面效果如图 12.24 所示。

图 12.24　客户端初始效果

12.4.3　运行项目

运行 app.js 文件，启动服务器；然后分别打开多个浏览器（此处演示时打开了两个），在地址栏中输入 http://127.0.0.1:52273/后，按 Enter 键，可以看到浏览器中的界面效果与图 12.24 相同；输入昵称后单击"开始聊天"按钮，就可以与其他用户聊天了，每当有用户发送信息时，下方就会显示用户昵称、消息内容和发送时间，效果参见图 12.23。

12.5　要点回顾

本章主要对 Node.js 中实现 WebSocket 网络编程的 socket.io 模块的使用进行了详细的讲解，包括 WebSocket 网络编程的基本实现步骤、socket 数据通信的类型，以及如何对网络客户端进行分组，最后通过一个实际的案例演示 WebSocket 网络编程的具体应用场景。学习本章内容时，重点需要掌握 socket.io 模块提供的实现 WebSocket 网络编程的不同方法的功能及使用。

第 13 章

Web 模板引擎

所谓模板引擎，就是一个将页面模板和要显示的数据结合起来生成 HTML 页面的工具，本章将对 Node.js 开发中两个常用的 Web 模板引擎 ejs 和 pug 的使用进行讲解。

本章知识架构及重难点如下。

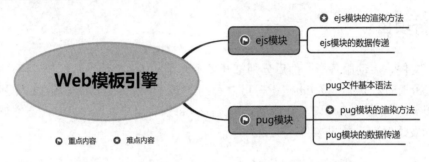

13.1　ejs 模块

ejs 是 embedded JavaScript 的缩写，翻译为嵌入式 Javascript。ejs 模块是一种高效的 JavaScript 模板引擎，它可以通过解析 JavaScript 代码生成 HTML 页面，并且直接支持在标签内书写简洁的 JavaScript 代码，以让 JavaScript 输出所需的 HTML，使得代码后期维护更轻松。

使用 ejs 模块之前，首先需要使用 npm 命令进行下载和安装，命令如下：

```
npm install ejs
```

下面介绍如何在 Node.js 中使用 ejs 模块。

13.1.1　ejs 模块的渲染方法

使用 ejs 模块之前，首先需要进行导入，代码如下：

```
var ejs = require('ejs');
```

ejs 模块提供了 3 个方法，用来渲染数据并生成 HTML 页面，下面分别介绍。

1. render()方法

对 ejs 代码进行渲染，语法格式如下：

```
render(str,data,options)
```

☑　str：要渲染的 ejs 代码。

☑　data：可选的参数，表示渲染的数据，可以是对象或者数组。

☑　options：可选参数，指定一些用于解析模板时的变量，如编码方式等。

例如，使用 fs.readFile()方法读取一个 index.ejs 文件，然后使用 ejs.render()方法渲染读取的数据，并输出，代码如下：

```
//读取 ejs 模板文件
fs.readFile('index.ejs', 'utf8', function (error, data) {
        response.writeHead(200, {'Content-Type': 'text/html'});
        response.end(ejs.render(data));                               //渲染数据并输出
}
```

2．compile()方法

对指定数据进行渲染，语法格式如下：

```
ejs.compile(str,options)
```

☑　str：渲染的数据展示区域。

☑　options：可选参数，表示一些额外的参数配置。

例如，下面代码用来对 ejs 代码内容进行渲染：

```
var season = ['spring', 'summer', 'autumn',"winter"]
var template = ejs.compile('<%= season.join(" 、 ") %>')
var html = template(people)
document.getElementById('app').innerHTML = html
```

3．renserFile()方法

对模板文件进行渲染，语法格式如下：

```
ejs.renderFile(filename,data,options,function(err,str){})
```

☑　filename：ejs 文件路径。

☑　data：渲染的数据，可以是对象或者数组。

☑　options：额外的参数配置，如编码格式等。

☑　err：渲染文件失败时的错误信息。

☑　str：渲染的数据展示区。

例如，下面代码用来直接渲染 index.ejs 文件并输出：

```
ejs.renderFile("index.ejs","utf8",function(err,data){
        response.end(data)
});
```

下面通过一个实例，演示如何使用 ejs 模块进行数据的渲染。

【例 13.1】渲染 ejs 文件并显示。（实例位置：资源包\源码\13\01）

本实例实现在 index.ejs 文件中添加一行文字，然后在服务器端将 index.ejs 文件进行渲染并显示。

具体步骤如下。

（1）在 WebStorm 中创建一个.js 文件，在该文件中引入 http、fs、ejs 模块，然后创建服务器，并在服务器中使用 ejs.renderFile()方法读取并渲染 index.ejs 文件。代码如下：

```
//引入模块
var http = require('http');
var fs = require('fs');
var ejs = require('ejs');
//创建服务器
http.createServer(function (request, response) {
    response.writeHead(200, {'Content-Type': 'text/html'});
    //渲染 ejs 模板文件
    ejs.renderFile('index.ejs', 'utf8', function (error, data) {
        response.end(data);
    });
}).listen(52273, function () {
    console.log('服务器监听端口是  http://127.0.0.1:52273');
});
```

注意

上述代码中，一定不要漏写 utf8，这是初学者常见错误。

（2）创建 index.html 文件，并将文件的后缀名改为 ejs，该文件主要作为一个简单的 ejs 模板文件，其中显示一行文字，代码如下：

```
<!DOCTYPE html>
<html lang="en">
<head>
    <meta charset="UTF-8">
    <title>使用 ejs 渲染</title>
</head>
<body>
    <h3 style="color: red">你看到的是一个 HTML，<br>实际上是 ejs 转换来的</h3>
</body>
</html>
```

运行.js 文件，在浏览器中输入网址 http://127.0.0.1:52273/，浏览器中的效果如图 13.1 所示。

从例 13.1 可以看出，ejs 文件与 HTML 文件很相似，它们都使用 HTML 标签构建页面内容。不同的是，ejs 文件中可以有一些特殊的渲染标识，以便进行动态数据渲染。在 ejs 文件中，可以使用以下标签表示一些特殊的含义。

☑　<%：脚本标签，用于流程控制，无输出。

☑　<%_：删除其前面的空格符。

☑　<%=：输出数据到模板（输出是转义 HTML 标签）。

☑　<%-：输出非转义的数据到模板。

☑　<%#：注释标签，不执行、不输出内容。

图 13.1　渲染 ejs 文件并显示

☑　<%%%：输出字符串'<%'。

☑　%>：一般结束标签。

☑　-%>：删除紧随其后的换行符。

☑　_%>：将结束标签后面的空格符删除。

例如，可以使用下面的代码在 ejs 文件中定义 JavaScript 代码或者输出数据。

☑　<% Code%>：输入 JavaScript 代码。

☑　<%=Value%>：输出数据，如字符串和数字等。

例如，将例 13.1 中的 index.ejs 文件中的代码修改如下：

```
<!DOCTYPE html>
<html lang="en">
<head>
    <meta charset="UTF-8">
    <title>使用 ejs 渲染</title>
</head>
<body>
    <%
        var today = new Date()
    %>
    <p><span>现在是：</span><span style="color: red"><%=today%></span></p>
</body>
</html>
```

再次运行程序，可以在浏览器中看到如图 13.2 所示的效果。

图 13.2　渲染 ejs 文件中的动态数据

【例 13.2】为客户端返回充值信息。（**实例位置：资源包\源码\13\02**）

步骤如下。

（1）在 WebStorm 中创建一个 .js 文件，其中主要使用 ejs.renderFile() 方法渲染 ejs 模板文件并显示，

189

代码如下：

```
//引入模块
var http = require('http');
var fs = require('fs');
var ejs = require('ejs');
//创建服务器
http.createServer(function (request, response) {
    response.writeHead(200, { 'Content-Type': 'text/html' });
    //渲染 ejs 模板文件
    ejs.renderFile("index.ejs","utf8",function(err,data){
        response.end(data)
    });
}).listen(52273, function () {
    console.log('服务器监听端口是 http://127.0.0.1:52273');
});
```

（2）新建 index.html 文件，并将其后缀名修改为 ejs，该文件中首先使用"<% Code%>"形式嵌入 JavaScript 代码，定义一些变量；然后使用"<%=Value%>"形式在页面中输出相应的变量。index.ejs 文件中的代码如下：

```
<!DOCTYPE html>
<html lang="en">
<head>
    <meta charset="UTF-8">
    <title>轨道交通充值信息</title>
    <style>
        .info{
            margin:0 auto;
            width:300px;
            border: solid    blue 1px;
            color:blue
        }
        .info h3{
            text-align: center;
            border-bottom:dashed blue 1px
        }
    </style>
</head>
<body>
    <% var title='轨道交通充值信息'%>
    <% var A='东环城路'%>
    <% var B='02390704'%>
    <% var C='2023-03-03 11:32:15'%>
    <% var D='19.50 元'%>
    <% var E='100.00 元'%>
    <% var F='119.50 元'%>
    <section class="info">
```

```
            <h3><%=title%></h3> .
            <p>车站名称：<%=A%></p>
            <p>设备编号：<%=B%></p>
            <p>充值时间：<%=C%></p>
            <p>交易前金额：<%=D%></p>
            <p>充值金额：<%=E%></p>
            <p>交易后金额：<%=F%></p>
        </section>
    </body>
</html>
```

运行.js 文件，在浏览器中输入 http://127.0.0.1:52273/，可以看到浏览器中的界面效果如图 13.3 所示。

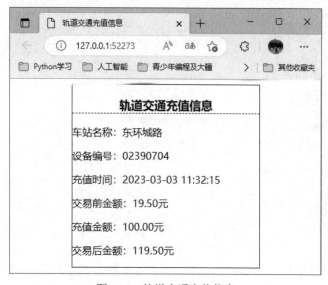

图 13.3　轨道交通充值信息

13.1.2　ejs 模块的数据传递

本节将讲解动态向 ejs 模板中传递数据的方法。要动态向 ejs 前端页面中传递数据，首先需要在 ejs.render()方法中渲染要显示的数据时，定义要传递的数据；然后在 ejs 文件中使用 "<%=Value%>" 形式读取定义好的数据进行显示。这里需要注意的是，在读取定义好的数据时，如果数据是列表或者数组形式，要获取其中的某项内容，需要使用 forEach 遍历。

【例 13.3】显示美团外卖单据。（**实例位置：资源包\源码\13\03**）

步骤如下。

（1）在 WebStorm 中创建一个.js 文件，其中使用 render()方法将自定义的 No 属性、orderTime 属性和 orderPrice 属性渲染到 index.ejs 文件中。代码如下：

```
//引入模块
var http = require('http');
var fs = require('fs');
```

```
var ejs = require('ejs');
//创建服务器
http.createServer(function (request, response) {
    //读取 ejs 模板文件
    fs.readFile('index.ejs', 'utf8', function (error, data) {
        response.writeHead(200, {'Content-Type': 'text/html'});
        response.end(ejs.render(data, {
            No: '221#',
            orderTime: '2023-04-10 12:10',
            orderPrice: [{
                menu: "锅包肉",
                orderNo: '*1',
                price: '27.00',
            }, {
                menu: "可乐",
                orderNo: '*2',
                price: '7.00',
            }, {
                menu: "合计",
                orderNo: '',
                price: '34.00',
            }]
        }));
    });
}).listen(52273, function () {
    console.log('服务器监听端口是 http://127.0.0.1:52273');
});
```

（2）新建一个 index.html 文件，并将其后缀名修改为 ejs，该文件中使用 ejs 渲染标识，将.js 文件中渲染数据时自定义的属性分别显示到指定的 HTML 标签中。index.html 文件中的代码如下：

```
<!DOCTYPE html>
<html lang="en">
<head>
    <meta charset="UTF-8">
    <title>美团外卖</title>
    <style>
        *{
            margin: 0 auto;
        }
        .info{
            margin:0 auto;
            width:300px;
            border: solid    blue 1px;
            color:blue
        }
        .info h3{
            text-align: center;
```

```
                border-bottom:dashed blue 1px;
                line-height: 40px;
            }
        .info p{
                text-align: center;
                border-bottom:dashed blue 1px;
                line-height: 40px;
            }
        .info div{
                text-align: center;
                border-bottom:dashed blue 1px;
                line-height: 40px;
            }
        .info table{
                margin:0 auto;
                text-align: center;
                padding-bottom: 20px;
            }
    </style>
</head>
<body>
    <section class="info">
        <h3><%=No%> 美团外卖</h3>
        <p>下单时间：<%=orderTime%></p>
        <div>
                送啥都快<br>
                越吃越帅
        </div>
        <table>
            <tr>
                <td>菜品</td>
                <td>数量</td>
                <td>价格</td>
            </tr>
            <%orderPrice.forEach(function(item){%>
                <tr>
                    <td><%=item.menu%></td>
                    <td><%=item.orderNo%></td>
                    <td><%=item.price%></td>
                </tr>
            <% }) %>
        </table>
    </section>
</body>
</html>
```

运行.js 文件，在浏览器中输入 http://127.0.0.1:52273/ ，可以看到浏览器中的界面效果如图 13.4 所示。

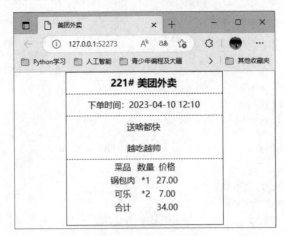

图 13.4　美团外卖票据

13.2　pug 模块

pug 模块，原名 jade，因版权问题，更名为 pug，中文意思为"哈巴狗"，它也是 Web 开发中常用的一种模板引擎。使用 pug 模块之前，首先需要使用 npm 命令进行下载和安装，命令如下：

```
npm install pug
```

下面介绍如何在 Node.js 中使用 pug 模块。

13.2.1　pug 文件基本语法

要使用 pug 模板引擎，必然需要用到 pug 文件，pug 文件不同于 html 文件和 ejs 文件，它不需要标签的开和闭，比如 html 中的<p>Demo</p>，在 pug 中使用 p Demo 即可，因此本节首先带领大家熟悉一下 pug 文件的基本语法。

1．缩进

pug 对空格敏感，这类似于 Python 对制表符（Tab）或者空格敏感的特点。pug 使用空格作为缩进符，同一级标签需保证左对齐。例如：

```
div
    p Hello, world!
    p Hello, pug.
```

上面代码的渲染结果如下：

```
<div>
    <p>Hellow, world!</p>
    <p>Hello, pug.</p>
</div>
```

2．注释

pug 使用//-或//对代码进行注释，前者注释内容不出现在渲染后的 html 文件中，后者反之。例如：

```
//- html 中不包含此行
// html 中会包含此行
```

3．属性

pug 将标签属性存放于括号()内，多个属性之间以逗号或空格分隔。另外，对于标签的 id 和 class 属性，pug 分别使用"#紧跟标签 id"和". 紧跟标签 class"形式表示，而且可以同时设置多个 class。例如：

```
h1#title Test title
img#name.class1.class2(src="/test.png" alt="test")
```

上面代码的渲染结果如下：

```
<h1 id="title">Test title</h1>
<img id="name" class="class1 class2" src="/test.png" alt="test">
```

4．包含

为了方便代码复用，pug 提供了 include 包含功能。例如，下面代码会将_partial 目录下的 head.pug 文件内容包含到当前调用的位置：

```
doctype html
html(lang='en')
    include _partial/head.pug
```

5．定义变量

pug 中通过"- var name = value"的形式定义变量，例如：

```
- var intData = 100
- var boolData = false
- var stringData = 'Test'
```

在引用变量时，需要在引用位置加上=号，否则会默认将变量名当成普通字符串使用。例如：

```
p.int= intData
p.bool= boolData
p.stringData= stringData
```

如果想要将变量与其他字符串常量或变量连接在一起，需要使用#{}，该符号会对大括号内的变量进行求值和转义，最终得到输出的内容。例如：

```
- var girl = 'Lily'
- var boy = 'Jack'
p #{girl} is so beautiful!
p And #{boy} is handsome.
```

6. 条件结构

pug 的条件语句与其他语言的条件语句类似，形式如下：

```
- var A = {value: 'Test'}
- var B = true
if A.value
    p= A.value
else if B
    p= B
else
    p nothing
```

7. 循环结构

pug 中使用 each 和 while 实现循环结构。其中，each 可以返回当前所在项的索引值，默认从 0 开始计数。例如：

```
ol
    each item in ['Sun', 'Mon', 'Tus', 'Wen', 'Thu', 'Fri', 'Sat']
        li= item

- var week = ['Sun', 'Mon', 'Tus', 'Wen', 'Thu', 'Fri', 'Sat']
ol
    each item, index in week
        li= index + ':' + item
```

上面代码的渲染结果如下：

```
<ol>
    <li>Sun</li>
    <li>Mon</li>
    <li>Tus</li>
    <li>Wen</li>
    <li>Thu</li>
    <li>Fri</li>
    <li>Sat</li>
</ol>
<ol>
    <li>0:Sun</li>
    <li>1:Mon</li>
    <li>2:Tus</li>
    <li>3:Wen</li>
    <li>4:Thu</li>
    <li>5:Fri</li>
    <li>6:Sat</li>
</ol>
```

while 使用方式如下：

```
- var day = 1
ul
```

```
    while day < 7
        li= day++
```

8．minix

mixin 被称为混入，类似其他编程语言中的函数，也是为了代码复用，可带参数或不带参数，定义方式如下：

```
mixin menu-item(href, name)
    li
        span.dot ●
        a(href=href)= name
```

其中，menu-item 为调用时的名称，相当于函数名；href 及 name 是参数。这里需要注意，a(href=href)= name 中第二个 = 是为了将后面的 name 当作参数来处理，而不是当作字符串"name"来处理。

要调用 mixin 定义的代码块，需通过"+号紧跟 mixin 名称及参数"的形式，例如：

```
+menu-item('/Archives','Archives')
+menu-item('/About','About')
```

mixin 之所以被称为混入，是因为其语法不局限于函数调用，在 mixin 内也可以使用 block 块，例如：

```
mixin print(post)
    if block
            block
    else
            p= post

+print("no block")
+print("")
    div.box
            p this is the content of block
```

上面代码的渲染结果如下：

```
<p>no block</p>
<div class="box"><p>this is the content of block</p></div>
```

9．定义 JavaScript 代码

在 pug 中编写 JavaScript 代码时，需要使用以下形式：

```
script(type='text/javascript').
    var data = "Test"
    var enable = true
    if enable
            console.log(data)
    else
            console.log('nothing')
```

注意

注意上面代码中第一行最后的"."符号。

上面代码对应的 JavaScript 代码如下：

```
<script type='text/javascript'>
    var data = "Test"
    var enable = true
    if enable
        console.log(data)
    else
        console.log('nothing')
</script>
```

这里需要说明的是，对于简单脚本，使用 pug 尚可，而如果遇到复杂的 JavaScript 脚本，建议写在单独的.js 文件中，然后通过 pug 引用，引用方式如下：

```
script(type='text/javascript', src='/path/to/js')
```

10. 继承

pug 支持继承，通过继承，也可以提高代码的复用率。例如，下面代码是一个简单的 base 模板，其中通过 block 定义了页面头部 head 和内容 body：

```
//- base.pug
html
    head
        block title
    body
        block content
```

接下来就可以使用 extends 继承上面的模板，通过 block 覆盖或替换原有块 block，代码如下：

```
//- index.pug
extends base.pug

block title
    title "Test title"

block content
    h1 Hello world!
    block article
```

说明

jade 文件与 pug 文件"师出同门"，其语法与 pug 文件一致，因此，如果遇到 jade 文件中的代码，可以参考上面语法进行解读。

13.2.2　pug 模块的渲染方法

使用 pug 模块之前，首先需要进行导入，代码如下：

```
var pug = require('pug');
```

pug 模块提供了多个方法，用于渲染数据或 pug 文件，下面分别介绍。

1．compile()方法

compile()方法用来把一个 pug 模板编译成一个可多次使用并能传入不同局部变量进行渲染的函数。语法格式如下：

```
pug.compile(string,options)
```

- ☑　string：要编译的 pug 模板。
- ☑　options：可选参数，指定一些用于解析模板的参数。
- ☑　返回值：一个根据本地配置生成的 HTML 字符串。

2．compileFile()方法

compileFile()方法用于从文件中读取一个 pug 模板文件，并编译成一个可多次使用并能传入不同局部变量进行渲染的函数。语法格式如下：

```
pug.compileFile(path, options)
```

- ☑　path：要编译的 pug 文件路径。
- ☑　options：可选参数，配置渲染数据的相关参数。
- ☑　返回值：一个根据本地配置生成的 HTML 字符串。

3．compileClient()方法

compileClient()方法用于将一个 pug 模板编译成一份 JavaScript 代码字符串，以便在客户端调用，生成 HTML。语法格式如下：

```
pug.compileClient(source, options)
```

- ☑　source：要编译的 pug 模板。
- ☑　options：可选参数，用于配置编译数据的相关参数。
- ☑　返回值：一份 JavaScript 代码字符串。

4．compileClientWithDependenciesTracked()方法

该方法与 compileClient()方法类似，但是其返回值为 DOM 对象，该方法适用于监视 pug 文件更改之类的操作。

5．compileFileClient()方法

compileFileClient()方法从文件中读取 pug 模板并编译成一份 JavaScript 代码字符串，它可以直接用

在浏览器上而不需要 pug 的运行时库。语法格式如下：

> pug.compileFileClient(path, options)

- ☑ path：要编译的 pug 文件路径。
- ☑ options：可选参数，用于配置编译数据的相关参数，如果 options 中指定了 name 属性，那么它将作为客户端模板函数的名称。
- ☑ 返回值：一份 JavaScript 代码字符串。

6．render()方法

render()方法用于渲染 pug 代码中的数据，并生成 HTML 代码，语法格式如下：

> pug.render(source, options, callback)

- ☑ source：需要渲染的 pug 代码。
- ☑ options：存放可选参数的对象，同时也直接用作局部变量的对象。
- ☑ callback： Node.js 风格的回调函数（注意：这个回调是同步执行的），用于接收渲染结果。
- ☑ 返回值：渲染出来的 HTML 字符串。

7．renderFile()方法

renderFile()方法用于渲染 pug 文件中的数据，并生成 HTML 代码，语法格式如下：

> pug.renderFile(path, options, callback)

- ☑ path：string 需要渲染的 pug 代码文件的位置。
- ☑ options：存放选项的对象，同时也直接用作局部变量的对象。
- ☑ callback：Node.js 风格的回调函数（注意：这个回调是同步执行的），用于接收渲染结果。
- ☑ 返回值：渲染出来的 HTML 字符串。

下面通过实例演示 pug 模块的基本使用。

【例 13.4】模拟获取消费券页面。（实例位置：资源包\源码\13\04）

步骤如下。

（1）在 WebStorm 中创建一个.js 文件，该文件的主要作用是创建服务器，以及从客户端获取数据并且使用 pug 模板引擎进行渲染。代码如下：

```
//引入模块
var http = require('http');
var pug = require('pug');
var fs = require('fs');
//创建服务器
http.createServer(function (request, response) {
    //读取 pug 文件
    fs.readFile('index.pug', 'utf8', function (error, data) {
        //调用 pug 模块的 compile 方法解析 pug 模板代码
        var fn = pug.compile(data);
        response.writeHead(200, { 'Content-Type': 'text/html' });
```

```
                response.end(fn());
        });
}).listen(52273, function () {
        console.log('服务器监听地址是  http://127.0.0.1:52273');
});
```

（2）创建 index.pug 文件，该文件中主要使用 pug 语法设置页面中要显示的数据，代码如下：

```
doctype html
html
        head
                meta(charset="UTF-8")
                title  微信支付
        body
                div(style={margin:'0 auto',width:'300px','line-height':'80px','border':'1px dashed #8bc34a'})
                        h3(style={'text-align':'center','line-height':'40px','margin':'0px 0px'})  恭喜你获得指定商家消费券
                        p(style={'text-align':'center','color':'red','line-height':'40px','margin':'0px 0px'})  ￥3.66 元
                        div(style={'text-align':'center','line-height':'40px'})  已存入卡包,下次消费自动抵扣
                        div(style={'text-align':'center','line-height':'40px','font-size':'12px'})  微众银行助力智慧生活
```

运行.js 文件，在浏览器中输入 http://127.0.0.1:52273/，可以看到浏览器中的界面效果如图 13.5 所示。

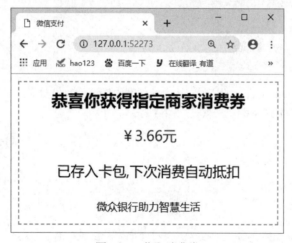

图 13.5　获取消费券

13.2.3　pug 模块的数据传递

本节将讲解动态向 pug 模板中传递数据的方法。要动态向 pug 模板传递数据，需要在服务器端输出渲染的数据时，通过自定义属性存储要传递给客户端的数据，然后在 pug 文件中使用#{}绑定服务器端自定义的相应属性。

【例 13.5】月度消费账单提醒。（**实例位置：资源包\源码\13\05**）

步骤如下。

（1）在 WebStorm 中创建一个.js 文件，该文件中使用 pub 模块的 compile()方法解析 pug 模板代码并显示，在显示时，将自定义的 month、out 和 in1 等属性返回给客户端。代码如下：

```
//引入模块
var http = require('http');
var pug = require('pug');
var fs = require('fs');
//创建服务器
http.createServer(function (request, response) {
        //读取 pug 文件
        fs.readFile('index.pug', 'utf8', function (error, data) {
                //调用 pug 模块的 compile 方法解析 pug 模板代码
                var fn = pug.compile(data);
                response.writeHead(200, { 'Content-Type': 'text/html' });
                //向客户端返回信息
                response.end(fn({
                        month: '2023 年 6 月',
                        out:"520.10",
                        in1:3370.34,
                        transport:"120.00",
                        shopping:"300.00",
                        medical:87.10,
                        other: "13.00"
                }));
        });
}).listen(52273, function () {
        console.log('服务器监听地址是 http://127.0.0.1:52273');
});
```

（2）创建一个 index.pug 文件。在文件中，通过使用 pug 渲染标识，将服务器返回给客户端的自定义属性显示到指定的 HTML 标签中。代码如下：

```
doctype html
html
        head
                meta(charset="UTF-8")
                title 手机账单提醒
        body
                div(style={margin:'0 auto',width:'300px',border:'solid blue 1px','padding':'20px'})
                        h3(style={'text-align':'center','margin-bottom':'0'}) 月度账单提醒
                        p(style={'text-align':'center','font-size':'12px','margin':'4px auto 10px'}) 月份：#{month}
                        p(style={'text-align':'center','font-size':'20px','margin':'0 auto','color':'#009688'}) 支出：#{out}
                        p(style={'text-align':'center','font-size':'12px','margin-top':'0'}) 收入：#{in1}
                        p
                                span 明细：
                                span(style={'color':'#009688','background':'rgba(156, 223, 244, 0.5)',
                                        'border-radius':'5px','float':'right','font-size':'12px','padding':'5px 10px','margin-right':'5px'}) 支出
                                span(style={'color':'#2d2525','background':'rgba(170, 170, 170, 0.33)',
                                        'border-radius':'5px','float':'right','font-size':'12px','padding':'5px 10px','margin-right':'5px'}) 收入
                        p
                                span 交通：
                                span(style={'float':'right'}) ￥ #{transport}
                        p
```

```
            span 购物：
            span(style={'float':'right'})   ¥  #{shopping}
      p
            span 医疗：
            span(style={'float':'right'})   ¥ #{medical}
      p
            span 其他：
            span(style={'float':'right'})   ¥ #{other}
```

运行.js 文件，在浏览器中输入 http://127.0.0.1:52273/，可以看到浏览器中的界面效果如图 13.6 所示。

图 13.6　月度消费账单提醒

13.3　要 点 回 顾

本章重点讲解了 Node.js 开发中常用的两种 Web 模板引擎 ejs 和 pug。其中，ejs 文件结构与 html 文件结构类似，可以使用 ejs 模块对 ejs 代码或者文件进行渲染，生成 HTML 页面；pug 文件的结构与 HTML、ejs 文件的结构完全不一致，我们在学习时，首先应该掌握 pug 文件的基本语法，然后才可以使用 pug 模块去解析 pug 代码或文件，从而生成 HTML 页面。实际开发中，通过使用成熟的 Web 模板引擎，可以有效地提高开发效率。

第 14 章

Express 框架

Express 框架在 express 模块的基础上，引入了 express-generator 模块，以便让项目的开发更加方便和快捷。express 模块是在 http 模块基础上将更多 Web 开发服务功能封装起来的一个模块。本章将首先对 Express 框架的基础——express 模块进行剖析，然后对 express-generator 模块的使用进行详细讲解，最后对在 Express 框架基础上衍生出的一种新的 Web 开发框架——Koa 框架进行介绍。

本章知识架构及重难点如下。

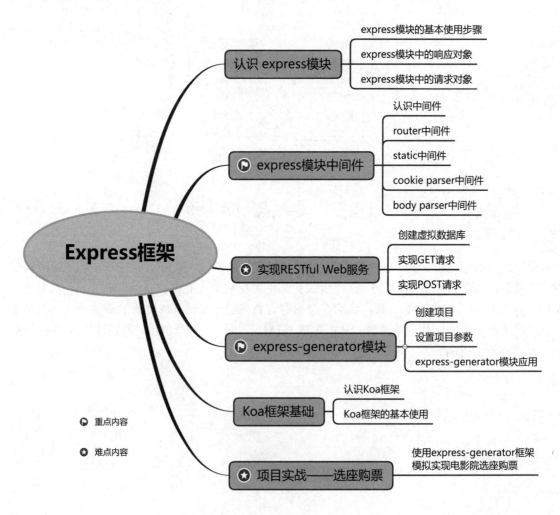

14.1　认识 express 模块

express 模块与 http 模块很相似，都可以创建服务器。不同之处在于，express 模块将更多 Web 开发服务功能封装起来，让 Web 应用开发更加便捷。本节将讲解使用 express 模块创建 Web 服务器，以及 express 模块中请求和响应对象的使用。

14.1.1　express 模块的基本使用步骤

express 模块是第三方模块，使用之前，首先需要使用 npm 命令进行下载和安装，命令如下：

```
npm install express@4
```

注意

　　express 模块的版本变化非常快，上面安装命令后面跟了 "@4"，表示安装的是 express 4.x 版，如果不带该后缀，则会自动下载和安装 express 模块的最新版本。

express 模块安装完后就可以在 Node.js 程序中使用了，其基本使用步骤如下。
（1）导入模块。
（2）使用构造函数创建 Web 服务器。
（3）调用 listen()方法启动 Web 服务器。
例如，下面代码使用 express 模块创建并启动了一个服务器，服务器地址为 http://127.0.0.1:52273/，代码如下：

```
//导入 express 模块
var express = require('express');
//创建 Web 服务器
var app = express();
//启动 Web 服务器
app.listen(52273, function () {
        console.log("服务器监听地址是  http://127.0.0.1:52273");
});
```

14.1.2　express 模块中的响应对象

express 模块提供了 response 对象，用来完成服务器端响应操作，其常用方法及说明如表 14.1 所示。

表 14.1　rsponse 对象常用方法及说明

方　　法	说　　明
response.send([body])	根据参数类型，返回对应数据
response.json([body])	返回 JSON 数据
response.redirect([status,]path)	强制跳转到指定页面

根据 body 参数数据类型的不同，response 对象可以向客户端返回不同的数据，如表 14.2 所示。

表 14.2　body 参数数据类型及说明

数 据 类 型	说　　明
字符串	HTML 格式的数据
数组	JSON 格式的数据
对象	JSON 格式的数据

【例 14.1】实现向客户端返回数组信息。（**实例位置：资源包\源码\14\01**）

新建一个.js 文件，首先导入 express 模块，并通过其构造函数创建一个 Web 服务器，然后使用 use()方法创建一个数组，通过 response 对象的 send()方法将其输出到客户端，最后使用 listen()方法启动 Web 服务器。代码如下：

```javascript
//引入 express 模块
var express = require('express');
//创建服务器
var app = express();
//监听请求与响应
app.use(function (request, response) {
    //创建数组
    var output = [];
    for (var i = 0; i < 3; i++) {
        output.push({
            count: i,
            name: 'name - ' + i
        });
    }
    //向客户端返回数组类型的信息
    response.send(output);
});
//启动服务器
app.listen(52273, function () {
    console.log('服务器监听地址在  http://127.0.0.1:52273');
});
```

运行.js 文件，在浏览器中输入 http://127.0.0.1:52273/，可以看到如图 14.1 所示的界面效果。从图 14.1 可以看出，向 response 对象的 send()方法中传递了一个数组类型的参数，返回给客户端的是一个 JSON 数据。

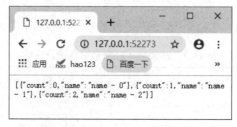

图 14.1　客户端响应数组信息

14.1.3　express 模块中的请求对象

express 模块提供了 request 对象，用来完成客户端请求操作，其常用属性、方法及说明如表 14.3 所示。

表 14.3　request 对象中的属性和方法

属性/方法	说　　明
params 属性	返回路由参数
query 属性	返回请求变量
headers 属性	返回请求头信息
header()方法	设置请求头信息
accepts(type)方法	判断请求 accept 属性信息
is(type)方法	判断请求 Content-Type 属性信息

【例 14.2】判断当前请求用户使用的浏览器类型。（**实例位置：资源包\源码\14\02**）

新建一个.js 文件，导入 express 模块，使用 express()方法创建一个 Web 服务器，然后在 use()方法中使用 request.header('User-Agent')方法获取请求客户端的 User-Agent 信息，通过判断该信息确定用户使用的浏览器类型。代码如下：

```
//导入 express 模块
var express = require('express');
//创建服务器
var app = express();
//监听请求和响应
app.use(function (request, response) {
    //获取客户端的 User-Agent
    var agent = request.header('User-Agent');
    //判断客户端浏览器的类型
    if (agent.toLowerCase().match(/chrome/)) {
        //发送响应信息
        response.send('<h1>*_*欢迎使用谷歌浏览器</h1>');
    } else {
        //发送响应信息
        response.send('<h1>^_^您使用的不是谷歌浏览器，<br>当然这并不影响浏览网页</h1>');
    }
});

//启动服务器
app.listen(52273, function () {
    console.log('服务器监听地址在 http://127.0.0.1:52273');
});
```

运行.js 文件，分别打开谷歌浏览器和 IE 浏览器，在地址栏中输入 http://127.0.0.1:52273/后，可以看到如图 14.2 所示的界面效果。

 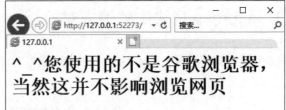

图 14.2　判断客户端浏览器类型

14.2　express 模块中间件

例 14.1 和例 14.2 中向客户端返回相应数据时，都使用了 express 模块的 use()方法，为什么要使用该方法呢？这里涉及了 express 模块中的中间件技术，本节将对该技术进行详细讲解。

14.2.1　认识中间件

app.use()方法在 express 模块中的主要作用是注册全局中间件。所谓中间件，是指业务流程的中间处理环节。app.use()方法的语法格式如下：

```
app.use([path,] callback[,callback])
```

- ☑　path：可选参数，指定的中间件函数的路径（路由地址）。
- ☑　callback：指定的中间件函数，可以是多个，并且这些回调函数可以调用 next()。

使用 app.use()方法将指定的中间件功能放到指定的路径下，当请求的路径地址（客户端发过来的地址）与定义的路由（app.get/post）相同时，就会执行指定的中间件功能。中间件的调用流程是：当一个请求到达 express 的服务器后，可以连续调用多个中间件，从而对这次请求进行预处理，在这中间，next()函数是实现多个中间件连续调用的关键，它表示把流转关系转交给下一个中间件或路由。

例如，新建一个.js 文件，使用 express 模块创建一个 Web 服务器，然后使用两次 use()方法设置中间件，其中第一个 use()方法中，定义了两个变量，并通过 next()设置了中间件，最后在第二个 use()方法中使用第一个 use()方法中定义的变量。代码如下：

```
//导入 express 模块
var express = require('express');
//创建服务器
var app = express();
//设置中间件
app.use(function (request, response, next) {
    //定义变量
    request.number = 20;
    response.number =35;
    next();
});
```

```
app.use(function (request, response, next) {
    //发送响应信息
    response.send('<h1 style="color:green">' + request.number + ' : ' + response.number + '</h1>');
});
//启动服务器
app.listen(52273, function () {
    console.log('服务器监听地址在 http://127.0.0.1:52273');
});
```

运行上面代码，在浏览器中输入 http://127.0.0.1:52273/，可以看到如图 14.3 所示的界面效果。

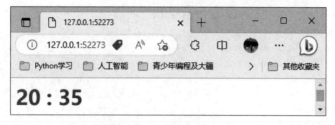

图 14.3　中间件的使用

有的读者会问，为什么要将两个 use()方法分开写呢？把两个 use()方法合在一起不可以吗？其实这样处理是为了分离中间件。在实际开发中，代码数量和模块数量很多，为了提高代码的使用效率，可以将常用的功能函数分离出来，做成中间件的形式，这样可以让更多模块重复使用中间件。

express 中常用的中间件及说明如表 14.4 所示。

表 14.4　express 模块中常用的中间件

中　间　件	说　　　　明
router	处理页面间的路由
static	托管静态文件，如图片、CSS 文件和 JavaScript 文件等
morgan	日志组件
cookie parser	cookie 验证签名组件
body parser	对 post 请求进行解析
connect-multiparty	文件上传中间件

说明

更多关于 express 模块中间件的信息，参见 http://www.expressjs.com.cn/resources/middleware.html。

14.2.2　router 中间件

express 模块中使用 router 中间件来处理页面路由。在 http 模块中，通常使用 if 语句来处理页面的路由跳转，而在 express 模块中，使用 router 中间件就可以很方便地实现页面的路由跳转。router 中间件的常用方法及说明如表 14.5 所示。

表 14.5　router 中间件的方法及说明

方　法	说　明
get(path,callback[,callback])	处理 GET 请求
post(path,callback[,callback])	处理 POST 请求
pull(path,callback[,callback])	处理 PULL 请求
delete(path,callback[,callback])	处理 DELETE 请求
all(path,callback[,callback])	处理所有请求

例如，新建一个.js 文件，使用 express 模块创建一个 Web 服务器，然后使用 app.get()方法设置页面的路由跳转规则，在访问页面时需要使用"/page/id"的形式。代码如下：

```
//导入 express 模块
var express = require('express');
//创建服务器
var app = express();
//设置页面路由规则
app.get('/page/:id', function (request, response) {
    //获取 request 对象
    var name = request.params.id;
    //发送响应信息
    response.send('<h2 style="color:red">' + name + ' Page</h2>');
});
//启动服务器
app.listen(52273, function () {
    console.log('服务器监听地址在 http://127.0.0.1:52273');
});
```

运行程序，在浏览器中输入 http://127.0.0.1:52273/page/130 后，可以看到如图 14.4 所示的界面效果，该页面就是通过 router 中间件的形式实现了页面的跳转。

图 14.4　router 中间件的使用

14.2.3　static 中间件

static 中间件是 express 模块内置的托管静态文件的中间件，可以非常方便地将图片、视频、CSS 文件和 JavaScript 文件等资源导入项目中。static 中间件的使用方法如下：

```
express.static(root[,options])
```

☑　root：指定从中提供静态资源的根目录。

☑　options：可选参数，指定一些配置选项。

下面通过一个实例演示如何使用 static 中间件。

【例 14.3】实现向客户端返回图片。（**实例位置：资源包\源码\14\03**）

本实例需要在项目中创建一个文件夹，名称为 image，在该文件夹中存放一张图片，名为 view.jpg；然后创建一个.js 文件，在该文件中，首先使用 express 模块创建 Web 服务器，然后使用 express.static() 方法设置静态中间件，以便导入图片资源，其中 __dirname 表示项目的根目录。代码如下：

```
var express = require('express');
//创建服务器
var app = express();
//使用 static 中间件
app.use(express.static(__dirname + '/image'));
app.use(function (request, response) {
    //发送响应信息
    response.writeHead(200, {'Content-Type': 'text/html'});
    response.end('<img src="/view.jpg" width="100%" />');
});
//启动服务器
app.listen(52273, function () {
    console.log('服务器地址在 http://127.0.0.1:52273');
});
```

运行程序，在浏览器中输入 http://127.0.0.1:52273/，可以看到浏览器中的界面效果如图 14.5 所示。

图 14.5　向客户端返回图片

14.2.4　cookie parser 中间件

cookie parser 中间件主要用来处理 cookie 请求与响应，由于 cookie parser 中间件不是 express 模块内置的中间件，因此需要通过 npm 命令进行下载和安装，命令如下：

```
npm install cookie-parser
```

cookie parser 中间件的使用方法如下：

```
cookie parser([secret])
```

参数 secret 为可选参数，用来设置加密签名。

例如，创建一个.js 文件，通过在 app.use()方法中调用 cookieParser()来设置一个没有签名的 cookie parser 中间件，然后设置服务器端响应的 cookie 内容，并将该响应信息发送到客户端进行显示。代码如下：

```
//导入模块
var express = require('express');
var cookieParser = require('cookie-parser');
//创建服务器
var app = express();
//设置 cookie parser 中间件
app.use(cookieParser());
app.get('/', function (request, response) {
    //设置 cookie 内容
    response.cookie('string', 'cookie');
    response.cookie('json', {
        name: 'cookie',
        property: 'delicious'
    })
    response.send(request.cookies)
    app.get('/get', function (request, response) {
        //发送响应信息
        response.send(request.cookies);
    });
});
//启动服务器
app.listen(52273, function () {
    console.log('服务器地址在 http://127.0.0.1:52273');
});
```

运行程序，在浏览器中输入 http://127.0.0.1:52273，可以看到浏览器中的界面效果如图 14.6 所示。

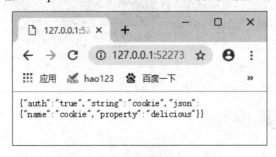

图 14.6　向客户端返回 cookie 信息

如果将上面代码中的"app.use(cookieParser());"注释掉并再次运行程序，则在浏览器中将不会看到任何信息。

14.2.5　body parser 中间件

body parser 中间件主要用来处理 POST 请求数据，使用 body parser 中间件的前提是设置 request 对象的 body 属性。body parser 中间件不是 express 对象内置的中间件，需要使用 npm 命令进行下载和安装，命令如下：

```
npm install body-parser
```

body parser 中间件的常用方法及说明如表 14.6 所示。

表 14.6　body parser 中间件的方法及说明

方　　法	说　　明
bodyParser.json([options])	返回只解析 JSON 的中间件
bodyParser.raw([options])	将请求体内容作为 Buffer 或者字符串来处理并返回
bodyParser.urlencoded([options])	中间件只解析并返回 urlencoded 请求体，只支持 UTF-8 编码

【例 14.4】 通过设置中间件实现登录验证功能。（**实例位置：资源包\源码\14\04**）

实现本实例需要的文件有 js.js 文件和 login.html 文件，步骤如下。

（1）在 WebStorm 中创建 js.js 文件，在该文件中，主要通过 cookie parser 中间件和 body parser 中间件结合，实现用户登录验证的功能。其中，cookie parser 中间件用来记录用户登录成功标识，body parser 中间件用来处理用户登录请求数据。另外，通过 app.get()方法分别设置了初始页面、登录成功页面和登录失败页面的路由规则。代码如下：

```
var fs = require('fs');
var express = require('express');
var cookieParser = require('cookie-parser');
var bodyParser = require('body-parser');

//创建服务器
var app = express();
//设置中间件
app.use(cookieParser());
//extended 选项为 false，表示使用 querystring 库转换 URL-encoded 数据
app.use(bodyParser.urlencoded({ extended: false }));

//设置路由配置
app.get('/', function (request, response) {
    if (request.cookies.auth) {
        response.send('<h1 style="color:red;text-align: center">登录成功</h1>');
    } else {
        response.redirect('/login');
    }
});

app.get('/login', function (request, response) {
```

```
      //读取登录页面
      fs.readFile('login.html', function (error, data) {
            response.send(data.toString());
      });
});

app.post('/login', function (request, response) {
      //记录登录用户
      var login = request.body.login;
      //记录登录密码
      var pass = request.body.pass;

      //判断登录是否成功
      if (login == 'mingrisoft' && pass == '123456') {
            //登录成功，使用 cookie 记录登录成功标识
            response.cookie('auth', true);
            response.redirect('/');                              //跳转页面
      } else {
            //登录失败
            response.redirect('/login');
      }
});

//启动服务器
app.listen(52273, function () {
      console.log('服务器监听地址是  http://127.0.0.1:52273');
});
```

（2）创建 login.html 文件，用来作为用户登录页面，代码如下：

```
<!DOCTYPE html>
<html>
<head>
      <meta charset="utf-8">
      <title>登录页面</title>
</head>
<body>
      <form method="post">
            <fieldset style="width: 250px;margin: 0 auto;padding:20px">
                  <legend style="color:#ff5722">管理员登录</legend>
                  <table>
                        <tr>
                              <td>
                                    <label for="user">账   号:</label>
                              </td>
                              <td>
                                    <input type="text" name="login" id="user"/>
                              </td>
                        </tr>
                        <tr height="40">
```

```
                            <td>
                                <label for="pass">密   码： </label>
                            </td>
                            <td>
                                <input type="pass" name="pass" id="pass"/>
                            </td>
                        </tr>
                        <tr>
                            <td colspan="2" align="center">
                                <input type="submit" style="background: #41d7ea;width: 85px;height: 25px;
                                    border: 1px solid #e0ac5e;outline: none;border-radius: 5px;"/>
                            </td>
                        </tr>
                    </table>
                </fieldset>
            </form>
        </body>
    </html>
```

运行 js.js 文件，在浏览器中输入 http://127.0.0.1:52273/，可以看到一个管理员登录页面，如图 14.7 所示。

图 14.7 管理员登录页面

在页面中输入账号（mingrisoft）和密码（123456），单击"提交"按钮，效果如图 14.8 所示。

图 14.8 登录成功界面

14.3　实现 RESTful Web 服务

RESTful Web 服务是基于 REST 架构的 Web 服务，它是轻量级的，具有高度的可扩展性和可维护性，Web 应用非常适合于按照 RESTful 服务的统一标准进行开发，表 14.7 是通用的表示用户信息的 RESTful Web 服务标准。

表 14.7　用户信息的 RESTful Web 服务

路　　　径	说　　　明
GET /user	查询所有的用户信息
GET /user/273	查询 id 为 273 的用户信息
POST /user	添加用户信息
PUT /user/273	修改 id 为 273 的用户信息
DELETE /user/273	删除 id 为 273 的用户信息

说明

RESTful（representational state transfer，REST）是一种网络应用程序的设计风格和开发方式，基于 HTTP，可以使用 XML 格式定义或 JSON 格式定义。RESTful 适用于移动互联网厂商作为业务接口的场景。

下面以用户信息为例，学习如何使用 express 模块实现一个简单的 RESTful Web 服务。

【例 14.5】实现用户信息的 RESTful 服务。（**实例位置：资源包\源码\14\05**）

实现本实例需要完成以下步骤。

（1）创建虚拟数据库。本实例的用户信息存储在一个虚拟数据库中，该数据库使用 JSON 对象来表示，该对象中主要通过对数组的操作实现数据的查询、添加和删除功能，代码如下：

```
//创建虚拟数据库
var DummyDB = (function () {
    //声明变量
    var DummyDB = {};
    var storage = [];
    var count = 1;
    //查询数据库
    DummyDB.get = function (id) {
        if (id) {
            //将 id 转换为数字类型
            id = (typeof id == 'string') ? Number(id) : id;
            //遍历存储的数据，并判断是否找到相应的 id
            for (var i in storage)
                if (storage[i].id == id) {
                    return storage[i];
                }
```

```
        } else {
            return storage;
        }
    };
    //添加数据
    DummyDB.insert = function (data) {
        data.id = count++;
        storage.push(data);                        //向数组中添加数据
        return data;
    };
    //删除数据
    DummyDB.remove = function (id) {
        //将 id 转换为数字类型
        id = (typeof id == 'string') ? Number(id) : id;
        //遍历存储的数据，并判断是否找到相应的 id
        for (var i in storage) {
            if (storage[i].id == id) {
                storage.splice(i, 1);              //删除数据
                return true;                       //删除成功
            }
        }
        return false;                              //删除失败
    };
    return DummyDB;                                //返回 JSON 对象
})();
```

（2）使用 GET 请求获取数据。虚拟数据库创建完毕后，即可在.js 文件中使用 app.get()方法实现数据查询的 GET 请求，代码如下：

```
//查询所有用户信息
app.get('/user', function (request, response) {
    response.send(DummyDB.get());
});
//查询指定 id 的用户信息
app.get('/user/:id', function (request, response) {
    response.send(DummyDB.get(request.params.id));
});
```

（3）使用 POST 请求添加数据。实现通过 POST 请求添加数据的功能时，首先需要一个添加页面，本实例中使用一个用户登录页面 addUser.html 来表示该页面，当用户在页面中输入用户名和密码并单击"提交"按钮后，会自动将用户输入的信息保存到虚拟数据库中。addUser.html 页面的代码如下：

```
<!DOCTYPE html>
<html>
<head>
    <meta charset="utf-8">
    <title>add User</title>
</head>
<body>
```

```html
<form method="post">
    <fieldset style="width: 250px;margin: 0 auto;padding:20px">
        <legend style="color:#ff5722">登录账户</legend>
        <table>
            <tr>
                <td><label>用户名：</label></td>
                <td><input type="text" name="name"/></td>
            </tr>
            <tr height="40">
                <td><label>密   码：</label></td>
                <td><input type="password" name="pass"/></td>
            </tr>
            <tr>
                <td colspan="2" align="center">
                    <input type="submit" style="background: #41d7ea;width: 85px;height: 25px;
                            border: 1px solid #e0ac5e;outline: none;border-radius: 5px;"/>
                </td>
            </tr>
        </table>
    </fieldset>
</form>
</body>
</html>
```

然后在.js 文件中读取 addUser.html 页面，并发送服务器端响应数据；在 app.post()方法中通过获取 POST 请求中的数据实现添加数据的功能，这里主要通过客户端请求对象的 body 对象的相应属性获取用户输入的用户名和密码，并使用创建虚拟数据库时定义的 insert()方法来实现。代码如下：

```javascript
app.get('/addUser', function (request, response) {
    fs.readFile('addUser.html', function (error, data) {
        response.send(data.toString());
    });
});
app.post('/addUser', function (request, response) {
    //声明变量
    var name = request.body.name;
    var pass = request.body.pass;

    //添加数据
    if (name && pass) {
        response.send(DummyDB.insert({
            name: name,
            pass: pass
        }));
    } else {
        throw new Error('error');
    }
});
```

运行 js.js 文件，在浏览器中输入 http://127.0.0.1:52273/addUser，即可打开 addUser.html 页面，如图 14.9 所示。

图 14.9　POST 请求添加用户信息

输入用户名和密码，单击"提交"按钮后，即可将数据保存到虚拟数据库中并显示，如图 14.10 所示。

图 14.10　显示 POST 请求添加的信息

14.4　express-generator 模块

前面介绍了 express 模块的基本应用，在使用 express 模块编写程序时，都是手动编写代码，这在实际开发中比较耗时且效率低，这时可以使用 express-generator 模块。express-generator 模块是 express 的应用生成器，通过该模块，可以快速创建一个 express 应用。本节将对 express-generator 模块的使用进行讲解。

14.4.1　创建项目

express-generator 模块与 express 模块一样，也是第三方模块，因此在使用之前，需要进行安装，命令如下：

```
npm install express-generator
```

安装完成以后，就可以使用 express-generator 来创建项目了。步骤如下。

（1）创建项目。创建项目时，首先需要使用"cd 项目路径"命令来切换并选择路径，然后使用"express 项目名称"命令来创建项目。例如，图 14.11 所示为通过 WebStorm 的命令终端在指定路径下创建了一个名称为 my_project 的项目。项目创建完成后，控制台会显示项目的相关命令，如安装项目所需模块、启动项目等命令。

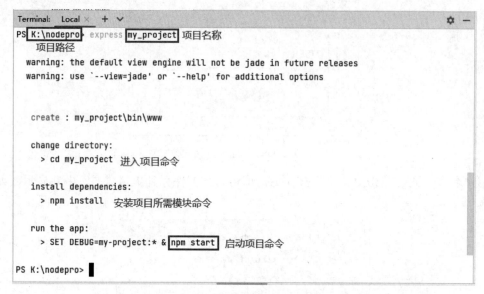

图 14.11　创建项目

（2）打开创建的项目文件夹，可看到自动生成了多个文件和文件夹，它们的作用如图 14.12 所示。

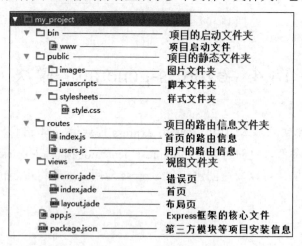

图 14.12　项目文件夹

说明

使用 express-generator 模块创建的项目，默认使用 jade 模板引擎，即第 13 章中的 pug 模板，jade 文件的结构及语法与 pug 文件一致。

（3）继续在命令终端中输入命令，可以进入项目，并安装相关模块，具体如图 14.13 所示。

图 14.13　安装第三方模块

（4）所有配置完成后，使用命令"npm start"启动该项目，如图 14.14 所示，打开浏览器，输入网址 http://127.0.0.1:3000（初始端口号为 3000），可以看到浏览器运行效果如图 14.15 所示。

图 14.14　启动项目

图 14.15　浏览器运行效果

从图 14.15 可以看出，该项目是一个完整的、可以运行的项目，只是项目比较简单，接下来我们只需添加项目的主体内容，然后根据需求修改项目的相关配置即可。

14.4.2　设置项目参数

前面学习了如何使用 express-generator 模块创建一个最基本的项目，实际上，在创建项目时，还可以同时设定项目的参数，如模板类型等。在终端对话框中使用"express --help"命令，可以查看使用 express-generator 模块创建项目时能够设置的参数，如图 14.16 所示。各参数说明如表 14.8 所示。

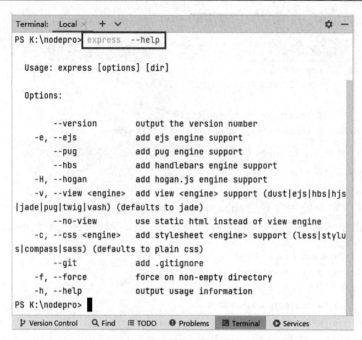

图 14.16　express-generator 模块可以设置的参数

表 14.8　express-generator 模块可以设置的参数说明

参　　数	说　　明
-h 或者--help	输出帮助信息
--version	输出 Exp 框架的版本信息
-e 或者--ejs	使用 ejs 模板类型
--hbs	使用 handlebars 引擎
-H 或者—hogan	使用 hogan.js
-v<engine>或者--view<engine>	添加视图引擎支持，默认为 jade，可选值有 dust、ejs、hbs、hjs、jade、pug、twig、vash
-c<engine>或者--css<engine>	使用样式
--git	自动生成.gitignore 文件
-f 或者--force	强制创建项目

例如，创建一个名称为 project 的项目，并且设置要使用的模板引擎为 ejs，则创建项目的命令如下：

```
express –e project
```

14.4.3　express-generator 模块应用

本节通过一个实例讲解如何在实际开发中使用 express-generator 模块。

【例 14.6】实现网站的登录和退出功能。（实例位置：资源包\源码\14\06）

要实现该项目，首先使用 express-generator 创建项目，项目名称为 login，命令如下：

```
express login
```

进入项目并下载项目的相关模块，命令如下。

```
cd login
npm install
```

准备工作完成后，接下来完成项目的实际功能，步骤如下。

（1）配置 app.js 文件。打开 app.js 文件，在该文件中，将项目的模板引擎修改为 ejs，并将 ejs 模板映射至 html 文件，这样就可以直接在项目中访问 html 文件；然后通过中间件对网站的 session 信息进行设置；最后分别使用 app.get()方法和 app.set()方法实现设置用户登录状态、用户登录及用户退出的接口。代码如下：

```
//导入第三方模块
var createError = require('http-errors');
var express = require('express');
var path = require('path');
var logger = require('morgan');
var session = require('express-session');
var FileStore = require('session-file-store')(session);
var bodyParser = require('body-parser');
var cookieParser = require('cookie-parser');
//导入自定义模块
var indexRouter = require('./routes/index');
var usersRouter = require('./routes/users');
//创建服务器对象
var app = express();
var identityKey = 'skey';
var users = require('./users').items;
var findUser = function(name, password){
    return users.find(function(item){
        return item.name === name && item.password === password;
    });
};
//对服务器进行设置
app.set('views', path.join(__dirname, 'views'));
var ejs=require("ejs");
//将 ejs 模板映射至 html 文件
app.engine(".html",ejs.__express);
//设置视图引擎为 html
app.set("view engine","html")

//设置中间件
app.use(logger('dev'));
app.use(express.json());
app.use(express.urlencoded({ extended: false }));
app.use(cookieParser());
app.use(express.static(path.join(__dirname, 'public')));
app.use(session({
    name: identityKey,
    secret: 'mingrisoft',                    //用来对 session id 相关的 cookie 进行签名
```

```
        store: new FileStore(),                    //本地存储 session
        saveUninitialized: false,                  //是否自动保存未初始化的会话，设置为 false
        resave: false,                             //是否每次都重新保存会话，设置为 false
        cookie: {
            maxAge: 1000 * 1000                     //有效期，单位是毫秒
        }
}));
//GET 请求，设置用户登录状态
app.get('/', function(req, res, next){
        var sess = req.session;
        var loginUser = sess.loginUser;            //记录登录用户
        var isLogined = !!loginUser;               //将登录用户变量转化为对应布尔值

        res.render('index', {                      //渲染 index 模板文件，设置登录状态和登录用户
            isLogined: isLogined,
            name: loginUser || ''
        });
});
//POST 请求，判断用户是否能够登录成功
app.post('/login', function(req, res, next){
        var sess = req.session;
        var user = findUser(req.body.name, req.body.password);

        if(user){
            req.session.regenerate(function(err) {
                if(err){
                    return res.json({ret_code: 2, ret_msg: '登录失败'});
                }
                req.session.loginUser = user.name;
                res.json({ret_code: 0, ret_msg: '登录成功'});
            });
        }else{
            res.json({ret_code: 1, ret_msg: '账号或密码错误'});
        }
});
//GET 请求，退出登录时，清空 session
app.get('/logout', function(req, res, next){
        req.session.destroy(function(err) {
            if(err){
                res.json({ret_code: 2, ret_msg: '退出登录失败'});
                return;
            }
            res.clearCookie(identityKey);
            res.redirect('/');
        });
});

app.use(function(req, res, next) {
        next(createError(404));
```

```
});

app.use(function(err, req, res, next) {
    res.locals.message = err.message;
    res.locals.error = req.app.get('env') === 'development' ? err : {};
    res.status(err.status || 500);
    res.render('error');
});

module.exports = app;
```

说明

设置网站的 session 信息时，使用了 express-session 和 session-fill-store 模块。其中，express-session 模块用来将会话数据存储在服务器上，默认为内存存储，所以一旦 express 服务器被重启，那么 session 数据将会丢失，而 session-fill-store 模块解决了这个问题，它提供了本地文件的存储，这样，即使服务器重启后，如果用户访问页面，访问的状态还在。因此，express-session 和 session-fill-store 模块通常都一起配合使用。

（2）定义用户信息。新建一个 user.js 文件，作为虚拟数据库，在该文件中，添加用户名和密码，当用户输入的用户名和密码与该文件中的用户名和密码匹配时，客户端页面中显示当前登录用户。user.js 文件中的代码如下：

```
module.exports = {
    items: [
        {name: 'mingrisoft', password: '123456'}
    ]
};
```

（3）修改客户端页面。由于在 app.js 文件中，页面的模板引擎修改为 ejs，并且直接映射至 html 文件，因此需要将 views 文件夹中默认的 jade 文件的后缀修改为 html。打开修改后的 index.html 文件，在该文件中首先添加用户登录相关的表单元素；然后判断用户登录状态，以确定要显示的 HTML 标签元素；最后为"登录"按钮添加单击事件，记录用户输入的用户名和密码，并定义一个函数，判断如果是登录成功状态，则刷新页面。index.html 文件中的代码如下：

```
<!DOCTYPE html>
<html>
<head>
    <title>会话管理</title>
</head>
<body>
    <h2 style="text-align: center">会话管理</h2>
    <p id="loged">
        当前登录用户：<span style="color:red"><%= name %></span>，<a href="/logout" id="logout">退出登录</a>
    </p>
    <fieldset style="width: 300px;text-align: center;margin: 10px auto;border:1px solid #4caf50" id="unlog">
        <legend style="text-align: left">登录</legend>
```

```
            <form method="POST" action="/login">
                <label style="display: block;margin-top: 20px">
                    用户名：<input type="text" id="name" name="name" value=""/>
                </label>
                <label style="display: block;margin: 20px auto">
                    密  码：<input type="password" id="password" name="password" value=""/>
                </label>
                <div style="text-align: center;margin-bottom: 10px">
                    <input type="submit" value="登录" id="login" style="background: #cddc39;border:1px solid #ff9800"/>
                </div>
            </form>
        </fieldset>
        <script type="text/javascript" src="/jquery-3.1.0.min.js"></script>
        <script>
            if (isLogined) {
                $("#loged").css("display", "block")
                $("#unlog").css("display", "none")
            }
            else {
                $("#unlog").css("display", "block")
                $("#loged").css("display", "none")
            }
        </script>
        <script type="text/javascript">
            $('#login').click(function (evt) {
                evt.preventDefault();
                $.ajax({
                    url: '/login',
                    type: 'POST',
                    data: {
                        name: $('#name').val(),
                        password: $('#password').val()
                    },
                    success: function (data) {
                        if (data.ret_code === 0) {
                            location.reload();
                        }
                    }
                });
            });
        </script>
</body>
</html>
```

（4）打开修改后的 error.html 文件，在该页面中设置错误信息，代码如下：

```
<!doctype html>
<html>
<head>
    <meta charset="utf-8">
```

```
    <title>出错了 </title>
</head>
<body>
<script>
    document.getElementById("mess").innerHTML=message;
    document.getElementById("err").innerHTML=error;
    document.getElementById("errt").innerHTML=error.stack;
</script>
</body>
</html>
```

（5）更改端口号。默认情况下，项目的端口号为 3000，用户可以根据自己的需要更改为其他端口号，更改端口号需要在项目的 bin\www 文件中进行，比如，这里将端口号修改为 52273，代码如下：

```
/**
 * Get port from environment and store in Express.
 */
var port = normalizePort(process.env.PORT || '52273');
app.set('port', port);
```

（6）运行项目。首先在 WebStorm 终端命令对话框或者系统的"命令提示符"对话框中启动项目，启动项目时，可以使用命令"npm start"，也可以进入项目的 bin 文件夹中，使用命令"node www"，然后打开浏览器，输入网址 http:\\127.0.0.1:52273，初始效果如图 14.17 所示。输入用户名与密码，单击"登录"按钮，运行效果如图 14.18 所示。

图 14.17　客户端输入用户信息

图 14.18　显示登录用户

227

14.5　Koa 框架基础

14.5.1　认识 Koa 框架

Koa 框架是基于 Node.js 平台的一个新的 Web 开发框架，由 Express 幕后的原班人马打造，致力于成为 Web 应用和 API 开发领域中的更小、更富有表现力、更健壮的基石。通过利用 async 函数，Koa 框架中丢弃了回调函数，并增强了错误处理，它没有捆绑任何中间件，而是提供了一套优雅的方法，帮助开发者快速而愉快地编写服务端应用程序。

要使用 Koa 框架，首先需要进行安装，命令如下：

```
npm install koa
```

14.5.2　Koa 框架的基本使用

使用 Koa 框架时，首先需要进行导入，并创建其对象，然后调用其属性或方法实现相应的功能，导入 Koa 框架的代码如下：

```
const Koa = require('koa');
const app = new Koa();
```

Koa 对象提供的主要属性、方法及说明如表 14.9 所示。

表 14.9　Koa 对象中的属性、方法及说明

属性/方法	说　　明
app.keys 属性	设置签名的 cookie 密钥
app.context 属性	Koa 框架中 Context 上下文对象 ctx 的原型，可以通过编辑该属性为 ctx 添加其他属性
app.listen()方法	创建并返回 HTTP 服务器，将给定的参数传递给服务器端 listen()
app.callback()方法	返回适用于 http.createServer()方法的回调函数来处理请求，也可以使用此回调函数将 Koa 应用程序挂载到 Connect/Express 应用程序中
app.use(function)方法	将给定的中间件方法添加到此应用程序

ctx 表示 Koa Context 上下文，它将 Node.js 的 request 和 response 对象封装到单个对象中，它为编写 Web 应用程序和 API 提供了许多有用的方法，这些方法会在 HTTP 服务器开发中频繁使用，每个请求都将创建一个 Context，并在中间件中作为接收器引用。Context 的常用方法和属性如表 14.10 所示。

表 14.10　Context 对象中的属性、方法及说明

属性/方法	说　　明
ctx.req	Node.js 的 request 对象
ctx.res	Node.js 的 response 对象

属性/方法	说　明
ctx.request	Koa 的 Request 对象
ctx.responses	Koa 的 Response 对象
ctx.state	推荐的命名空间，用于通过中间件传递信息和前端视图
ctx.app	应用程序实例引用
ctx.app.emit	发出一个类型由第一个参数定义的事件
ctx.cookies.get(name[,options])	通过 options 获取 cookie name
ctx.cookies.set(name, value[,options])	通过 options 设置 cookie name 的 value
ctx.throw([status] [,msg] [,properties])	抛出一个包含.status 属性错误的帮助方法，其默认值为 500
ctx.assert(value[,status] [,msg] [,properties])	当!value 时抛出一个类似.throw 错误的帮助方法

例如，使用 Koa 框架创建一个服务器，并设置输出内容为经典的"Hello World"，代码如下：

```
const Koa = require('koa'),
const app = new Koa();
app.use(async ctx => {
    ctx.body = 'Hello World';
});


app.listen(3000);
```

Koa 框架中同样支持 next 中间件，例如，下面使用 Koa 创建一个服务器，然后分别在两个 use 访问器中设置输出内容，并且使用 next 中间件设置内容的输出顺序，代码如下：

```
const Koa = require("koa")
const app = new Koa()

app.use((ctx, next) => {
    console.log("first")
    next()                          //设置中间件
    console.log("third")
    ctx.body = '在 koa 中使用中间件';
})

app.use((ctx, next) => {
    //同步操作
    console.log("second")
})
app.listen(3000)
```

运行上面代码，在浏览器中访问 http://127.0.0.1:3000，如图 14.19 所示，在 WebStorm 的控制台中会依次输出如图 14.20 所示的内容。

图 14.19　访问使用 Koa 创建的服务器　　　　图 14.20　输出内容

14.6　项目实战——选座购票

【例 14.7】实现选座购票的功能。（**实例位置：资源包\源码\14\07**）

本节将使用 express-generator 框架模拟实现电影院选座购票的效果，如图 14.21 所示。

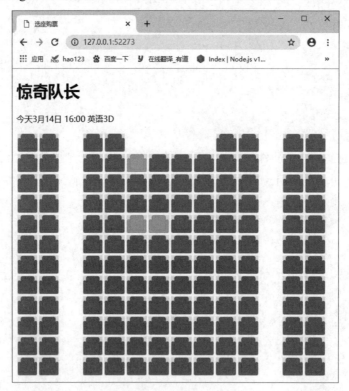

图 14.21　选座购票

下面讲解该案例的具体实现过程。

1．服务器端实现

（1）在 WebStorm 中创建一个 app.js 文件，在该文件中，首先导入相关模块，然后定义 seats 变量，以使用数组来存储座位，其中，1 表示未售出的座位，0 表示不是座位，2 表示已售出的座位。app.js 文件中的代码如下：

```
//导入模块
var socketio = require('socket.io');
var express = require('express');
var http = require('http');
var fs = require('fs');
//声明变量
var seats = [
    [1, 1, 0, 1, 1, 0, 0, 0, 0, 1, 1, 0, 1, 1],
    [1, 1, 0, 1, 1, 1, 1, 1, 1, 1, 1, 0, 1, 1],
    [1, 1, 0, 1, 1, 1, 1, 1, 1, 1, 1, 0, 1, 1],
    [1, 1, 0, 1, 1, 1, 1, 1, 1, 1, 1, 0, 1, 1],
    [1, 1, 0, 1, 1, 1, 1, 1, 1, 1, 1, 0, 1, 1],
    [1, 1, 0, 1, 1, 1, 1, 1, 1, 1, 1, 0, 1, 1],
    [1, 1, 0, 1, 1, 1, 1, 1, 1, 1, 1, 0, 1, 1],
    [1, 1, 0, 1, 1, 1, 1, 1, 1, 1, 1, 0, 1, 1],
    [1, 1, 0, 1, 1, 1, 1, 1, 1, 1, 1, 0, 1, 1],
    [1, 1, 0, 1, 1, 1, 1, 1, 1, 1, 1, 0, 1, 1],
    [1, 1, 0, 1, 1, 1, 1, 1, 1, 1, 1, 0, 1, 1],
    [1, 1, 0, 1, 1, 1, 1, 1, 1, 1, 1, 0, 1, 1],
];
```

（2）创建 Web 服务器，并使用 app.get()设置 GET 请求的页面路由跳转规则，然后使用 static 中间件设置资源导入位置，代码如下：

```
//创建 Web 服务器
var app = express();
var server = http.createServer(app);
//创建路由
app.get('/', function (request, response, next) {
    fs.readFile('HTMLPage.html', function (error, data) {
        response.send(data.toString());
    });
});
app.use(express.static('./'));
app.get('/seats', function (request, response, next) {
    response.send(seats);
});
```

（3）启动服务器，并且创建 WebSocket 服务器，监听到有客户端连接服务器时，接收自定义的 reserve 事件，该事件中将指定座位设置为已售出状态，并将相应数据回传给客户端。代码如下：

```
//启动服务器
server.listen(52273, function () {
    console.log('Server Running at http://127.0.0.1:52273');
});

//创建 WebSocket 服务器
var io = socketio(server);
//监听连接事件
io.sockets.on('connection', function (socket) {
```

```
socket.on('reserve', function (data) {
        seats[data.y][data.x] = 2;
        //向所有客户发送座位消息
        io.sockets.emit('reserve', data);
    });
});
```

2. 客户端实现

（1）创建 HTMLPage.html 文件，作为客户端页面，在该页面中添加电影名称和日期，并设置页面样式，代码如下：

```
<!DOCTYPE html>
<html>
<head>
        <title>选座购票</title>
        <style>
                .line {   overflow: hidden;   }
                .seat {   margin: 2px;   float: left;   width: 40px;   height: 35px; }
                .seat img{
                        width: 40px;   height: 35px;
                }
        </style>
        <script src="js/jQuery-v3.4.0.js"></script>
        <script src="/socket.io/socket.io.js"></script>
</head>
<body>
        <h1>惊奇队长</h1>
        <p>今天 3 月 14 日 16:00 英语 3D</p>
</body>
</html>
```

（2）使用 io.connect()方法向服务器端发起连接请求，然后监听服务器端发送的 reserve 事件，获取服务器端传送的座位信息，修改接收到的指定座位对应的 div 类名以及 data-x 和 data-y 属性值，并更改指定座位的状态显示。代码如下：

```
<script>
        //向服务器端发送连接请求
        var socket = io.connect();
        //监听 reserve 事件
        socket.on('reserve', function (data) {
                var $target = $('div[data-x = ' + data.x + '][data-y = ' + data.y + ']');
                $target.removeClass('enable');
                $target.addClass('disable');
        });
</script>
```

（3）通过遍历服务器端传回的数据生成要显示的座位，显示在相应的标签中，并根据显示状态确定是否为其添加单击事件；然后在用户单击座位时，记录单击的座位坐标，并判断是否单击了弹出框中的"确定"按钮，如果是，向服务器端发送用户选中的座位坐标，同时移除该座位的单击事件。代码如下：

```
<script>
    //是否选择座位
    $(document).ready(function () {
        var onClickSeat = function () {
            var x = $(this).attr('data-x');
            var y = $(this).attr('data-y');
            if (confirm('确定吗?')) {
                $(this).off('click');
                socket.emit('reserve', {
                    x: x,
                    y: y
                });
            } else {
                alert('已取消！');
            }
        };
        //执行 Ajax
        $.getJSON('/seats', { dummy: new Date().getTime() }, function (data) {
            //生成座位
            $.each(data, function (indexY, line) {
                //生成 HTML
                var $line = $('<div></div>').addClass('line');
                $.each(line, function (indexX, seat) {
                    var $output1 = $('<div></div>', {
                        'class': 'seat',
                        'data-x': indexX,
                        'data-y': indexY
                    }).appendTo($line);
                    var $output=$("<img src='image/yes.png' alt=''>")
                    if (seat == 1) {
                        $output1.addClass('enable').on('click', onClickSeat);
                        $output.appendTo($output1)
                    } else if (seat == 2) {
                        $output1.addClass('disable');
                        $output.appendTo($output1)
                        $output.attr("src","image/no.png")
                    }
                });
                $line.appendTo('body');
            });
        });
    });
</script>
```

3．运行项目

运行 app.js 服务器端文件，打开浏览器，输入地址 http://127.0.0.1:52273，页面初始效果如图 14.22 所示。

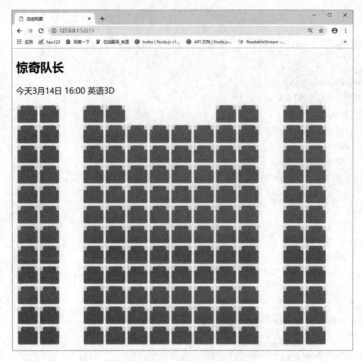

图 14.22　选座页面初始效果

当有用户选择座位后，刷新当前页面，可以看到座位信息的变化，如图 14.23 所示。

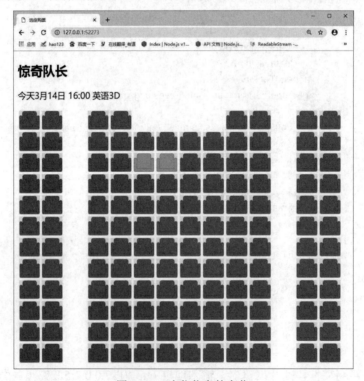

图 14.23　座位信息的变化

14.7　要点回顾

　　本章首先讲解了 express 模块中 request 对象和 response 对象的使用方法，然后重点对 express 模块中间件、RESTful Web 服务的使用、Express 框架的核心 express-generator 模块的使用进行了讲解，并通过一个实战案例讲解了 express-generator 模块的实际使用。最后，简单介绍了从 Express 框架衍生出的一种新的 Web 开发框架——Koa 框架。Express 框架是开发 Node.js 应用时最常用的一个框架，学习本章时，一定要熟练掌握其原理及使用方法。

第 15 章

数据存储之 **MySQL** 数据库

数据库是计算机中存储数据的仓库，在 Web 开发中占有十分重要的地位，如注册及登录数据、商品数据、购买交易数据等通常都需要存储在数据库中。本章将学习业界比较常用的 MySQL 数据库技术，以及在 Node.js 中应用 mysql 模块操作 MySQL 数据库的方法。

本章知识架构及重难点如下。

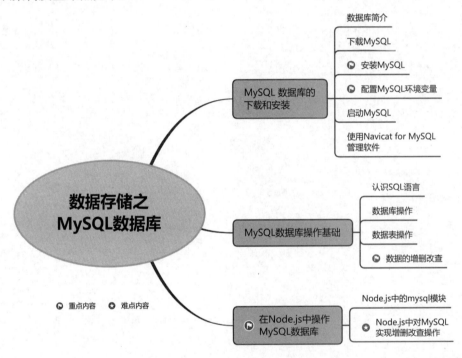

15.1　MySQL 数据库的下载和安装

MySQL 数据库是 Oracle 公司旗下的一款开源数据库软件，由于其开源免费，得到了全世界用户的喜爱，本节将对 MySQL 数据库的下载、安装、配置使用进行讲解。

15.1.1　数据库简介

数据库是按照数据结构来组织、存储和管理数据的仓库，是存储在一起的相关数据的集合。使用数据库可以减少数据的冗余度，节省数据的存储空间。数据库具有较高的数据独立性和易扩充性，可以实现数据资源的充分共享。

数据库有很多种，如常见的 SQL Server、MySQL、Oracle、SQLite 等，而 MySQL 数据库是完全开源免费的一种关系型数据库，因此用户量很大。

> **说明**
>
> 关系型数据库是由许多数据表组成的，数据表又是由许多条记录组成的，而记录又是由许多的字段组成的，每个字段对应一个对象，可以根据实际的要求，设置字段的长度、数据类型、是否必须存储数据等。

15.1.2　下载 MySQL

MySQL 数据库最新版本是 8.0 版，另外比较常用的有 5.7 版，本节将以 MySQL 8.0 为例讲解其下载过程。

（1）在浏览器的地址栏中输入地址 https://dev.mysql.com/downloads/windows/installer/8.0.html，按 Enter 键，将进入当前最新版本 MySQL 8.0 的下载页面，如图 15.1 所示。

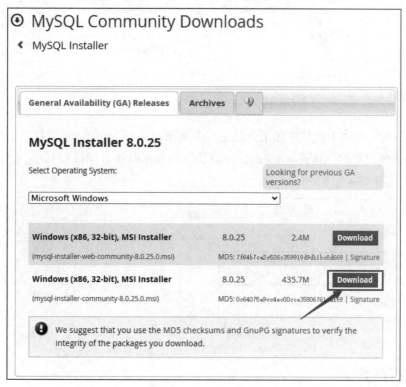

图 15.1　MySQL 官网

说明

如果想要使用 MySQL 5.7 版本，可以访问以下网址进行下载：
https://dev.mysql.com/downloads/windows/installer/5.7.html

（2）单击 Download 按钮，进入开始下载页面，直接单击下方的"No thanks, just start my download."超链接，如图 15.2 所示。

图 15.2　下载 MySQL 页面

（3）这时会在浏览器的下载栏中显示下载进度及剩余时间（不同的浏览器显示的位置不同，图 15.3 是 Windows 10 系统自带的 Microsoft Edge 浏览器中的显示效果），等待下载完成即可，下载完成的 MySQL 安装文件如图 15.4 所示。

图 15.3　显示下载进度及剩余时间　　　图 15.4　下载完的 MySQL 安装文件

15.1.3　安装 MySQL

下载完 MySQL 的安装文件后，就可以进行安装了，具体安装步骤如下。

（1）双击 MySQL 安装文件，等待加载完成后，进入选择安装类型界面，默认提供 5 种安装类型，它们的说明如下。

☑ Developer Default：安装 MySQL 服务器以及开发 MySQL 应用所需的工具，工具包括开发和管理服务器的 GUI 工作台、访问操作数据的 Excel 插件、与 Visual Studio 集成的插件、通过.NET/Java/C/C++/ODBC 等访问数据的连接器、官方示例和教程、开发文档等。

☑ Server only：仅安装 MySQL 服务器，适用于部署 MySQL 服务器。

☑ Client only：仅安装客户端，适用于基于已存在的 MySQL 服务器进行 MySQL 应用开发的情况。

☑ Full：安装 MySQL 所有可用组件。

☑ Custom：自定义需要安装的组件。

选择安装类型界面中默认选择的是 Developer Default 类型，但这里建议选择 Server only 类型，如图 15.5 所示，单击 Next 按钮。

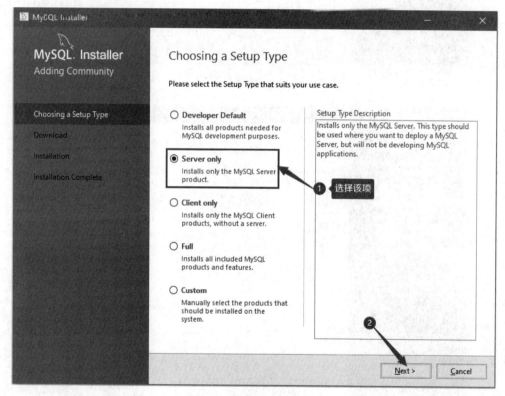

图 15.5　选择安装类型界面

（2）进入安装界面，该界面中显示要安装的组件，这里显示要安装的是 MySQL Server 服务器，直接单击 Execute 按钮，如图 15.6 所示。

（3）等待安装完成后，Execute 按钮会变成 Next 按钮，单击 Next 按钮，如图 15.7 所示。

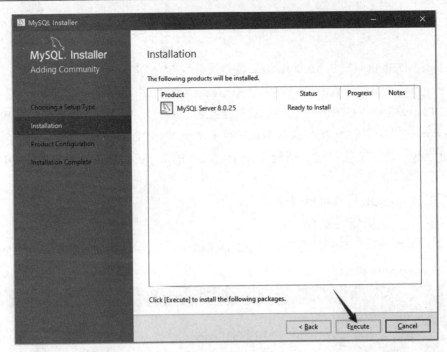

图 15.6　安装界面

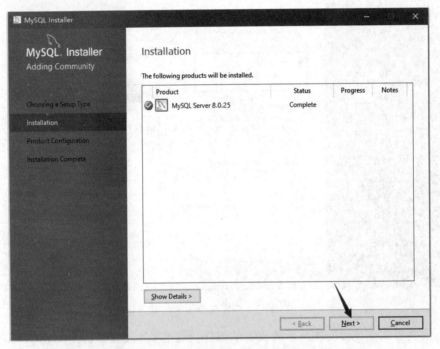

图 15.7　等待 MySQL 服务器安装完成

（4）进入产品配置界面，单击 Next 按钮，如图 15.8 所示。

（5）进入安装类型及网络配置界面，保持默认选择，直接单击 Next 按钮，如图 15.9 所示。

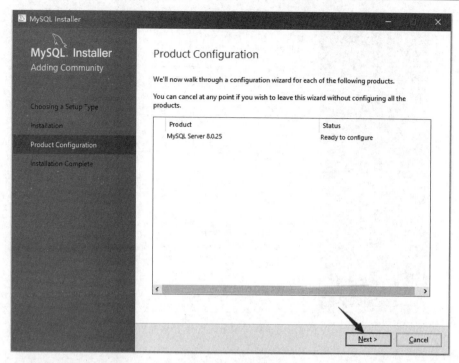

图 15.8　产品配置界面

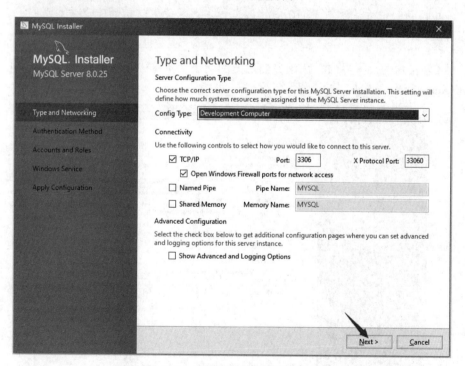

图 15.9　安装类型及网络配置界面

（6）进入身份验证方法选择界面，保持默认选择的第一项，单击 Next 按钮，如图 15.10 所示。

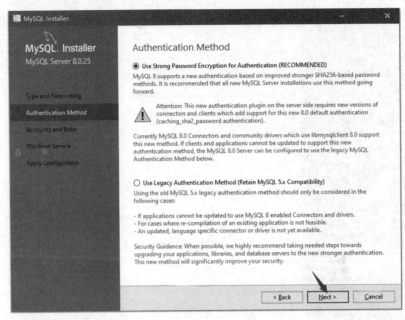

图 15.10　身份验证方法选择界面

说明

MySQL 提供了两种身份验证方式：图 15.10 中的第一种方式标识使用强密码加密方式进行验证，也是官方推荐的验证方法；图 15.10 中的第二种方式是使用以前的验证方式进行验证，这种方式可以兼容 MySQL 5.x 版本。

（7）进入账号及角色设置界面，在该界面上方的两个文本框中输入两次登录 MySQL 数据库的密码，然后单击 Next 按钮，如图 15.11 所示。

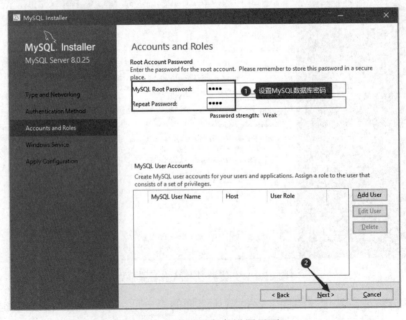

图 15.11　账号及角色设置界面

注意

在图 15.11 中设置的密码一定要记住，因为后期使用 MySQL 时，都需要使用该密码，如果是用于学习或者测试，则通常设置成root。

（8）进入 Windows 服务设置界面，该界面中可以手动设置 MySQL 服务在 Windows 系统中的名称，默认是 MySQL80，这主要是为了与 MySQL 5.x 进行区分，这里的 MySQL 服务器名称不建议修改，采用默认即可，直接单击 Next 按钮，如图 15.12 所示。

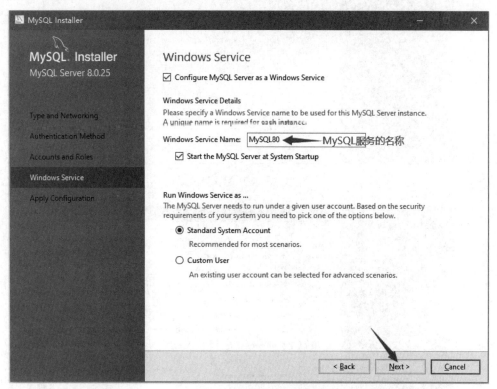

图 15.12　Windows 服务设置界面

说明

这里的 MySQL 服务名称需要记住，因为在使用 net start 命令启动 MySQL 时需要用到该名称，另外，MySQL 服务器名称不区分大小写，比如，MySQL80、mysql80 都是正确的。

（9）进入应用配置界面，该界面中主要对前面用户的设置进行配置，直接单击 Execute 按钮即可，如图 15.13 所示。

（10）等待配置完成后，进入配置完成界面，该界面中可以看到每一项配置前面都有一个绿色的单选按钮，表示配置成功，然后直接单击 Finish 按钮，如图 15.14 所示。

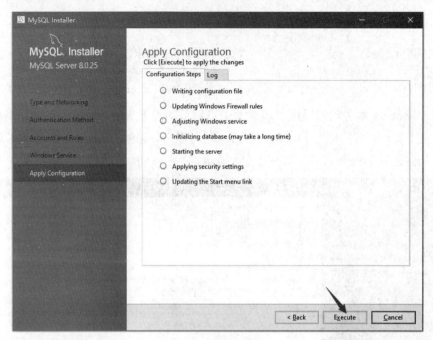

图 15.13　应用配置界面

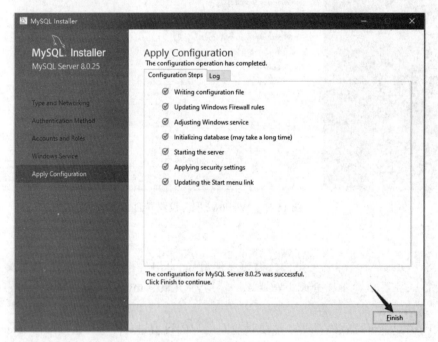

图 15.14　配置完成界面

（11）返回 MySQL 的产品配置界面，该界面中可以看到配置已经完成的提示，单击 Next 按钮，如图 15.15 所示。

（12）进入安装完成界面，直接单击 Finish 按钮，即可完成 MySQL 的安装，如图 15.16 所示。

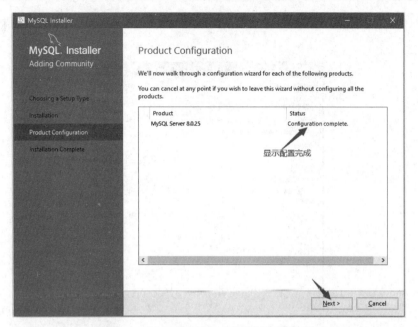

图 15.15　配置已经完成的产品配置界面

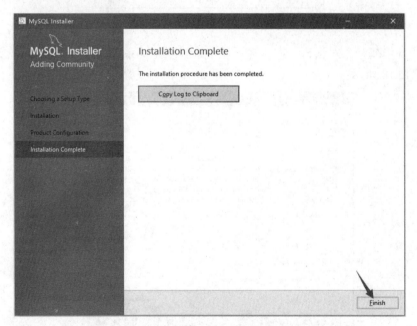

图 15.16　安装完成界面

15.1.4　配置 MySQL 环境变量

安装 MySQL 后，如果要使用它，还需要配置环境变量，这里以 Windows 10 系统为例讲解配置 MySQL 环境变量的步骤，具体步骤如下。

（1）右击"此电脑"，在弹出的快捷菜单中选择"属性"命令，打开"系统属性"对话框，单击

"高级系统设置",切换到"系统属性"对话框的"高级"选项卡,单击"环境变量"按钮,如图 15.17 所示。

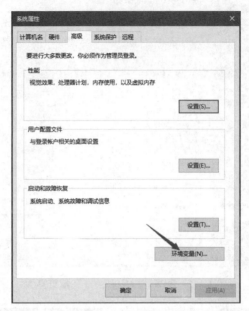

图 15.17　"系统属性"对话框的"高级"选项卡

（2）打开"环境变量"对话框,在该对话框中选择下方"系统变量"中的 Path 选项,单击"编辑"按钮,如图 15.18 所示。

图 15.18　"环境变量"对话框

（3）打开"编辑环境变量"对话框,单击"新建"按钮,然后在新建的项中输入 MySQL 的安装路径（MySQL 的默认安装路径是"C:\Program Files\MySQL\MySQL Server 8.0\bin"，如果不是这个路径，需要根据自己的实际情况进行修改），然后依次单击"确定"按钮，关闭"编辑环境变量"对话框、"环境变量"对话框和"系统属性"对话框，如图 15.19 所示。

图 15.19　设置环境变量

通过以上步骤，就完成了 MySQL 环境变量的配置。

15.1.5　启动 MySQL

使用 MySQL 数据库前，需要先启动 MySQL 服务器。在系统的"命令提示符"对话框中，输入"net start mysql80"命令可以启动 MySQL 服务器。启动成功后，需要使用 MySQL 账户和密码进入。首先需要输入"mysql –u root -p"命令，然后根据"Enter password:"提示，输入安装 MySQL 时设置的密码，这里输入"root"，即可进入 MySQL。如图 15.20 所示。

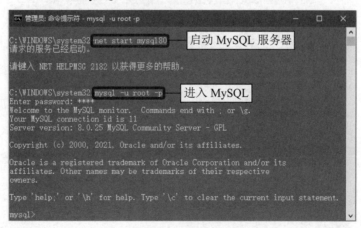

图 15.20　启动 MySQL

说明

在"命令提示符"对话框中使用"net start mysql80"命令启动 MySQL 服务时，可能会出现如图 15.21 所示的错误提示，这主要是由 Windows 10 系统的权限设置引起的，只需要以管理员身份运行"命令提示符"对话框即可，如图 15.22 所示。

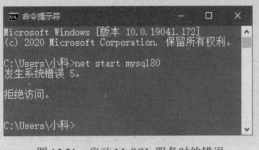
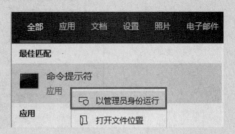

图 15.21　启动 MySQL 服务时的错误　　　　图 15.22　以管理员身份运行"命令提示符"对话框

15.1.6　使用 Navicat for MySQL 管理软件

在命令提示符下操作 MySQL 数据库的方式对初学者并不友好，而且需要有专业的 SQL 语言知识，所以各种 MySQL 图形化管理工具应运而生，其中 Navicat for MySQL 是一种广受好评的图形化 MySQL 数据库管理和开发工具，可以让用户更方便地使用和管理 MySQL 数据库，其官方网址为 https://www.navicat.com.cn。

说明

Navicat for MySQL 是一个收费的数据库管理软件，官方提供免费试用版，可以试用 14 天，如果要继续使用，需要从官方购买，或者通过其他方法购买。

首先下载、安装 Navicat for MySQL，然后打开它，新建 MySQL 连接，如图 15.23 所示。

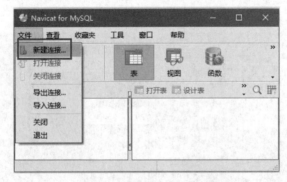

图 15.23　新建 MySQL 连接

弹出"新建连接"对话框，在该对话框中输入 MySQL 连接信息。首先输入连接名，这里输入"mr"（该名称可以自定义），然后输入主机名或 IP 地址："localhost"或"127.0.0.1"，最后输入 MySQL 数据库的登录密码，这里为"root"，如图 15.24 所示。

图 15.24　输入连接信息

单击"确定"按钮，创建完成。此时，双击新建的数据连接名 mr，即可查看该连接下的数据库，如图 15.25 所示。

图 15.25　查看连接名 mr 下的已有数据库

下面使用 Navicat 创建一个名为 mrsoft 的数据库，步骤为：右击连接名 mr，在弹出的快捷菜单中选择"新建数据库"命令，在弹出的对话框中输入数据库相应信息，单击"确定"按钮即可，如图 15.26 所示。

图 15.26　创建数据库

15.2　MySQL 数据库操作基础

启动并连接 MySQL 服务器后，即可对 MySQL 数据库进行操作，MySQL 数据库使用 SQL 语句进行操作，本节将对 MySQL 数据库的一些常用操作进行讲解。

15.2.1　认识 SQL 语言

SQL 是一种数据库查询和程序设计语言，用于存取数据以及查询、更新和管理数据库。SQL 的含义是"结构化查询语言"（structured query language），它本身并不是一个数据库管理系统，也不是一个独立的产品，但它却是数据库管理系统不可缺少的组成部分，它是与数据库管理系统通信的一种语言和工具。因为 SQL 语言功能丰富、语法简洁、使用方法灵活，所以备受用户和计算机业界的青睐，被众多计算机公司和软件公司采用。

15.2.2　数据库操作

启动并连接 MySQL 服务器后，即可对 MySQL 数据库进行操作。操作 MySQL 数据库的方法非常简单，下面进行详细介绍。

1. 创建数据库

使用 CREATE DATABASE 语句可以轻松创建 MySQL 数据库。语法格式如下：

```
CREATE   DATABASE   数据库名;
```

> **注意**
>
> MySQL 数据库中的关键字不区分大小写，所以 CREATE、create、Create、CrEaTe 等表示的是同一个关键字。

在创建数据库时，数据库名称需要遵循以下规则。

- ☑ 不能与其他数据库重名，否则将发生错误。
- ☑ 名称可以由任意字母、阿拉伯数字、下画线（_）和$组成，可以使用上述的任意字符开头，但不能使用单独的数字。
- ☑ 名称最长可为 64 个字符，而别名最多可长达 256 个字符。
- ☑ 不能使用 MySQL 关键字作为数据库名、表名。

> **注意**
>
> 默认情况下，Windows 系统下的数据库名、表名不区分大小写，而在 Linux 系统中，数据库名、表名是区分大小写的。为了便于数据库在平台间进行移植，建议读者采用小写字母来定义数据库名和表名。

通过 CREATE DATABASE 语句创建一个名称为 db_admin 的数据库，语句如下：

```
create database db_admin;
```

执行结果如图 15.27 所示。

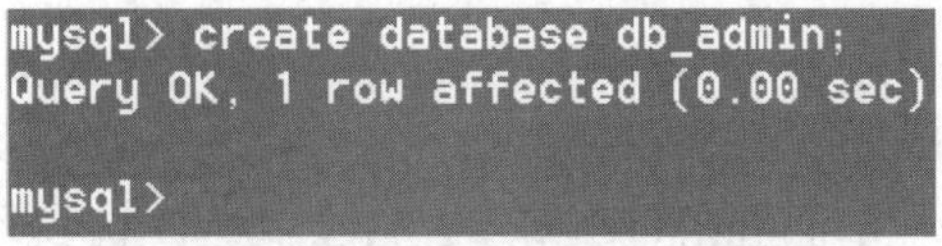

```
mysql> create database db_admin;
Query OK, 1 row affected (0.00 sec)

mysql>
```

图 15.27　创建 MySQL 数据库

另外，如果想让数据库能够插入中文数据，在创建数据库时需要指定字符集和排序规则。最常用的中文字符集是 UTF-8 和 GBK。例如，创建使用 UTF-8 字符集的数据库，SQL 语句如下：

```
CREATE   DATABASE   db_admin              /*创建 db_admin 数据库*/
DEFAULT CHARACTER SET utf8                /*使用 utf8 字符集*/
COLLATE utf8_general_ci;                  /*使用 utf8 general_ci 排序规则*/
```

创建使用 GBK 字符集的数据库，SQL 语句如下：

```
CREATE   DATABASE   db_admin              /*创建 db_admin 数据库*/
DEFAULT CHARACTER SET gbk                 /*使用 gbk 字符集*/
COLLATE   gbk_chinese_ci;                 /*使用 gbk_chinese_ci 排序规则*/
```

2．查看数据库

创建数据库后，可以使用 SHOW 命令查看 MySQL 服务器中所有数据库的信息。语法格式如下：

```
SHOW   DATABASES;
```

在前面创建了数据库 db_admin，下面使用 SHOW DATABASES 语句查看 MySQL 服务器中所有数据库的名称，语句执行结果如图 15.28 所示。

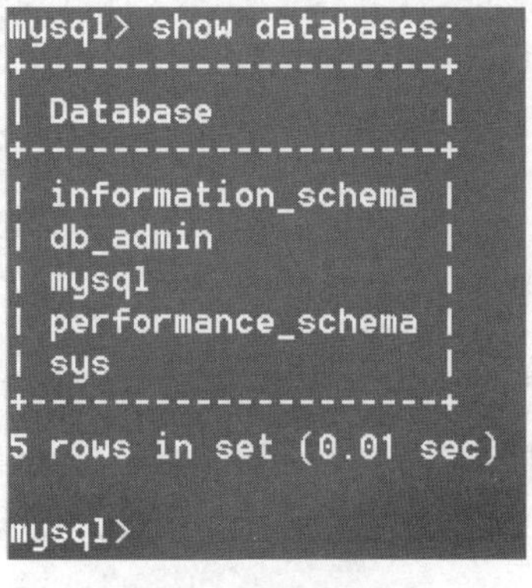

```
mysql> show databases;
+--------------------+
| Database           |
+--------------------+
| information_schema |
| db_admin           |
| mysql              |
| performance_schema |
| sys                |
+--------------------+
5 rows in set (0.01 sec)

mysql>
```

图 15.28　查看数据库

3．选择数据库

在上面的讲解中，虽然成功创建了 db_admin 数据库，但并不表示当前正在操作这个数据库。可以使用 USE 语句选择一个数据库，使其成为当前正在操作的数据库。语法格式如下：

```
USE  数据库名;
USE  数据库名
```

 说明

使用 USE 选择数据库时，数据库名后面的分号可以省略，但其他数据库操作后面的分号是不可以省略的。

例如，使用 use 选择名称为 db_admin 的数据库，设置其为当前操作的数据库，选择成功的结果如图 15.29 所示。

```
mysql> use db_admin;
Database changed
mysql>
```

图 15.29　选择数据库成功

如果选择的数据库不存在，则会提示错误，选择失败的结果如图 15.30 所示。

```
mysql> use db_admin1234567
ERROR 1049 (42000): Unknown database 'db_admin1234567'
mysql>
```

图 15.30　选择数据库失败

4．删除数据库

删除数据库的操作可以使用 DROP DATABASE 语句。语法格式如下：

```
DROP DATABASE  数据库名;
```

注意

删除数据库的操作应该谨慎使用，一旦执行该操作，数据库的所有结构和数据都会被删除，无法恢复。

例如，通过 DROP DATABASE 语句删除名称为 db_admin 的数据库，SQL 语句如下：

```
drop database db_admin;
```

语句执行结果如图 15.31 所示。

```
mysql> drop database db_admin;
Query OK, 0 rows affected (0.00 sec)

mysql>
```

图 15.31　删除数据库

15.2.3　数据表操作

在对 MySQL 数据表进行操作之前，必须首先使用 USE 语句选择数据库，然后才能够在指定的数据库中对数据表进行操作，如创建数据表、修改表结构、重命名数据表或删除数据表等，否则无法对数据表进行操作。下面分别介绍对数据表的操作方法。

1．创建数据表

创建数据表使用 CREATE TABLE 语句。语法格式如下：

```
CREATE [TEMPORARY] TABLE [IF NOT EXISTS] 数据表名
[(create_definition,…)][table_options] [select_statement]
```

CREATE TABLE 语句的参数说明如表 15.1 所示。

表 15.1　CREATE TABLE 语句的参数说明

参　　数	说　　明
TEMPORARY	如果使用该关键字，表示创建一个临时表
IF NOT EXISTS	该关键字用于避免表存在时 MySQL 报告的错误
create_definition	这是表的列属性部分，MySQL 要求在创建表时，表要至少包含一列
table_options	表的一些特性参数
select_statement	SELECT 语句描述部分，用它可以快速地创建表

下面介绍列属性 create_definition 部分，每一列定义的具体格式如下：

```
col_name   type [NOT NULL | NULL] [DEFAULT default_value] [AUTO_INCREMENT]
           [PRIMARY KEY ] [reference_definition]
```

属性 create_definition 的参数说明如表 15.2 所示。

表 15.2　属性 create_definition 的参数说明

参　　数	说　　明
col_name	字段名
type	字段类型
NOT NULL | NULL	指出该列是否允许是空值，系统一般默认允许为空值，所以当不允许为空值时，必须使用 NOT NULL
DEFAULT default_value	表示此列默认值为 default_value
AUTO_INCREMENT	表示是否是自动编号，每个表只能有一个 AUTO_INCREMENT 列，并且必须被索引
PRIMARY KEY	表示是否为主键。一个表只能有一个 PRIMARY KEY。如表中没有一个 PRIMARY KEY，而某些应用程序需要 PRIMARY KEY，MySQL 将返回第一个没有任何 NULL 列的 UNIQUE 键，作为 PRIMARY KEY
reference_definition	为字段添加注释

以上是创建一个数据表的一些基础知识，它看起来十分复杂，但在实际应用中，通常使用最基本的格式创建数据表即可，具体格式如下：

```
CREATE TABLE table_name (列名 1 属性,列名 2 属性…);
```

使用 CREATE TABLE 语句在 MySQL 数据库 db_admin 中创建一个名为 tb_admin 的数据表，该表包括 id、user、password 和 createtime 等字段，具体的 SQL 语句如下：

```
create database db_admin;                        /*创建 db_admin 数据库*/
use db_admin                                     /*选择 db_admin 数据库*/
create table tb_admin(                           /*创建数据表*/
id int auto_increment primary key,               /*创建 id 列，整形数字，自增，主键*/
user varchar(30) not null,                       /*创建 user 列，长度为 30 的字符串，非空*/
password varchar(30) not null,                   /*创建 password 列，长度为 30 的字符串，非空*/
createtime datetime                              /*创建 createtime 列，时间字段*/
);
```

语句执行结果如图 15.32 所示。

```
mysql> create database db_admin;
Query OK, 1 row affected (0.00 sec)

mysql> use db_admin
Database changed
mysql> create table tb_admin(
    -> id int auto_increment primary key,
    -> user varchar(30) not null,
    -> password varchar(30) not null,
    -> createtime datetime
    -> );
Query OK, 0 rows affected (0.02 sec)

mysql>
```

图 15.32　创建数据表

2．查看表结构

对于一个创建成功的数据表，可以使用 SHOW COLUMNS 语句或 DESCRIBE 语句查看其表结构。
下面分别对这两个语句进行介绍。

1）SHOW COLUMNS 语句

SHOW COLUMNS 语句的语法格式如下：

```
SHOW  [FULL] COLUMNS  FROM 数据表名 [FROM 数据库名];
```

或写成：

```
SHOW  [FULL] COLUMNS  FROM 数据库名.数据表名;
```

例如，使用 SHOW COLUMNS 语句查看数据表 tb_admin 的表结构，SQL 语句如下：

```
show columns from db_admin.tb_admin;
```

语句执行结果如图 15.33 所示。

2）DESCRIBE 语句

DESCRIBE 语句的语法格式如下：

```
DESCRIBE 数据表名;
```

```
mysql> show columns from db_admin.tb_admin;
+-------------+-------------+------+-----+---------+----------------+
| Field       | Type        | Null | Key | Default | Extra          |
+-------------+-------------+------+-----+---------+----------------+
| id          | int(11)     | NO   | PRI | NULL    | auto_increment |
| user        | varchar(30) | NO   |     | NULL    |                |
| password    | varchar(30) | NO   |     | NULL    |                |
| createtime  | datetime    | YES  |     | NULL    |                |
+-------------+-------------+------+-----+---------+----------------+
4 rows in set (0.01 sec)

mysql>
```

图 15.33　查看表结构

其中，DESCRIBE 可以简写成 DESC。在查看表结构时，也可以只列出某一列的信息。其语法格式如下：

DESCRIBE 数据表名 列名;

例如，使用 DESCRIBE 语句的简写形式查看数据表 tb_admin 中的某一列信息，SQL 语句如下：

desc tb_admin user;

语句执行结果如图 15.34 所示。

```
mysql> desc tb_admin user;
+-------+-------------+------+-----+---------+-------+
| Field | Type        | Null | Key | Default | Extra |
+-------+-------------+------+-----+---------+-------+
| user  | varchar(30) | NO   |     | NULL    |       |
+-------+-------------+------+-----+---------+-------+
1 row in set (0.00 sec)

mysql>
```

图 15.34　查看表的某一列信息

3. 修改表结构

修改表结构使用 ALTER TABLE 语句。修改表结构指增加或者删除字段、修改字段名称或者字段类型、设置和取消主键和外键、设置和取消索引以及修改表的注释等。语法格式如下：

ALTER[IGNORE] TABLE 数据表名 alter_spec[,alter_spec]...

注意

当指定 IGNORE 时，如果出现重复的行，则只执行一行，其他重复的行被删除。

alter_spec 子句用来定义要修改的内容，其语法格式如下：

```
alter_specification:
ADD [COLUMN] create_definition [FIRST | AFTER column_name ]    --添加新字段
ADD INDEX [index_name] (index_col_name,...)                    --添加索引名称
ADD PRIMARY KEY (index_col_name,...)                           --添加主键名称
```

```
ADD UNIQUE [index_name] (index_col_name,...)                   --添加唯一索引
ALTER [COLUMN] col_name {SET DEFAULT literal | DROP DEFAULT}    --修改字段名称
CHANGE [COLUMN] old_col_name create_definition                 --修改字段类型
MODIFY [COLUMN] create_definition                              --修改子句定义字段
DROP [COLUMN] col_name                                         --删除字段
DROP PRIMARY KEY                                               --删除主键
DROP INDEX index_name                                          --删除索引
RENAME [AS] new_tbl_name                                       --更改表名
table_options
```

ALTER TABLE 语句允许指定多个动作，其动作间使用逗号分隔，每个动作表示对表的一个修改。

例如，添加一个新的字段 email，类型为 varchar(50)，not null；将字段 user 的类型由 varchar(30)
改为 varchar(40)。SQL 语句如下：

```
alter table tb_admin add email varchar(50) not null ,modify user varchar(40);
```

语句执行后，通过 desc 命令查看表结构，结果如图 15.35 所示。

```
mysql> alter table tb_admin add email varchar(50) not null ,modify user varchar(40);
Query OK. 0 rows affected (0.03 sec)
Records: 0  Duplicates: 0  Warnings: 0

mysql> desc tb_admin ;
+------------+-------------+------+-----+---------+----------------+
| Field      | Type        | Null | Key | Default | Extra          |
+------------+-------------+------+-----+---------+----------------+
| id         | int(11)     | NO   | PRI | NULL    | auto_increment |
| user       | varchar(40) | YES  |     | NULL    |                |
| password   | varchar(30) | NO   |     | NULL    |                |
| createtime | datetime    | YES  |     | NULL    |                |
| email      | varchar(50) | NO   |     | NULL    |                |
+------------+-------------+------+-----+---------+----------------+
5 rows in set (0.00 sec)
```

图 15.35　修改表结构

4. 重命名表

重命名数据表使用 RENAME TABLE 语句，语法格式如下：

```
RENAME TABLE 数据表名 1 To 数据表名 2
```

说明

　　该语句可以同时对多个数据表进行重命名，多个表之间以逗号 "," 分隔。

例如，将数据表 tb_admin 更名为 tb_user，SQL 语句如下：

```
rename table tb_admin to tb_user;
```

语句执行结果如图 15.36 所示。

```
mysql> rename table tb_admin to tb_user;
Query OK, 0 rows affected (0.01 sec)

mysql> desc tb_user;
+------------+-------------+------+-----+---------+----------------+
| Field      | Type        | Null | Key | Default | Extra          |
+------------+-------------+------+-----+---------+----------------+
| id         | int(11)     | NO   | PRI | NULL    | auto_increment |
| user       | varchar(40) | YES  |     | NULL    |                |
| password   | varchar(30) | NO   |     | NULL    |                |
| createtime | datetime    | YES  |     | NULL    |                |
| email      | varchar(50) | NO   |     | NULL    |                |
+------------+-------------+------+-----+---------+----------------+
5 rows in set (0.00 sec)
```

图 15.36　对数据表进行更名

5．删除表

删除数据表使用 DROP TABLE 语句，语法格式如下：

```
DROP TABLE 数据表名;
```

例如，删除数据表 tb_user 的 SQL 语句如下：

```
drop table tb_user;
```

语句执行结果如图 15.37 所示。

```
mysql> drop table tb_user;
Query OK, 0 rows affected (0.01 sec)

mysql>
```

图 15.37　删除数据表

注意

删除数据表的操作应该谨慎使用。一旦删除了数据表，那么表中的数据将会全部清除，没有备份则无法恢复。

在删除数据表的过程中，如果要删除一个不存在的表，将会产生错误，因此可以在删除语句中加入 IF EXISTS 关键字进行判断，语法格式如下：

```
DROP TABLE IF EXISTS 数据表名;
```

15.2.4　数据的增删改查

可以使用 SQL 语句完成在数据表中添加、查询、修改和删除记录，下面介绍如何使用 SQL 语句对数据表中的数据进行增删改查操作。

1．添加数据

在建立一个空的数据表后，首先需要考虑的是如何向数据表中添加数据，该操作可以使用 INSERT

语句来完成。语法格式如下：

```
INSERT INTO 数据表名(COLUMN_NAME1, COLUMN_NAME2, ... ) VALUES (VALUE1, VALUE2, ... )
```

例如，向 tb_admin 表中添加一条数据，SQL 语句如下：

```
insert into tb_admin(user,password,createtime)
values('mr','111','2023-06-20 09:12:50');
```

语句执行结果如图 15.38 所示。

```
mysql> insert into tb_admin(user,password,createtime)
    -> values('mr','111','2023-06-20 09:12:50');
Query OK, 1 row affected (0.01 sec)

mysql>
```

图 15.38　添加数据

2. 查询数据

要从数据表中把数据查询出来，就要用到 SELECT 查询语句。SELECT 语句是最常用的查询语句，其语法格式如下：

```
SELECT selection_list              //要查询的内容，选择哪些列
FROM 数据表名                       //指定数据表
WHERE primary_constraint           //查询时需要满足的条件，行必须满足的条件
GROUP BY grouping_columns          //如何对结果进行分组
ORDER BY sorting_cloumns           //如何对结果进行排序
HAVING secondary_constraint        //查询时满足的第二条件
LIMIT count                        //限定输出的查询结果
```

下面介绍 3 种 SELECT 语句常见用法。

1）查询表中所有数据

使用 SELECT 语句时，*代表所有的列。例如，查询 tb_emp 表中所有数据的 SQL 语句如下：

```
select * from tb_emp;
```

执行结果如图 15.39 所示。

```
mysql> select * from tb_emp;
+----+------+-----+-----+--------+---------+
| id | name | age | sex | salary | dept_id |
+----+------+-----+-----+--------+---------+
|  1 | 张三 |  28 | 男  |   5000 |     200 |
|  2 | 大强 |  32 | 男  |   5000 |     100 |
|  3 | 小王 |  19 | 男  |   2500 |     300 |
|  4 | 小胖 |  24 | 女  |   3000 |     300 |
|  5 | 李姨 |  38 | 女  |   7000 |     100 |
|  6 | 小赵 |  25 | 女  |   5000 |     200 |
|  7 | 小陈 |  29 | 男  |   6000 |     200 |
|  8 | 大黄 |  25 | 男  |   NULL |    NULL |
+----+------+-----+-----+--------+---------+
8 rows in set (0.00 sec)
```

图 15.39　查询 tb_emp 表中的所有数据

2）查询表中的一列或多列

针对表中的指定列进行查询，只要在 SELECT 后面指定要查询的列名即可，多列之间用","分隔。例如，查询 tb_emp 表中的姓名、年龄和性别，SQL 语句如下：

```
select name,age,sex from tb_emp;
```

执行结果如图 15.40 所示。

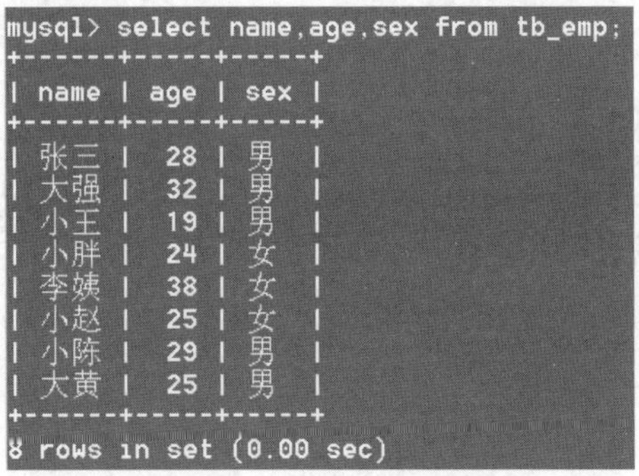

图 15.40　查询表中多列数据

3）从多个表中获取数据

使用 SELECT 语句进行查询时，需要确定所要查询的数据在哪个表中，或在哪些表中，在对多个表进行查询时，同样使用","对多个表进行分隔。例如，从 tb_emp 表和 tb_dept 表中查询出 tb_emp.id、tb_emp.name、tb_dept.id 和 tb_dept.name 字段的值。SQL 语句如下：

```
select tb_emp.id,tb_emp.name,tb_dept.id,tb_dept.name from tb_emp,tb_dept;
```

语句执行后，将以笛卡儿积的形式输出要查询的多列数据。假如 tb_emp 表有 8 行数据，tb_dept 表有 5 行数据，最后查询出的结果就是 40 行数据，运行结果的部分截图如图 15.41 所示。

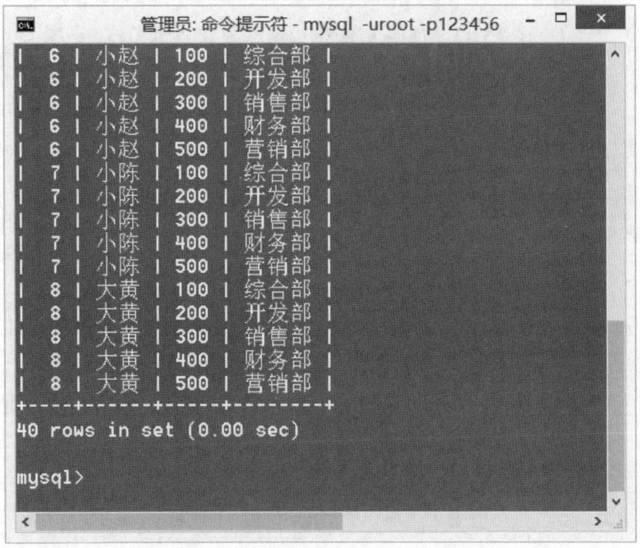

图 15.41　同时查询两个表的数据

> **说明**
>
> 　在查询数据表中的数据时，如果数据中涉及中文字符串，有可能会在输出时出现乱码。那么在执行查询操作之前，通过 set names 语句设置编码格式，然后再输出中文字符串，就不会出现乱码了。例如：
>
> | | |
> |---|---|
> | set names utf8; | /*使用 UTF-8 字符编码*/ |
> | set names gbk; | /*使用 GBK 字符编码*/ |
> | set names gb2312 | /*使用 GB2312 字符编码*/ |

查询多个表时，还可以使用 WHERE 条件来确定表之间的联系，然后根据这个条件返回查询结果。

例如，查询 tb_emp 表和 tb_dept 表中所有与部门有对应关系的员工，输出员工的编号、员工名称、员工对应的部门编号和部门名称，SQL 语句如下：

```
select tb_emp.id,tb_emp.name,tb_dept.id,tb_dept.name
from tb_emp,tb_dept
where tb_emp.dept_id = tb_dept.id;
```

执行结果如图 15.42 所示。

```
mysql> select tb_emp.id,tb_emp.name,tb_dept.id,tb_dept.name
    -> from tb_emp,tb_dept
    -> where tb_emp.dept_id = tb_dept.id;
+----+------+-----+--------+
| id | name | id  | name   |
+----+------+-----+--------+
|  1 | 张三 | 200 | 开发部 |
|  2 | 大强 | 100 | 综合部 |
|  3 | 小王 | 300 | 销售部 |
|  4 | 小胖 | 300 | 销售部 |
|  5 | 李姨 | 100 | 综合部 |
|  6 | 小赵 | 200 | 开发部 |
|  7 | 小陈 | 200 | 开发部 |
+----+------+-----+--------+
7 rows in set (0.00 sec)
```

图 15.42　使用 WHERE 条件限定查询范围

3. 修改数据

修改数据操作可以使用 UPDATE 语句实现，语法格式如下：

```
UPDATE 数据表名
SET 列名 1 = new_value1, 列名 2 = new_value2, ...
WHERE 查询条件
```

其中，SET 语句用来指定要修改的列和修改后的新值，WHERE 条件可以指定修改数据的范围，如果不写 WHERE 条件，则所有数据都会被修改。

例如，将 tb_admin 表中用户名为"mr"的密码改为"7890"，SQL 语句如下：

```
update tb_admin
set password = '7890'
where user = 'mr';
```

执行结果如图 15.43 所示。

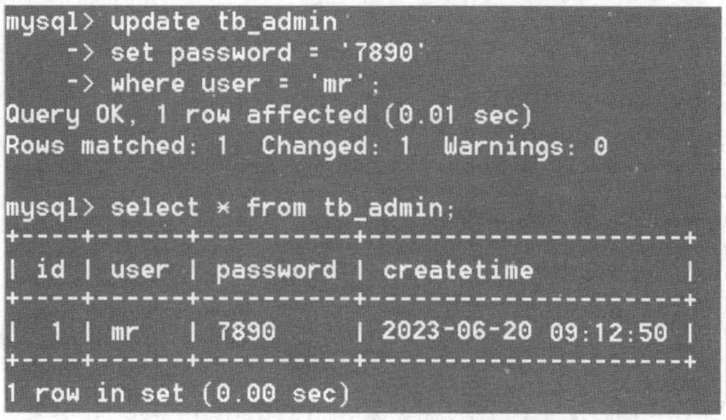

图 15.43　修改数据

> **注意**
>
> 修改数据时一定要保证 WHERE 子句的正确性，一旦 WHERE 子句出错，将会破坏所有改变的数据。

4．删除数据

在数据库中，需要删除已经失去意义的数据或者错误的数据，此时可以使用 DELETE 语句，语法格式如下：

```
DELETE FROM 数据表名 WHERE 查询条件
```

> **注意**
>
> 删除语句在执行过程中，如果没有指定 WHERE 条件，将删除所有的记录，因此使用该语句时一定要指定 WHERE 条件；另外，在实际开发中，可以采用"软删除"的方式删除数据，即在数据表中添加一个标识字段，在删除数据时，使用 UPDATE 语句修改该标识字段的值，而不是真正删除数据，这样后期如果数据有用，还可以进行恢复。

例如，删除 tb_admin 表中用户名为"mr"的记录，SQL 语句如下：

```
delete from tb_admin where user = 'mr';
```

执行结果如图 15.44 所示。

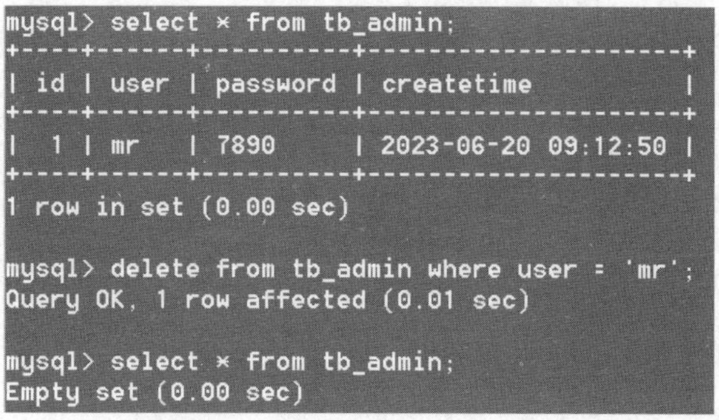

图 15.44　删除数据表中指定记录

5. 导入 SQL 脚本文件

除了上面的增删改查操作，还有一种操作数据的方式，即通过 SQL 脚本文件进行导入，这种方式可以批量对数据表中的数据进行操作，SQL 脚本文件是一个存储 SQL 语句的以 ".sql" 为后缀的文件。

在 MySQL 数据库中执行 SQL 脚本文件需要调用 source 命令，source 命令会依次执行 SQL 脚本文件中的 SQL 语句。source 命令的语法格式如下：

```
SOURCE   SQL 脚本文件的完整文件名
```

例如，在 MySQL 中导入 Windows 桌面上的 db_batch.sql 脚本文件，可以使用如下语句：

```
use db_admin                                              /*选择数据库*/
source C:\Users\Administrator\Desktop\db_batch.sql        /*导入脚本文件*/
```

执行结果如图 15.45 所示。

```
mysql> USE db_admin
Database changed
mysql> source C:\Users\Administrator\Desktop\db_batch.sql
Query OK, 0 rows affected (0.01 sec)

Query OK, 0 rows affected (0.01 sec)

Query OK, 1 row affected (0.00 sec)

Query OK, 1 row affected (0.00 sec)

Query OK, 1 row affected (0.00 sec)

mysql>
```

图 15.45　导入 SQL 脚本文件

注意

SQL 脚本文件的完整文件路径及名称名中不能出现中文字符。

15.3　在 Node.js 中操作 MySQL 数据库

要在 Node.js 中操作 MySQL 数据库，就需要使用 mysql 模块，本节将对如何在 Node.js 中操作 MySQL 数据库进行讲解。

15.3.1　Node.js 中的 mysql 模块

要使用 mysql 模块，需要先进行安装，命令如下：

```
npm install mysql
```

效果如图 15.46 所示。

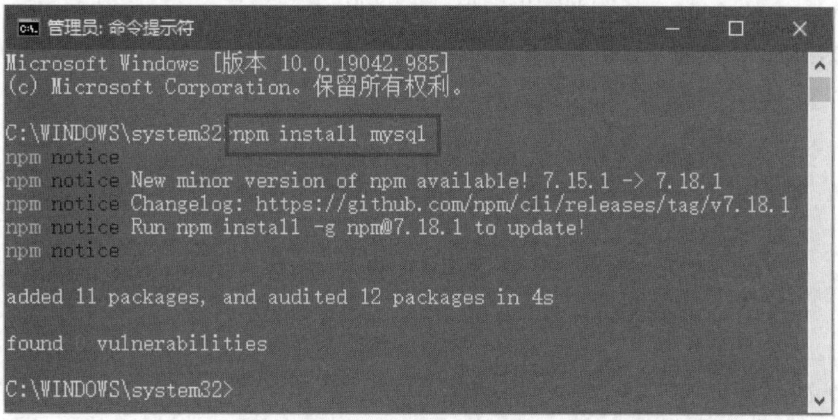

图 15.46　安装 mysql 模块

安装 mysql 模块后，如果要使用它，需要用 require()方法引入，代码如下：

```
var mysql=require('mysql')
```

mysql 模块中提供了 createConnection(option)方法，该方法用来创建数据库连接对象，其 option 参数用来设置要连接的数据库的相关信息，该参数中可以指定的属性及说明如表 15.3 所示。

表 15.3　option 参数中可以指定的属性及说明

属　　性	说　　明
host	连接主机名称
post	连接端口
user	连接用户名
password	连接密码
database	连接数据库
debug	是否开启 debug 模式

使用 createConnection()方法创建的数据库连接对象主要有以下 3 个方法。

☑　connect()方法：连接数据库。

☑　end()方法：关闭数据库。

☑　query()方法：执行 SQL 语句。

connect()方法和 end()方法没有参数，使用比较简单，而 query()方法使用时，需要提供相应的参数，其语法格式如下：

```
connection.query(sql,add,callback);
connection.query(sql,callback);
```

☑　sql：SQL 语句，执行添加、修改、删除或者查询等操作。

☑　add：指定 SQL 语句中的占位符内容，如果 SQL 语句中没有占位符，则省略。

☑　callback：回调函数，操作完成后返回的数据，其中可以对可能产生的错误进行处理。

【例 15.1】连接 MySQL 数据库并查询数据。(实例位置:资源包\源码\15\01)

本实例使用 mysql 模块的 createConnection()方法创建数据库连接,并使用 query()方法查询 Library 数据库的 books 数据表中的数据。在实现之前,首先需要准备数据库及数据表。创建 Library 数据库、在数据库中创建 books 数据表并向数据表中添加数据的 SQL 语句如下:

```sql
CREATE DATABASE Library;                                  /*创建数据库*/
USE Library;                                              /*选择数据库*/
/*创建数据表*/
CREATE   TABLE   books(
    id INT NOT NULL AUTO_INCREMENT PRIMARY KEY,
    bookname VARCHAR(50) NOT NULL,
    author VARCHAR(15) NOT NULL,
    press VARCHAR(30) NOT NULL
);
/*向数据表中添加数据*/
INSERT   INTO   books(bookname,author,press) VALUES
('《Java 从入门到精通》','明日科技','清华大学出版社'),
('《Node.js 从入门到精通》','王小科','吉林大学出版社'),
('《Python 从入门到精通》','明日科技','清华大学出版社'),
('《C#从入门到精通》','明日科技','清华大学出版社'),
('《C#开发实例大全》','明日科技','清华大学出版社'),
('《C 语言从入门到精通》','李磊','清华大学出版社');
```

说明

上面的 SQL 语句在 MySQL 的"命令提示符"对话框中执行,效果如图 15.47 所示。

图 15.47 准备数据库及数据表

准备完要操作的数据之后,在 WebStorm 中创建一个 index.js 文件,该文件中使用 mysql 模块的 createConnection()方法生成数据库连接对象,然后使用数据库连接对象的 query()方法查询 books 数据表中的所有信息,并输出。代码如下:

```
//引入模块
var mysql = require('mysql');
//连接数据库
var connection = mysql.createConnection({
     host: 'localhost',
     port:"3306",
     user: 'root',
     password: 'root',
     database: 'Library'
});
//判断数据库是否连接成功
connection.connect(function(err){
     if(err){
          console.log('[query] - :'+err);
          return;
     }
     console.log('[connection connect]  MySQL 数据库连接成功!');
});
//使用 SQL 查询语句
connection.query(use Library);
connection.query(select * from books', function(error, result, fields) {
     if(error) {
          console.log('查询语句有误! ');
     } else {
          console.log(result);
     }
});
//关闭连接
connection.end(function (err) {
     if (err) {
          return;
     }
     console.log('[connection end] 关闭数据库连接!');
});
```

运行程序，效果如图 15.48 所示。

运行上面代码时，可能会出现如图 15.49 所示的错误提示，这是由于 MySQL 8.0 之前的版本中的加密规则是 mysql_native_password，而在 MySQL 8.0 之后，加密规则变成 caching_sha2_password。

要解决上面的错误，需要使用 SQL 语句修改 MySQL 数据库的加密规则，具体如下：

```
/*修改加密规则*/
ALTER USER 'root'@'localhost' IDENTIFIED BY 'password' PASSWORD EXPIRE NEVER;
/*修改密码*/
ALTER USER 'root'@'localhost' IDENTIFIED WITH mysql_native_password BY 'password';
/*刷新权限，使修改生效*/
FLUSH PRIVILEGES;
```

具体的执行效果如图 15.50 所示。

```
  index.js ×                                                        ⚙ —
"C:\Program Files\nodejs\node.exe" K:\nodepro\index.js
[connection connect]  MySQL数据库连接成功!
[
  RowDataPacket {
    id: 1,
    bookname: '《 Java入门到精通 》',
    author: '明日科技',
    press: '清华大学出版社'
  },
  RowDataPacket {
    id: 2,
    bookname: '《 Node.js从入门到精通 》',
    author: '王小科',
    press: '吉林大学出版社'
  },
  RowDataPacket {
    id: 3,
    bookname: '《 Python从入门到精通 》',
    author: '明日科技',
    press: '清华大学出版社'
  },
```

图 15.48　连接数据库并查询数据

```
  index.js (4) ×                                                    ⚙ —
"D:\Program Files\nodejs\node.exe" E:\nodepro\17\01\index.js
[query] - :Error: ER_NOT_SUPPORTED_AUTH_MODE: Client does not support authen
tication protocol requested by server; consider upgrading MySQL client
查询语句有误!
Process finished with exit code 0
```

图 15.49　Node.js 连接数据库时可能的错误

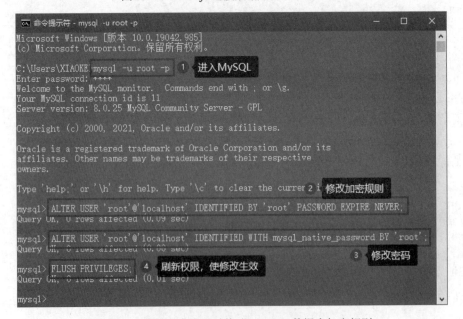

图 15.50　连接产生错误时修改 MySQL 数据库加密规则

15.3.2　Node.js 中对 MySQL 实现增删改查操作

本节将在 Node.js 中使用 mysql 模块来操作 MySQL 数据库，以实现一个简单的小型图书管理系统，主要实现的功能有图书的查询、添加、修改和删除等操作，前端页面展示使用的是 ejs 模板。

【例 15.2】小型图书管理系统。（实例位置：资源包\源码\15\02）

实现本实例需要完成的步骤如下。

1. 显示图书列表

实现小型图书管理系统之前，首先需要准备该系统将用到的 Node.js 第三方模块，打开系统的"命令提示符"对话框，或者 WebStorm 的命令终端，使用下面命令安装所需的模块：

```
npm install express@4
npm install ejs
npm install mysql
npm install body-parser
```

在 WebStorm 中创建一个 index.js 文件，在该文件中使用 mysql 模块的 createConnection(option)方法创建数据库连接对象；然后使用 express 模块创建服务器并启动，在创建的服务器中使用数据库连接对象的 query()方法执行 SQL 查询语句，获取所有的图书信息，并通过 ejs.render()方法发送到客户端。index.js 文件中的代码如下：

```
//引入模块
var fs = require('fs');
var ejs = require('ejs');
var mysql = require('mysql');
var express = require('express');
var bodyParser = require('body-parser');
//连接 MySQL 数据库
var client = mysql.createConnection({
        host: 'localhost',
        port:"3306",
        user: 'root',
        password: root,
        database: 'Library'
});
//判断数据库是否连接成功
client.connect(function(err){
        if(err){
                console.log('[query] - :'+err);
                return;
        }
        console.log('[connection connect]   MySQL 数据库连接成功!');
});
//创建服务器
var app = express();
app.use(bodyParser.urlencoded({
```

```
            extended: false
}));
//启动服务器
app.listen(52273, function () {
        console.log('服务器运行在  http://127.0.0.1:52273');
});
//显示图书列表
app.get('/', function (request, response) {
        //读取模板文件
        fs.readFile('book-list.html', 'utf8', function (error, data) {
                //执行 SQL 语句
                client.query(select * from books', function (error, results) {
                        //响应信息
                        response.send(ejs.render(data, {
                                data: results
                        }));
                });
        });
});
```

显示所有图书信息是在 book-list.html 页面中实现的，该页面使用 ejs 渲染标识，并将 index.js 文件中获取到的图书数据分别放到指定的 HTML 标签中进行显示。代码如下：

```
<!DOCTYPE html>
<html>
<head>
        <meta charset="UTF-8">
        <title>图书列表</title>
        <style>
                table{
                        padding: 0;
                        position: relative;
                        margin: 0 auto;
                }
                table tbody tr th {
                        background: #044599 no-repeat;
                        text-align: center;
                        border-left: 1px solid #02397F;
                        border-right: 1px solid #02397F;
                        border-bottom: 1px solid #02397F;
                        border-top: 1px solid #02397F;
                        letter-spacing: 2px;
                        text-transform: uppercase;
                        font-size: 14px;
                        color: #fff;
                        height: 37px;
                }
                table tbody tr td {
                        text-align: center;
                        border-left: 1px solid #ECECEC;
                        border-right: 1px solid #ECECEC;
```

```html
                border-bottom: 1px solid #ECECEC;
                font-size: 15px;
                color: #909090;
                height: 37px;
            }
        </style>
    </head>
    <body>
        <h1 style="text-align: center">图书列表</h1>
        <a href="/insert">添加数据</a>
        <br/>
        <table width="100%">
            <tr>
                <th>ID</th>
                <th>书名</th>
                <th>作者</th>
                <th>出版社</th>
                <th>删除</th>
                <th>编辑</th>
            </tr>
            <%data.forEach(function (item, index) { %>
            <tr>
                <td><%= item.id %></td>
                <td><%= item.bookname %></td>
                <td><%= item.author %></td>
                <td><%= item.press %></td>
                <td><a href="/delete/<%= item.id %>">删除</a></td>
                <td><a href="/edit/<%= item.id %>">编辑</a></td>
            </tr>
            <% }); %>
        </table>
    </body>
</html>
```

运行程序，启动 Node.js 服务器，然后在浏览器中打开 http://127.0.0.1:52273/，效果如图 15.51 所示。

图 15.51　显示图书列表信息

2．添加图书信息

添加图书信息是在 book-insert.html 页面中实现的，在该页面中，通过<form>标签，将输入的图书信息通过表单的方式提交。代码如下：

```html
<!DOCTYPE html>
<html>
<head>
    <meta charset="UTF-8">
    <title>添加图书</title>
</head>
<body>
    <h3>添加图书</h3>
    <hr />
    <form method="post">
        <fieldset>
            <legend>添加数据</legend>
            <table>
                <tr>
                    <td><label>图书名称</label></td>
                    <td><input type="text" name="bookname" /></td>
                </tr>
                <tr>
                    <td><label>作者</label></td>
                    <td><input type="text" name="author" /></td>
                </tr>
                <tr>
                    <td><label>出版社</label></td>
                    <td><input type="text" name="press" /></td>
                </tr>
            </table>
            <input type="submit" />
        </fieldset>
    </form>
</body>
</html>
```

在 index.js 文件中，首先读取 boot-insert.html 模板文件，然后获取 POST 请求中提交的要添加的图书信息，使用数据库连接对象的 query()方法执行 SQL 添加语句。代码如下：

```javascript
app.get('/insert', function (request, response) {
    //读取模板文件
    fs.readFile('book-insert.html', 'utf8', function (error, data) {
        //响应信息
        response.send(data);
    });
});
app.post('/insert', function (request, response) {
    //声明 body
    var body = request.body;
```

```
//执行 SQL 语句
client.query(insert into books (bookname, author, press) VALUES (?, ?, ?)', [
        body.bookname, body.author, body.press
], function () {
        //响应信息
        response.redirect('/');
    });
});
```

运行程序，启动 Node.js 服务器，然后在浏览器中打开 http://127.0.0.1:52273/，在图书列表页面单击"添加图书"超链接，打开 book-insert.html 页面，在该页面中输入要添加的图书信息后，单击"提交"按钮，即可完成图书的添加操作，如图 15.52 所示。

图 15.52　添加图书信息

3．修改图书信息

修改图书信息是在 book-edit.html 页面中实现的，在该页面中，通过<form>标签，将要修改的图书信息通过表单的方式提交。代码如下：

```
<!DOCTYPE html>
<html>
<head>
        <meta charset="UTF-8">
        <title>修改图书</title>
</head>
<body>
        <h1>修改图书信息</h1>
        <hr />
        <form method="post">
            <fieldset>
                <legend>修改图书信息</legend>
                <table>
                    <tr>
                        <td><label>Id</label></td>
                        <td><input type="text" name="id" value="<%= data.id %>" disabled /></td>
                    </tr>
                    <tr>
```

```
            <td><label>书名</label></td>
            <td><input type="text" name="bookname" value="<%= data.bookname %>" /></td>
        </tr>
        <tr>
            <td><label>作者</label></td>
            <td>
                <input type="text" name="author" value="<%= data.author %>" />
            </td>
        </tr>
        <tr>
            <td><label>出版社</label></td>
            <td><input type="text" name="press" value="<%= data.press %>" /></td>
        </tr>
    </table>
    <input type="submit" />
        </fieldset>
    </form>
</body>
</html>
```

在 index.js 文件中，首先读取 boot-edit.html 模板文件，并根据 id 将要修改的图书的信息显示出来，然后获取 POST 请求中提交的要修改的图书信息，使用数据库连接对象的 query()方法执行 SQL 修改语句，实现根据 id 修改图书信息的功能。代码如下：

```
app.get('/edit/:id', function (request, response) {
    //读取模板文件
    fs.readFile('book-edit.html', 'utf8', function (error, data) {
        //执行 SQL 语句
        client.query(select * from books where id = ?', [
            request.params.id
        ], function (error, result) {
            //响应信息
            response.send(ejs.render(data, {
                data: result[0]
            }));
        });
    });
});
app.post('/edit/:id', function (request, response) {
    //声明 body
    var body = request.body;
    //执行 SQL 语句
    client.query('update books set bookname=?, author=?, press=? where id=?',
        [body.bookname, body.author, body.press, request.params.id], function () {
        //响应信息
        response.redirect('/');
    });
});
```

运行程序，启动 Node.js 服务器，然后在浏览器中打开 http://127.0.0.1:52273/，在图书列表页面单击指定图书后的"编辑"超链接，打开 book-edit.html 页面，在该页面中即可对指定图书的相关信息进行修改，修改完成后，单击"提交"按钮即可，如图 15.53 所示。

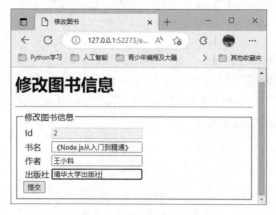

图 15.53　修改图书信息

4．删除图书信息

在 index.js 文件中，定义根据 id 删除图书信息的方法，代码如下：

```
app.get('/delete/:id', function (request, response) {
    //执行 SQL 语句
    client.query(delete from books where id=?', [request.params.id], function () {
        //响应信息
        response.redirect('/');
    });
});
```

运行程序，启动 Node.js 服务器，然后在浏览器中打开 http://127.0.0.1:52273/，在图书列表页面单击指定图书后的"删除"超链接，即可删除指定的图书信息，如图 15.54 所示。

图 15.54　删除图书信息

15.4　要点回顾

　　本章首先对 MySQL 数据库的下载和安装、MySQL 数据库中的基本操作语句（包括创建数据库和数据表，添加、查询、修改和删除数据）进行了讲解；然后重点通过实际案例讲解了如何在 Node.js 中实现对 MySQL 数据库的操作。数据操作是 Web 应用开发中非常重要的一部分内容，读者应该熟练掌握如何在 Node.js 中操作 MySQL 数据库。

第 16 章

数据存储之 **MongoDB** 数据库

MongoDB 是一个基于分布式文件存储的数据库，使用 C++语言编写，旨在为 Web 应用提供可扩展的高性能数据存储解决方案。MongoDB 是使用 JavaScript 语言管理数据的数据库，使用 V8 JavaScript 引擎。本章将学习 MongoDB 数据库技术，以及在 Node.js 中应用 mongojs 模块来操作 MongoDB 数据库的方法。

本章知识架构及重难点如下。

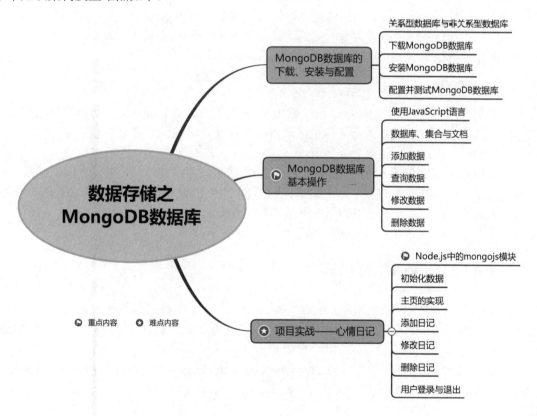

16.1　MongoDB 数据库的下载、安装与配置

本节首先介绍一下 MongoDB 数据库，并对它与 MySQL 数据库的不同进行介绍，然后重点讲解如何下载、安装 MongoDB 数据库。

16.1.1 关系型数据库与非关系型数据库

与 MySQL 数据库不同，MongoDB 是一种非关系型数据库，下面先来简单了解一下什么是关系型数据库和非关系型数据库。

1. 关系型数据库

关系型数据库指的是采用关系模型（即二维表格模型）来组织数据的数据库，通常由许多数据表组成，其常用到的几个概念如下。

☑ 关系：一张二维表，每个关系都具有一个关系名，也就是表名。

☑ 记录：二维表中的一行。

☑ 字段：二维表中的一列。

☑ 域：字段的取值范围，也就是数据库中某一列的取值限制。

☑ 主键：一组可以唯一标识记录的属性，由一个或多个字段组成。

☑ 表结构：指对数据中字段关系的描述。其格式为：关系名(字段 1,字段 2, ...,字段 N)。

常用的关系型数据库有 MySQL、Oracle、SQL Serve 等。

2. 非关系型数据库

非关系型数据库，简称 NoSQL（not only SQL），指非关系型的、分布式的数据存储系统，它以键值对的形式存储数据，且结构不固定，每个记录可以根据需要增加一些自己特有的键值对，而不用局限于固定的结构。

非关系型数据库的一个最大特点是去掉了关系型数据库的关系型特性，数据之间无关系，这样就非常容易扩展。对于大数据量，非关系型数据库都具有非常高的读写性能，这都得益于它的无关系性、数据库的简单结构。但是，非关系型数据库不适于持久存储海量数据。

常用的非关系型数据库有 MongoDB、Redis、HBase 等。

16.1.2 下载 MongoDB 数据库

MongoDB 是一种非关系型数据库，它其实是一个介于关系型数据库和非关系型数据库之间的产品，是非关系型数据库中功能最丰富、最像关系型数据库的一个，本节首先介绍如何下载 MongoDB 数据库。步骤如下。

（1）在浏览器的地址栏中输入地址 https://www.mongodb.com/download-center/community，并按 Enter 键，进入 MongoDB 数据库的下载页面，如图 16.1 所示。

说明

写作本书时，MongoDB 数据库的最新版本是 4.4.6，用户可以根据自身的需要，单击版本显示文本框右侧的向下箭头，选择其他版本进行下载。

（2）单击 Download 按钮，这时会在浏览器的下载栏中显示下载进度及剩余时间（不同浏览器的显示位置不同，图 16.2 是 Windows 10 系统自带的 Microsoft Edge 浏览器中的显示效果），等待下载完成即可，下载完成的 MongoDB 安装文件如图 16.3 所示。

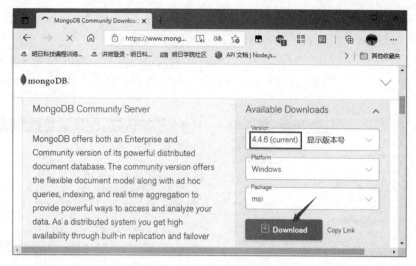

图 16.1　MongoDB 的下载页面

图 16.2　显示下载进度及剩余时间

图 16.3　下载完的 MongoDB 安装文件

16.1.3　安装 MongoDB 数据库

下载完 MongoDB 的安装文件后，就可以进行安装了，安装步骤如下。

（1）双击下载的 MongoDB 数据库安装文件 mongodb-windows-x86_64-4.4.6-signed.msi，等待加载完成后，进入欢迎安装界面，单击 Next 按钮，如图 16.4 所示。

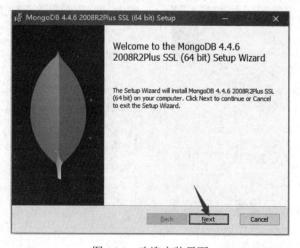

图 16.4　欢迎安装界面

（2）进入安装协议界面，选中"I accept the terms in the License Agreement"复选框，表示同意 MongoDB 数据库的使用协议，然后单击 Next 按钮，如图 16.5 所示。

（3）进入安装类型选择界面，该界面中提供两种安装类型，其中 Complete 表示全部安装，Custom 表示典型安装。对于一般的开发者，选择 Custom 典型安装即可，这里单击 Custom 按钮，如图 16.6 所示。

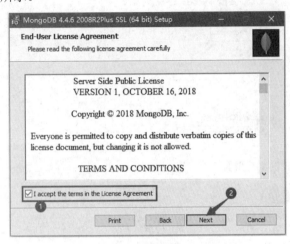

图 16.5 安装协议界面

图 16.6 安装类型选择界面

（4）进入典型安装设置界面，首先单击 Browse 按钮设置 MongoDB 数据库的安装路径，然后单击 Next 按钮，如图 16.7 所示。

说明

本书将 MongoDB 数据库安装在"D:\Program Files\MongoDB"文件夹中。

（5）进入服务配置界面，在该界面中可以对 MongoDB 数据库服务的相关内容进行设置，包括域、名称、密码、数据路径、日志路径等，这里采用默认设置，直接单击 Next 按钮，如图 16.8 所示。

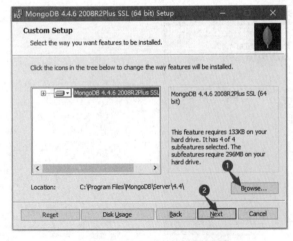
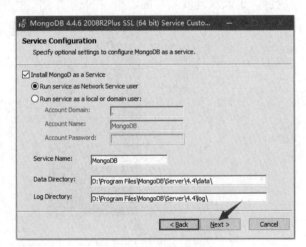

图 16.7 典型安装设置界面

图 16.8 服务配置界面

（6）进入 MongoDB Compass 安装配置界面，MongoDB Compass 是 MongoDB 数据库的图形操作界面，作为开发者，一般不使用该图形操作界面，所以不建议安装，因此这里取消"Install MongoDB Compass"复选框的选中状态，然后单击 Next 按钮，如图 16.9 所示。

（7）进入准备安装界面，直接单击 Install 按钮即可开始 MongoDB 数据库的安装，如图 16.10 所示。

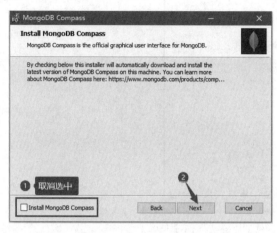

图 16.9　MongoDB Compass 安装配置界面　　　　图 16.10　准备安装界面

（8）进入安装进度显示界面，该界面中显示正在进行的安装操作及安装进度，如图 16.11 所示。

（9）安装完成后，进入安装完成界面，直接单击 Finish 按钮，即可完成 MongoDB 数据库的安装，如图 16.12 所示。

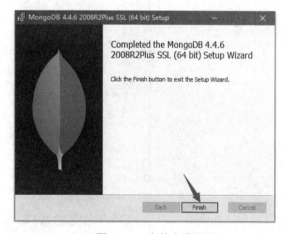

图 16.11　安装进度显示界面　　　　　　图 16.12　安装完成界面

16.1.4　配置并测试 MongoDB 数据库

安装 MongoDB 后，需要配置环境变量，这里以 Windows 10 系统为例讲解配置 MongoDB 环境变量的步骤，具体步骤如下。

（1）右击"此电脑"，在弹出的快捷菜单中选择"属性"命令，打开"系统属性"对话框，单击"高级系统设置"，切换到"系统属性"对话框的"高级"选项卡，单击"环境变量"按钮，如图 16.13 所示。

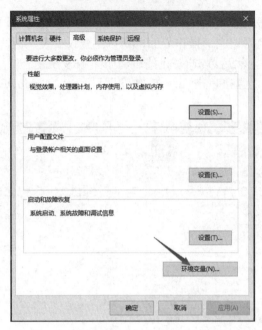

图 16.13 "系统属性"对话框的"高级"选项卡

（2）打开"环境变量"对话框，在该对话框中选择下方"系统变量"中的 Path 选项，单击"编辑"按钮，如图 16.14 所示。

图 16.14 "环境变量"对话框

（3）打开"编辑环境变量"对话框，单击"新建"按钮，在新建的项中输入 MongoDB 的安装路径（笔者的 MongoDB 数据库安装路径是"D:\Program Files\MongoDB\Server\4.4\bin"，如果不是这个路

径，需要根据自己的实际情况进行修改），然后依次单击"确定"按钮，关闭"编辑环境变量"对话框、
"环境变量"对话框和"系统属性"对话框，如图 16.15 所示。

图 16.15　设置环境变量

（4）通过以上步骤，就完成了 MongoDB 环境变量的配置。接下来在系统的"命令提示符"对话
框中输入"mongo"命令，验证 MongoDB 数据库是否正确安装和配置。如果安装成功并配置正确，会
显示如图 16.16 所示信息。

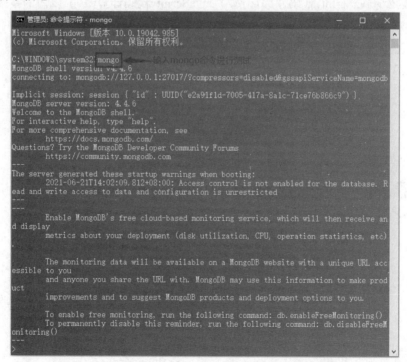

图 16.16　测试 MongoDB 数据库是否正确安装和配置

16.2　MongoDB 数据库基本操作

MongoDB 数据库中提供了很多命令，用来对数据库进行操作，本节将对 MongoDB 数据库的常用命令及其使用进行讲解。

16.2.1　使用 JavaScript 语言

MongoDB 数据库使用 JavaScript 语言对数据库进行管理，所以在操作 MongoDB 数据库时，可以通过编写 JavaScript 代码来实现。

例如，在 MongoDB 数据库中可以直接进行加、减、乘、除四则运算，如图 16.17 所示。

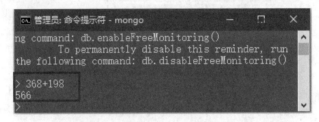

图 16.17　四则运算

也可以直接运行 JavaScript 代码，比如使用 JavaScript 代码计算 100 以内的整数和，如图 16.18 所示。

图 16.18　直接运行 JavaScript 代码

在 MongoDB 数据库中，可以使用 db 对象管理数据库，如图 16.19 所示，输入 db 后，可以显示当前数据库对象和集合。

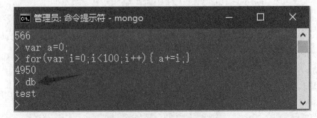

图 16.19　使用 db 对象

16.2.2　数据库、集合与文档

MongoDB 数据库的特点是：一个数据库由多个集合组成，而一个集合又由多个文档组成，如图 16.20 所示。

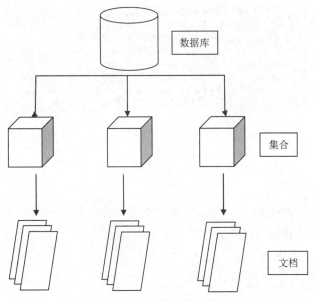

图 16.20　MongoDB 数据库结构图

如果将 MongoDB 数据库与前面学习过的 MySQL 数据库做一个比较，它们的区别如表 16.1 所示。

表 16.1　MongoDB 数据库与 MySQL 数据库的区别

MongoDB 数据库	MySQL 数据库	说　　明
database	database	数据库
collection	table	集合/数据库表
document	row	文档/数据行
field	column	域/数据字段
index	index	索引

在 MongoDB 中创建数据库时，直接输入"use 数据库名"命令即可。use 命令使用后，db 对象会自动变更到创建的数据库中，如图 16.21 所示。

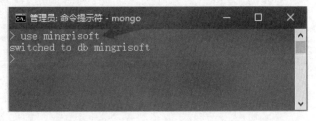

图 16.21　创建数据库

使用 createCollection()方法可以创建集合，参数为要创建的集合的名称，例如，创建一个名称为 products 的集合，代码如下：

```
db.createCollection('products')
```

效果如图 16.22 所示。

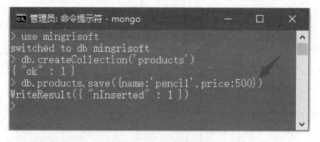

图 16.22　创建集合

16.2.3　添加数据

使用 save()方法可以向 MongoDB 数据库中添加数据，这里需要注意的是，添加数据时，MongoDB 数据库中的数据是以键值对的形式存储的，所以 save()方法中的参数也必须是键值对的形式。例如，向 MongoDB 数据库中插入一条数据，可以使用下面代码：

```
db.products.save({name:'pencil',price:500})
```

效果如图 16.23 所示。

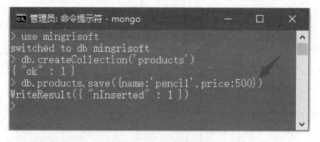

图 16.23　添加数据

按照上面的方式，分别执行下面的语句，向 MongoDB 数据库中多添加一些数据，以便后期的测试：

```
db.products.save({name:'eraser',price:500})
db.products.save({name:'notebook',price:2000})
db.products.save({name:'glue',price:700})
db.products.save({name:'scissors',price:2000})
db.products.save({name:'stapler',price:3000})
db.products.save({name:'pen',price:1000})
```

效果如图 16.24 所示。

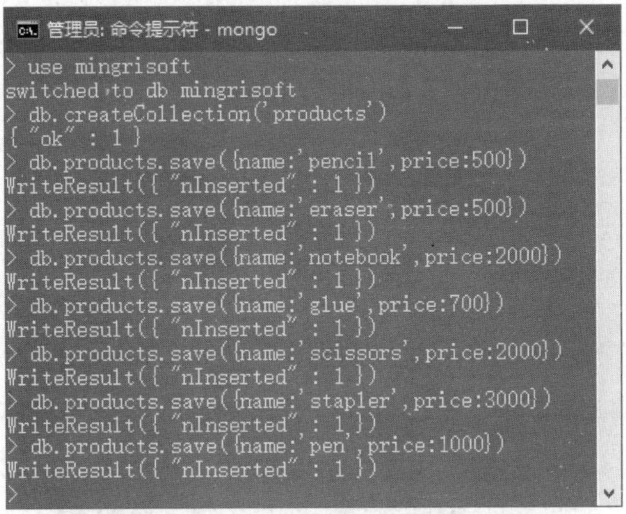

图 16.24　添加多条数据

12.2.4　查询数据

在 MongoDB 数据库中添加数据后，如果想要查询集合中的全部数据，可以使用 find()方法，代码如下：

```
db.products.find()
```

效果如图 16.25 所示。

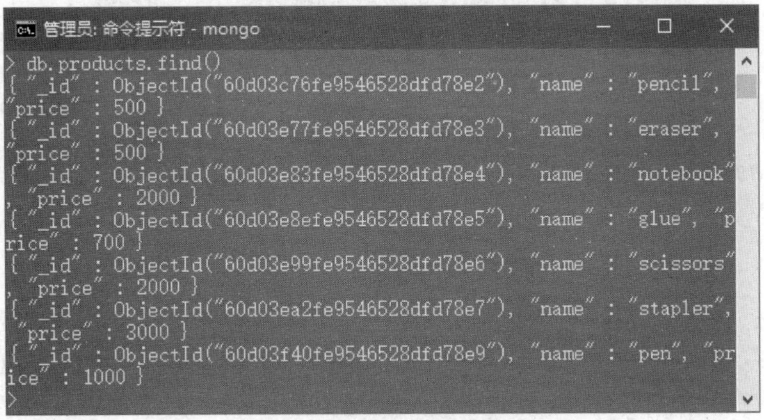

图 16.25　查询全部数据

使用 find()方法除了可以查询全部数据，还可以在查询数据时设置一些条件，例如，查询全部数据，但不显示 id，代码如下：

```
db.products.find({},{_id:false})
```

效果如图 16.26 所示。

图 16.26   隐藏 id 属性

再比如，查询 price 等于 500 的所有数据，并且不显示 id，可以使用下面代码：

```
db.products.find({price:500},{_id:false})
```

效果如图 16.27 所示。

图 16.27   查询满足指定条件的数据

另外，MongoDB 数据库中还提供了一个 findOne()方法，用来查询第一条数据，使用方法如下：

```
db.products.findOne()
```

效果如图 16.28 所示。

图 16.28   查询第一条数据

说明

findOne()方法的使用与 find()方法类似，也可以设置不显示某列，或者查询满足指定条件的数据。

16.2.5   修改数据

修改数据时，首先需要使用 findOne()方法根据指定的条件找到要修改的数据，并存储到一个变量中，然后通过设置该变量的指定属性，为其重新赋值，最后使用 save 方法保存修改后的变量即可。

例如，修改 name 属性为 pencil 的数据，将其 price 值修改为 800，代码如下：

```
var temp= db.products.findOne({name:'pencil'})
temp.price=800
db.products.save(temp)
```

说明

上面的 3 行代码需要在 MongoDB 的"命令提示符"对话框中分别执行。

效果如图 16.29 所示。

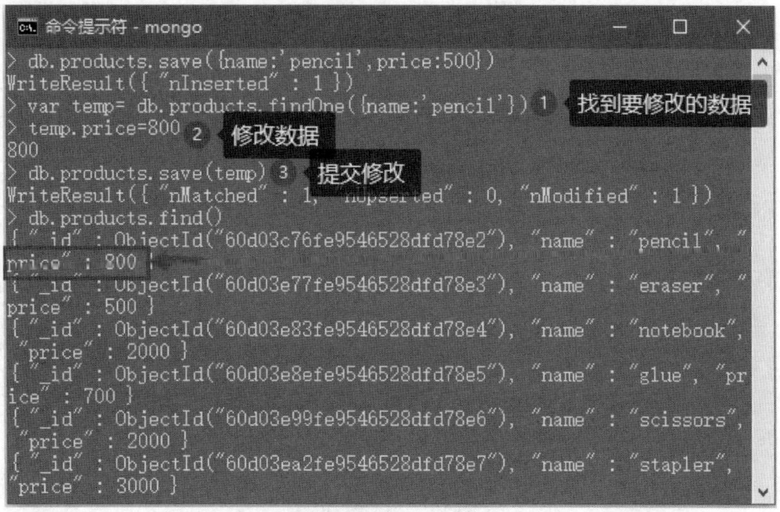

图 16.29　修改数据

16.2.6　删除数据

删除数据非常简单，使用 remove() 方法即可。例如，删除 name 属性值为 pen 的数据，代码如下：

```
db.products.remove({name:'pen'})
```

效果如图 16.30 所示。

图 16.30　删除数据

16.3　项目实战——心情日记

【例 16.1】制作网站——心情日记。（**实例位置：资源包\源码\16\01**）

本节将根据上面所学的相关内容，制作一个简单的网站——心情日记，该网站可以完成日记的编写、展示、修改和删除功能，另外还实现了登录、退出的功能，如图 16.31 所示。

图 16.31 心情日记主页

注意

由于篇幅有限，书中主要对网站功能的核心代码进行重点讲解，其他功能代码，可以查看资源包中的源代码。

16.3.1 Node.js 中的 mongojs 模块

mongojs 是一个出色小巧的 Node.js 包，使用它可以很方便地在 Node.js 应用中访问 MongoDB 数据库。要使用它，首先需要使用下面命令进行安装：

```
npm install mongojs
```

安装 mongojs 模块后，如果要使用它，需要用 require()方法引入，代码如下：

```
var mongojs=require('mongojs')
```

mongojs 模块中提供了 connect(databaseUrl, collections)方法来创建数据库连接对象。其中，databaseUrl 参数用来设置要连接的 MongoDB 数据库名称，collections 参数用来指定 MongoDB 数据库中的集合。

使用 connect()方法创建的数据库连接对象可以调用 MongoDB 数据库的操作方法实现相应功能。比如，下面代码在 Node.js 程序中使用 mongojs 模块查询名称为"mingrisoft"的 MongoDB 数据库的products 集合中的所有信息：

```
var mongojs=require('mongojs');
var db=mongojs.connect('mingrisoft', ['products']);
db.products.find()
```

16.3.2　初始化数据

心情日记项目的名称为 diary，其项目结构如图 16.32 所示。

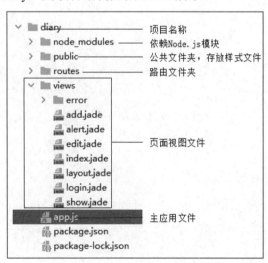

图 16.32　项目的文件结构

📢**注意**

在运行本程序时，如果提示找不到模块，需要使用 npm install 命令安装 package.json 文件中的模块，另外，需要注意的是，安装的模块的版本要与 package.json 中要求的版本一致。

打开系统的"命令提示符"对话框，通过 mongo 命令进入 MongoDB 数据库，创建 blog 数据库，并创建 post 和 user 两个集合，同时向 user 集合中添加默认的账户，账户名和密码分别是 admin 和 admin。具体代码如下：

```
//创建数据库，添加管理员
use blog
```

```
db.createCollection('post')
db.createCollection('user')
db.user.save({ user: 'admin', pass: 'admin'})
```

在 MongoDB 中执行以上 4 条语句的效果如图 16.33 所示。

```
管理员: 命令提示符 - mongo                    —    □    ×

> use blog
switched to db blog
> db.createCollection('post')
{ "ok" : 1 }
> db.createCollection('user')
{ "ok" : 1 }
> db.user.save({user:'admin',pass:'admin'})
WriteResult({ "nInserted" : 1 })
>
```

图 16.33   初始化数据

16.3.3   主页的实现

心情日记网站的主要功能是在 app.js 文件中实现的，该文件中首先引入相应的模块，并指定使用 MongoDB 数据库，代码如下：

```
var express = require('express')
    , gzippo = require('gzippo')
    , routes = require('./routes')
    , crypto = require('crypto')
    , moment = require('moment')
    , cluster = require('cluster')
    ,path = require('path')
    , os = require('os');
var mongojs=require('mongojs');
var db=mongojs('blog', ['post', 'user']);
```

在路由配置部分，当用户输入监听地址进行访问时，会自动链接到 index.jade 文件。代码如下：

```
//配置路由
app.get('/', function(req, res) {
    var fields = { subject: 1, body: 1, tags: 1, created: 1, author: 1 };
    db.post.find({ state: 'published'}, fields).sort({ created: -1}, function(err, posts) {
        if (!err && posts) {
            res.render('index.jade', { title: '心情日记', postList: posts });
        }
    });
});
```

index.jade 文件中使用 jade 模块语法，主要显示导航栏和所有的日记信息。代码如下：

```
mixin blogPost(post)
    div.span6
        a(href="/post/#{post._id}")
```

```
            h3 #{post.subject}
        p #{post.body.substr(0, 250) + '...'}
        p#info
            div.tags
                for tag in post.tags
                    strong
                        a(href="#") #{tag}
            div.post-time
                em #{moment(post.created).format('YYYY-MM-DD HH:mm:ss')}
        p
            a(class="btn btn-small",href="/post/#{post._id}") 阅读更多 &raquo;
div.hero-unit
    h1 心情日记
    p 欢迎来到我的心情日记，这里有我最近的动态、想法和心情……
!=partial('alert', flash)
div
    - for (var i = 0; i < postList.length; i++)
        div.row
            mixin blogPost(postList[i])
                - if (i + 1 < postList.length)
                    mixin blogPost(postList[++i])
```

16.3.4　添加日记

在 app.js 文件中实现添加日记功能时，首先通过 get()方法监听 url 为/post/add 的路径，当用户访问该路径时，将 add.jade 文件返回给客户端，并使用 insert()方法将用户提交的信息添加到数据库中。关键代码如下：

```
app.get('/post/add', isUser, function(req, res) {
    res.render('add.jade', { title: '添加新的日记 '});
});
app.post('/post/add', isUser, function(req, res) {
    var values = {
        subject: req.body.subject
        , body: req.body.body
        , tags: req.body.tags.split(',')
        , state: 'published'
        , created: new Date()
        , modified: new Date()
        , comments: []
        , author: {
            username: req.session.user.user
        }
    };
    db.post.insert(values, function(err, post) {
        console.log(err, post);
        res.redirect('/');
```

```
        });
    });
```

add.jade 文件是客户端添加日记页面。在 add.jade 文件中，使用 jade 语法将添加日记的表单信息显示出来，并且其访问请求方式为 post 方式，因此在单击"添加"按钮时，会将表单中输入的信息提交服务器。add.jade 文件中的代码如下：

```
form(class="form-horizontal",name="add-post",method="post",action="/post/add")
    fieldset
        legend 添加新的日记
        div.control-group
            label.control-label 标题:
            div.controls
                input(type="text",name="subject",class="input-xlarge")
        div.control-group
            label.control-label 内容:
        div.controls
            textarea(name="body", rows="10", cols="30")
        div.control-group
            label.control-label 标签:
            div.controls
                input(type="text",name="tags",class="input-xlarge")
        div.form-actions
            input(type="submit",value="添加",name="post",class="btn btn-primary")
```

添加日记页面效果如图 16.34 所示。

图 16.34　添加日记

16.3.5　修改日记

在 app.js 文件中实现修改日记功能时，使用 app 对象的 get 方法监听 url 是/post/edit/:postid 的路径地址，将 edit.jade 返回给客户端，然后在 app 对象的 post 方法中使用 update 方法更新数据库中对应 id 的数据。关键代码如下：

```
app.get('/post/edit/:postid', isUser, function(req, res) {
    res.render('edit.jade', { title: '修改日记', blogPost: req.post } );
});

app.post('/post/edit/:postid', isUser, function(req, res) {
    db.post.update({ _id: db.ObjectId(req.body.id) }, {
        $set: {
            subject: req.body.subject
            , body: req.body.body
            , tags: req.body.tags.split(',')
            , modified: new Date()
        }
    },
    function(err, post) {
        if (!err) {
            req.flash('info', '日记修改成功！');
        }
        res.redirect('/');
    });
});
```

edit.jade 文件是客户端的修改日记信息页面，该文件中使用 jade 语法根据指定 id 将日记相关的信息显示在相应的表单中，而其访问请求方式为 post 方式，因此在单击"修改"按钮时，会将表单中的信息提交服务器。edit.jade 文件中的代码如下：

```
form(class="form-horizontal",name="edit-post",method="post",action="/post/edit/#{blogPost._id}")
    fieldset
        legend 编辑日记 ##{blogPost._id}
        div.control-group
            label.control-label 标题：
            div.controls
                input(type="text",name="subject",class="input-xlarge span6",value="#{blogPost.subject}")
        div.control-group
            label.control-label 内容：
            div.controls
                textarea(name="body",rows="10",cols="30",class="span6") #{blogPost.body}
        div.control-group
            label.control-label 标签：
            div.controls
                input(type="text",name="tags",class="input-xlarge",value="#{blogPost.tags.join(',')}")
        input(type="hidden",name="id",value="#{blogPost._id}")
```

```
            div.form-actions
                input(type="submit",value="修改",name="edit",class="btn btn-primary")
```

　　运行程序，首先在心情日记网站首页单击某一条日记的标题，进入其详细信息页面，然后单击右下角的"修改"超链接，如图 16.35 所示，即可跳转到修改日记页面，如图 16.36 所示，在该页面中对日记信息进行修改后，单击"修改"按钮即可。

图 16.35　单击"修改"超链接

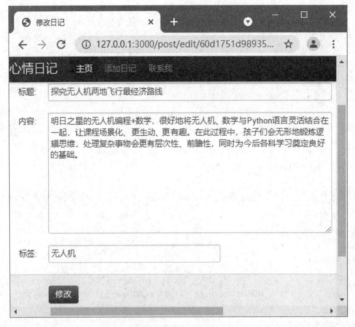

图 16.36　修改日记

16.3.6　删除日记

　　在 app.js 文件中实现删除日记功能时，使用 MongoDB 中的 remove 方法将数据库中对应 id 的数据删除即可。关键代码如下：

```
app.get('/post/delete/:postid', isUser, function(req, res) {
    db.post.remove({ _id: db.ObjectId(req.params.postid) }, function(err, field) {
        if (!err) {
            req.flash('error', '日记删除成功');
        }
        res.redirect('/');
    });
});
```

运行程序，首先在心情日记网站首页单击某一条日记的标题，进入其详细信息页面，如图 16.37 所示，然后单击右下角的"删除"超链接，即可删除指定的日记。

图 16.37　删除日记

16.3.7　用户登录与退出

在 app.js 文件中实现登录与退出功能时，会提交 url 为/login 的地址，然后在通过 post 方法监听到该地址的请求后，会接收用户提交的用户名和密码信息，使用 mongojs 模块的 findOne 方法判断是否能够找到相应的用户名和密码，如果找到，则记录登录用户，并跳转到首页，否则，停留在登录页面。关键代码如下：

```
//登录
app.get('/login', function(req, res) {
    res.render('login.jade', {
        title: 'Login user'
    });
});
app.get('/logout', isUser, function(req, res) {
    req.session.destroy();
    res.redirect('/');
});
app.post('/login', function(req, res) {
    var select = {
        user: req.body.username
```

```
        , pass: req.body.password
    };
    db.user.findOne(select, function(err, user) {
        if (!err && user) {
            //判断用户登录的 session
            req.session.user = user;
            res.redirect('/');
        } else {
            //如果未登录的话，则停留在登录页面
            res.redirect('/login');
        }
    });
});
```

login.jade 文件是客户端的用户登录页面，该页面中使用 form 表单提交用户的登录信息，提交方式为 post，提交 action 是/login，这样就可以在 app.js 的 post 方法中接收到用户提交的登录信息，进而判断是否登录成功。login.jade 文件中的代码如下：

```
form(class="form-horizontal",name="login-form",method="post",action="/login")
    fieldset
        legend 请输入登录信息
        div.control-group
            label.control-label 账户:
            div.controls
                input(type="text",name="username",class="input-xlarge")
        div.control-group
            label.control-label 密码:
            div.controls
                input(type="password",name="password",class="input-xlarge")
        div.form-actions
            input(type="submit",value="登录",name="login",class="btn btn-primary")
```

登录页面效果如图 16.38 所示。

图 16.38　登录页面

16.4　要点回顾

　　本章首先简单介绍了关系型数据库与非关系型数据库，然后重点讲解了 MongoDB 数据库的下载、安装和配置，以及 MongoDB 数据库的基本操作，包括创建数据库和集合，添加、查询、修改和删除数据，最后通过一个综合案例演示了如何在实际应用中使用 MongoDB 数据库。

第 17 章

程序调试与异常处理

应用程序的代码必须安全、准确，但在开发过程中，不可避免地会出现错误，有的错误还不容易被发现，从而导致程序运行错误。为了排除这些非常隐蔽的错误，对编写好的代码要进行程序调试，以确保应用程序正常运行。另外，开发程序时，不仅要注意程序代码的准确性与合理性，还要处理程序中可能出现的异常情况，Node.js 中提供了 throw 语句、Error 错误对象，以及 try...catch 语句对异常进行处理。本章将对 Node.js 中的程序调试与异常处理进行详细讲解。

本章知识架构及重难点如下。

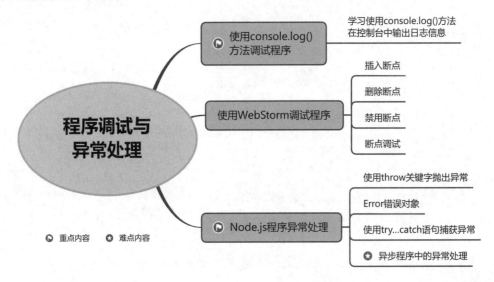

17.1 使用 console.log()方法调试程序

console.log()方法用于在控制台中输出日志信息，其语法格式如下：

```
console.log(message)
```

参数 message 是一个字符串，表示要在控制台上显示的日志信息。

console.log()方法对于开发过程中的测试很有帮助，例如，可以通过该方法输出捕获到的异常信息，或者输出提示信息，从而有助于判断程序出现的具体错误；另外，也可以使用该方法输出程序执行过程中变量或对象的值，从而有助于判断程序是否符合逻辑。

例如，下面代码计算 1~10 的和，在循环计算过程中使用 console.log()方法输出每次计算的结果，代码如下：

```
result=0
for (i=1;i<=10;i++) {
    result += i
    console.log('第 %d 次循环结果：%d', i , result)
}
console.log('最终结果：%d',result)
```

效果如图 17.1 所示。

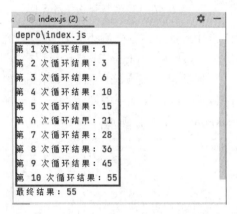

图 17.1　使用 console.log()方法调试程序

从图 17.1 可以看出，这里使用了 console.log()方法调试程序，输出每次循环的结果，并且从结果可以看出循环一共执行了多少次，这在开发程序时非常有助于开发人员检查代码逻辑错误。除了上面使用的 console.log()方法，console 对象还提供了其他几种方法，用来在控制台中输出信息，分别如下。

- ☑ console.info()：用于输出提示性信息。
- ☑ console.error()：用于输出错误信息。
- ☑ console.warn()：用于输出警告信息。
- ☑ console.debug()：用于输出调试信息。

17.2　使用 WebStorm 调试程序

WebStorm 是最常用的 Node.js 开发工具之一，其本身带有强大的程序调试功能，最常用的是断点操作，本节将对使用 WebStorm 调试 Node.js 程序进行讲解。

17.2.1　插入断点

断点可以通知调试器，使应用程序在某行代码上暂停执行或在某情况发生时中断。发生中断时，称程序处于中断模式。进入中断模式并不会终止或结束程序的执行，所有元素（如函数、变量和对象等）的值都保留在内存中，程序可以在任何时候继续执行。

插入断点有以下两种方法。

☑ 在要设置断点的代码行前面的空白处单击，如图 17.2 所示。

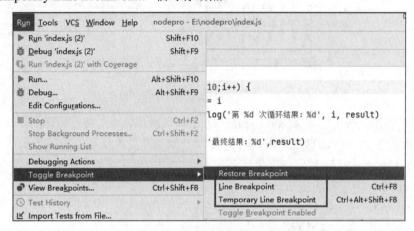

图 17.2　在代码的左侧空白处单击

☑ 将鼠标定位到要插入断点的代码行，然后在 WebStorm 的菜单栏中选择 Run→Toggle Breakpoint 菜单下的相应菜单，如图 17.3 所示。Toggle Breakpoint 菜单中有以下 3 个断点相关的菜单项。

➢ Restore Breakpoint：还原断点，该方法可以插入断点，也可以恢复上一个断点。

➢ Line Breakpoint：行断点，这是最常用的断点，与第一种方式插入的断点相同。

➢ Temporary Line BreakPoint：临时行断点。

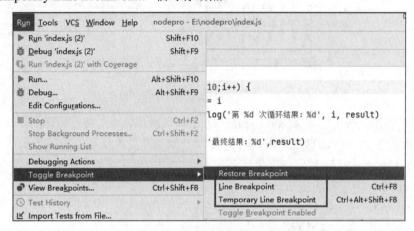

图 17.3　通过选择相应菜单项插入断点

插入断点后，就会在设置断点的代码行旁边的空白处出现一个红色圆点，并且该行代码呈高亮显示，如图 17.4 所示。

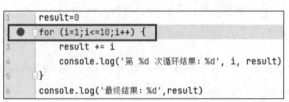

图 17.4　插入断点后的效果

17.2.2　删除断点

删除断点主要有以下两种方法。

- ☑ 单击设置了断点的代码行左侧的红色圆点。
- ☑ 将鼠标定位到要插入断点的代码行，然后在 WebStorm 的菜单栏中选择 Run→Toggle Breakpoint →Line Breakpoint。

17.2.3　禁用断点

断点插入后，为了后期程序的调试，可以在不删除断点的情况下跳过设置的断点，即禁用断点。禁用断点有以下两种方法。

- ☑ 在插入的断点上单击鼠标右键，在弹出的对话框中取消 Enabled 复选框的选中状态，如图 17.5 所示。

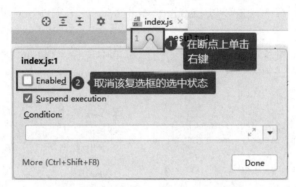

图 17.5　取消 Enabled 复选框的选中状态

- ☑ 将鼠标定位到插入断点的代码行，然后在 WebStorm 的菜单栏中选择 Run→Toggle Breakpoint →Toggle Breakpoint Enabled，如图 17.6 所示。

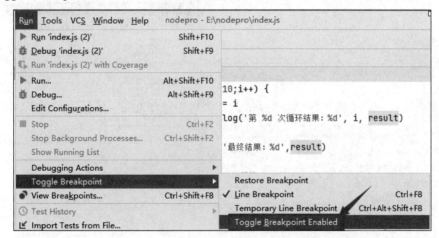

图 17.6　选择 Run→Toggle Breakpoint→Toggle Breakpoint Enabled

说明

上面的第 2 种禁用断点的方式只适用于使用菜单插入的断点。

禁用后的断点变成了一个空心的红色圆圈，效果如图 17.7 所示。

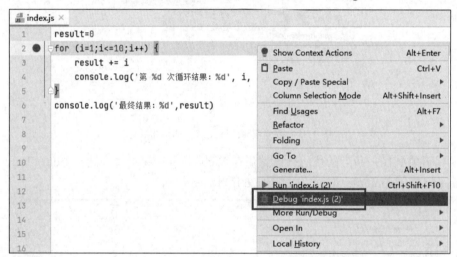

图 17.7　禁用断点后的效果

17.2.4　断点调试

插入断点后，要使断点有效，需要以 Debug 模式调试程序。以 Debug 模式调试程序的方法有以下两种。

☑　在代码空白处单击鼠标右键，在弹出的快捷菜单中选择"Debug'***'"命令，如图 17.8 所示。

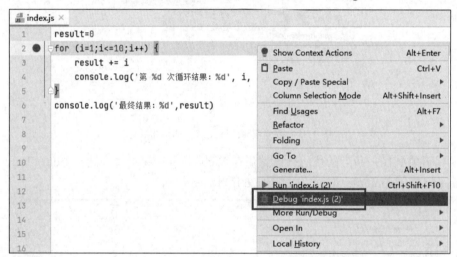

图 17.8　在右键快捷菜单中选择"Debug'***'"命令

☑　打开要调试的代码文件，在 WebStorm 的菜单栏中选择 Run→Debug，如图 17.9 所示。

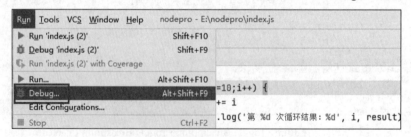

图 17.9　在菜单栏中选择 Run→Debug

以 Debug 方式启动程序调试后，程序运行到断点处会自动停止，并且断点所在行前面的图标切换为正在调试的状态，另外在 WebStorm 的下半部分会显示调试器，其中可以查看调试相关的信息、变量或对象的值等，如图 17.10 所示。

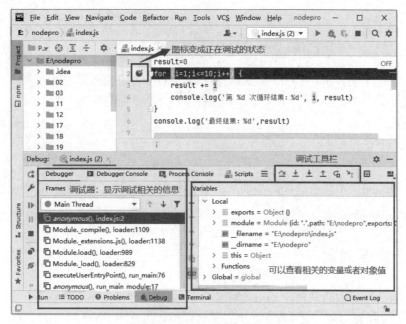

图 17.10　处于 Debug 调试状态下的程序

在 WebStorm 的调试器中最常用的是调试工具栏，通过调试工具栏可以对程序代码进行不同的调试操作，如图 17.11 所示。

图 17.11　调试工具栏

> **说明**
>
> "逐过程执行"会使代码进入自定义的方法，而"强制逐过程执行"可以使代码进入所有方法，包括 Node.js 自身的方法。

17.3　Node.js 程序异常处理

17.3.1　使用 throw 关键字抛出异常

throw 关键字用于抛出一个异常，它可以在特定的情形下自行抛出异常。throw 语句的基本格式如下：

```
throw value
```

参数 value 表示抛出的异常，它的值可以是任何 JavaScript 类型的值（包括字符串、数字或对象等）。例如，在 JavaScript 代码中使用下面代码抛出不同类型的异常都是合法的：

```
throw "程序出错了";              //抛出了一个值为字符串的异常
throw 1;                      //抛出了一个值为整数 1 的异常
throw true;                   //抛出了一个值为 true 的异常
```

但在 Node.js 中，通常不抛出这些类型的值，而是抛出 Error 对象，例如下面的代码：

```
throw new Error('程序出错了')
```

17.3.2 Error 错误对象

上面讲到，在 Node.js 中通常使用 throw 抛出 Error 对象，那么 Error 对象是什么呢？

Error 对象是一个错误对象，它由 Error 核心模块提供，当使用 Error 对象时，并不表明错误发生的具体情况，它会捕获堆栈跟踪，并提供所发生错误的描述内容。Error 对象的使用方法如下：

```
new Error(message)
```

参数 message 表示要显示的错误信息。

Error 对象提供了一些属性，用于获取错误相关的信息，分别如下。

☑   name 属性：获取错误的类型名称，比如内置错误类型 TypeError 等。

☑   message 属性：获取错误信息。

☑   stack 属性：获取代码中 Error 被实例化的位置。

Error 类是 Node.js 中所有错误类的基类，其常用子类及说明如表 17.1 所示。

表 17.1 Error 类的常用子类及说明

Error 类的子类	说　　明
AssertionError	断言错误
RangeError	表明提供的参数不在函数的可接受值的集合或范围内，无论是数字范围，还是给定的函数参数选项的集合
ReferenceError	表明试图访问一个未定义的变量，此类错误通常表明代码有拼写错误或程序已损坏
SyntaxError	表明程序不是有效的 JavaScript，这些错误可能仅在代码评估的结果中产生和传播
SystemError	表明 Node.js 在运行时环境中发生异常时会生成系统错误，这通常发生在应用程序违反操作系统约束时，例如，如果应用程序试图读取不存在的文件，则会发生系统错误

例如，下面代码定义了一个代码块，其中通过实例化 Error 对象创建了一个异常，并使用 throw 关键字抛出该异常：

```
let syncError = () => {
    throw new Error('自定义异常')
}
```

17.3.3 使用 try…catch 语句捕获异常

异常定义之后，需要在程序中捕获，这时需要使用 try…catch 语句。try…catch 语句允许在 try 后面的大括号{}中放置可能发生异常情况的程序代码，以对这些代码进行监控；在 catch 后面的大括号{}中放置处理异常的程序代码。try…catch 语句的基本语法如下：

```
try {
         //可能会出错的代码，出错时抛出一个错误
} catch (e) {
         //处理异常的代码
}
```

参数 e 表示捕获的异常。

例如，下面代码使用 try…catch 捕获 17.3.2 节示例代码中抛出的异常信息：

```
try {
     syncError()
} catch (e) {
     console.log(e.message)
}
console.log('异常被捕获')
```

程序运行如下：

```
自定义异常
异常被捕获
```

> **说明**
>
> 在开发程序时,如果遇到需要处理多种异常信息的情况,可以在一个 try 代码块后面跟多个 catch 代码块,这里需要注意的是,如果使用了多个 catch 代码块,则 catch 代码块中的异常类顺序是先子类后父类。

完整的异常处理语句应该包含 finally 代码块，通常情况下，无论程序中有无异常产生，finally 代码块中的代码都会被执行，其语法格式如下：

```
try{
         //可能会出错的代码，出错时抛出一个错误
}catch(e){
         //处理异常的代码
}finally{
         //最终执行的代码
}
```

使用 try…catch…finally 语句时，不管 try 代码块内有没有抛出异常，finally 代码块总会被执行。如果 try 代码块内发生错误，finally 代码块将在 catch 代码块之后被执行；如果没有发生错误，将跳过

catch 代码块，直接执行 finally 代码块中的代码。

注意

使用异常处理语句时，可以不写 catch 代码块，比如写成 try...finally 的形式，但需要注意的是，try 代码块后必须至少跟一个 catch 或 finally 代码块，不能只写 try。

例如，使用同步方式读取一个文件，并使用 try...catch 语句捕获文件不存在错误，最后在 finally 代码块内输出"执行完毕"的提示，代码如下：

```
const fs=require("fs")
try{
    var data = fs.readFileSync("test.txt", {"encoding":"utf8"})
} catch (err) {
    console.log("文件不存在")
    throw err;
} finally {
    console.log("执行完毕!")
}
```

运行结果如下：

```
文件不存在
执行完毕!
ENOENT: no such file or directory, open 'test.txt'
```

17.3.4　异步程序中的异常处理

前面讲解的是同步程序的异常捕获，如果是异步程序出现异常，该如何捕获呢？例如，下面是一个异步代码块，其中抛出了一个异常，代码如下：

```
//模拟异步代码块内出现异常
let asyncError = () => {
    setTimeout(function () {
        throw new Error('异步异常')
    }, 100)
}
```

如果我们使用传统的 try...catch 捕获上面异步代码中抛出的异常，则写法应该如下：

```
(async function () {
    try {
        await asyncError()
    } catch (e) {
        console.log(e.message)                          //处理异常
    }
})()
```

但在运行程序时，却出现了如图 17.12 所示的结果。

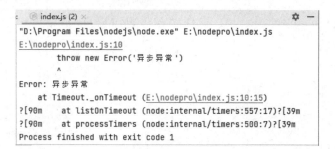

图 17.12　使用传统的 try…catch 捕获异步代码中的异常时的错误信息

通过上面示例代码可以看出，异步代码中的异常是无法使用 try…catch 方法捕获的，那么，如何捕获异步程序中的异常呢？Node.js 中提供了两种方法，用于捕获异步程序中的异常，分别如下。

☑　process 方式。process 模块是 Node.js 提供给开发者用来和当前进程进行交互的工具，通过监听它的 uncaughtException 事件，可以处理所有未被捕获的异常，包括同步代码块中的异常和异步代码块中的异常。例如，下面代码用来捕获本节开始定义的异步代码中的异常：

```
process.on('uncaughtException', function (e) {
    console.log(e.message)                          //处理异常
});
asyncError()
```

☑　domain 方式。通过监听 domain 模块的 error 事件来处理异步代码块中的异常，domain 模块主要用来简化异步代码的异常处理，它可以处理 try…catch 无法捕捉的异常。例如，下面代码使用 domain 方式捕获本节前面定义的异步代码中的异常：

```
let domain = require('domain')
let d = domain.create()
d.on('error', function (e) {
    console.log(e.message)                          //处理异常
})
d.run(asyncError)
```

说明

　　使用 process 方式和 domain 方式都可以捕获异步代码块中的异常，但 process 方式只适用于记录异常信息的场合，因此，在捕获异步代码库中的异常时，推荐使用 domain 方式。

17.4　要点回顾

　　本章主要对 Node.js 中的程序调试及异常处理进行了详细讲解，首先讲解了输出日志和 WebStorm 工具两种调试程序的方式，然后讲解了如何在 Node.js 中进行异常处理。程序调试和异常处理在程序开发过程中起着非常重要的作用，一个完善的程序，在其开发过程中必然会对可能出现的所有异常进行处理，并进行一步一步的调试，以保证程序的可用性。通过学习本章，读者应该掌握 Node.js 中的异常处理语句的使用，并能熟练使用常用的程序调试操作对开发的程序进行调试。

第 4 篇

项目实战

本篇将使用 Node.js 技术开发一个完整的项目——在线五子棋游戏。项目按照需求分析→游戏设计→开发准备→主要模块实现的流程进行讲解，运用软件工程的设计思想，带领读者一步一步亲身体验使用 Node.js 开发项目的全过程。

项目实战 —— 在线五子棋游戏

使用Node.js实现一个真人实时对战的在线五子棋游戏，体验Node.js项目开发的实际过程

第 18 章

在线五子棋游戏

五子棋是起源于中国古代的传统黑白棋种之一，它不仅能够锻炼人的思维能力，而且富含哲理，有助于人们修身养性。本章将使用 Node.js+Socket.io+Canvas 技术实现一个真人实时对战的在线五子棋游戏。

本章知识架构及重难点如下。

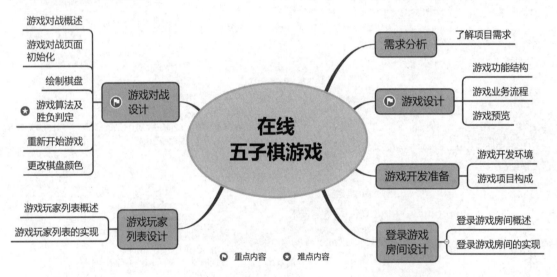

18.1　需求分析

根据五子棋游戏的基本规则，在线五子棋游戏应该具备以下基本功能。

- ☑　需要双方登录房间。
- ☑　登录房间时需要输入用户名和房间号。
- ☑　在房间满员时，如果有玩家进入会弹出友好提示。
- ☑　对战双方有人中途退出时弹出友好提示。
- ☑　对战双方有一方胜利时，显示胜利的一方。
- ☑　判断棋子是否超出棋盘范围。
- ☑　判断指定坐标位置是否已经存在棋子。
- ☑　界面美观、提示明显。

18.2 游戏设计

18.2.1 游戏功能结构

在线五子棋游戏的功能结构如图 18.1 所示。

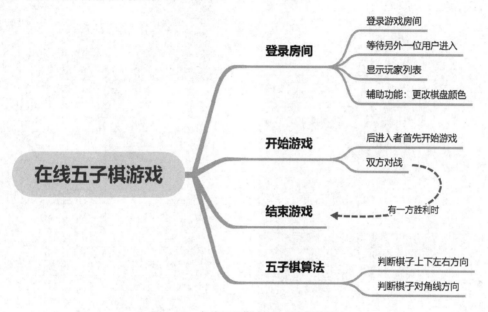

图 18.1 在线五子棋游戏功能结构图

18.2.2 游戏业务流程

在线五子棋游戏的业务流程如图 18.2 所示。

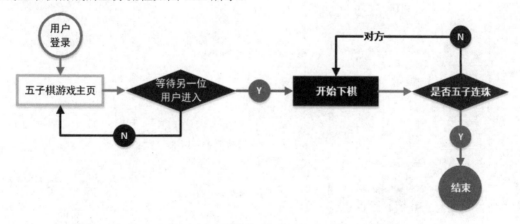

图 18.2 在线五子棋游戏业务流程

18.2.3 游戏预览

在线五子棋游戏运行时，首先需要一位玩家进入指定房间号，效果如图 18.3 所示。然后等待另一位玩家进入相同的房间，这时后进入的玩家可以先下棋，效果如图 18.4 所示。

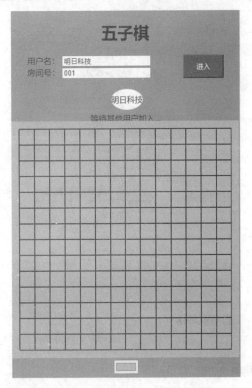

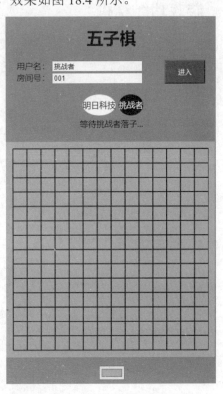

图 18.3　第一位玩家进入的效果　　　　　　　图 18.4　第二位玩家进入的效果

当一个房间中有两位玩家时，就可以下棋对战了，下棋对战效果如图 18.5 所示。当有一方胜利时，弹出对话框提示该方胜利，如图 18.6 所示。

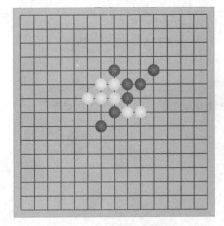

图 18.5　下棋对战效果　　　　　　　　　图 18.6　有一方胜利时弹出的对话框

另外，玩家在进入五子棋游戏页面中后，可以根据个人的喜好设置棋盘的背景色，操作方法为：单击棋盘下方的颜色块，在弹出的颜色选择器中选择自己喜欢的颜色，如图 18.7 所示。然后单击页面中其他地方，棋盘颜色即可变成玩家自己选择的颜色，如图 18.8 所示。

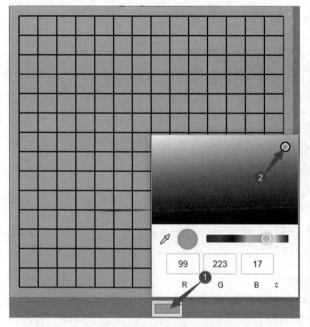

图 18.7　在颜色选择器中选择颜色　　　　　　　　图 18.8　变换颜色后的棋盘

说明

在线五子棋游戏同时支持计算机端和手机端的适配显示。

18.3　游戏开发准备

18.3.1　游戏开发环境

本游戏的开发及运行环境如下。

☑　操作系统：Windows 7、Windows 10 等。

☑　Node.js 版本：Node.js v19。

☑　开发工具：WebStorm。

☑　浏览器：Microsoft Edge、Chrome、Firfox 等主流浏览器。

☑　使用的 Node.js 模块及版本如下：

```
"dependencies": {
    "express": "^4.16.4",
```

```
    "nodemon": "^1.18.9",
    "socket.io": "^2.2.0"
}
```

18.3.2　游戏项目构成

在线五子棋游戏项目的文件组织如图18.9所示。其中，public 文件夹中的文件为客户端文件；index.js 文件为服务器端逻辑代码文件；package.json 是项目的配置文件，包括项目所使用的第三方 Node.js 模块，可以使用 npm 命令将所需模块全部下载并安装。

图 18.9　游戏项目的文件组织

public 文件夹用来存储客户端文件，其文件构成如图 18.10 所示。其中，chessBoard.js 文件中包含五子棋游戏算法逻辑代码，如判断游戏胜负、改变棋盘颜色等的代码；index.html 文件是 HTML 结构代码，用来显示游戏中的登录房间、玩家列表、五子棋游戏界面等信息；mobile_style.css 文件和 style.css 文件是游戏的 CSS 样式文件，其中 mobile_style.css 文件用来设置适配移动端时的显示样式。

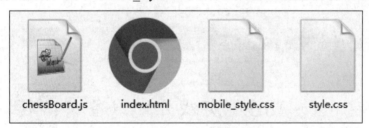

图 18.10　public 文件夹的文件构成

18.4　登录游戏房间设计

18.4.1　登录游戏房间概述

无论计算机端游戏，还是移动端游戏，在游戏开始前，通常都要求用户进行登录。同样，本游戏中提供了游戏的登录入口，以便游戏双方进行登录，页面效果如图 18.11 所示。

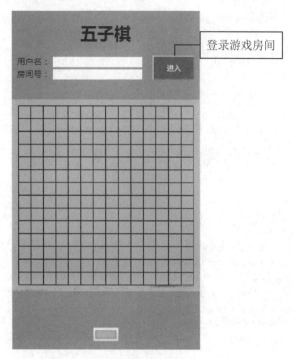

图 18.11　登录游戏房间

18.4.2　登录游戏房间的实现

服务器端的登录游戏房间功能是在 index.js 文件中实现的，在该文件中，首先需要引入需要的 Node.js 模块，并创建服务器监听，进行一些初始化设置，代码如下：

```
let express = require('express')
let http = require('http')
let app = express()
let path = require('path')
let server = http.createServer(app)
let io = require('socket.io').listen(server)

let port = process.env.PORT || 3000

server.listen(port, () => {
    console.log('Server listening at port %d', port);
});

app.use(express.static(path.join(__dirname, 'public')))

let connectRoom = {}

const changeAuth = (currentRoom, currentUser) => {
    for (let user in currentRoom) {
        if (user === currentUser) {
```

```
                currentRoom[user].canDown = false
            } else {
                currentRoom[user].canDown = true
            }
        }
    }
}
```

通过监听事件判断是否有玩家进入房间，并且设置进入房间后的操作，主要处理 4 种情况，分别是第一个玩家进入、第二个玩家进入且不与第一个玩家重名、第二个玩家进入但与第一个玩家重名、房间中已经存在两个玩家（即满员）。关键代码如下：

```
io.on('connection', (socket) => {
    console.log('connected')
    socket.on('enter', (data) => {
        //第一个用户进入，新建房间
        if (connectRoom[data.roomNo] === undefined) {
            connectRoom[data.roomNo] = {}
            connectRoom[data.roomNo][data.userName] = {}
            connectRoom[data.roomNo][data.userName].canDown = false
            connectRoom[data.roomNo].full = false
            console.log(connectRoom)
            socket.emit('userInfo', {
                canDown: false
                //roomInfo:connectRoom[data.roomNo]
            })
            socket.emit('roomInfo', {
                roomNo: data.roomNo,
                roomInfo: connectRoom[data.roomNo]
            })
            socket.broadcast.emit('roomInfo', {
                roomNo: data.roomNo,
                roomInfo: connectRoom[data.roomNo]
            })
        } //第二个用户进入且不重名
        else if (!connectRoom[data.roomNo].full &&
            connectRoom[data.roomNo][data.userName] === undefined) {
            connectRoom[data.roomNo][data.userName] = {}
            connectRoom[data.roomNo][data.userName].canDown = true
            connectRoom[data.roomNo].full = true
            console.log(connectRoom)
            socket.emit('userInfo', {
                canDown: true
            })
            socket.emit('roomInfo', {
                roomNo: data.roomNo,
                roomInfo: connectRoom[data.roomNo]
            })
            socket.broadcast.emit('roomInfo', {
                roomNo: data.roomNo,
                roomInfo: connectRoom[data.roomNo]
```

```
        })
    } //第二个用户进入但重名
    else if (!connectRoom[data.roomNo].full &&
        connectRoom[data.roomNo][data.userName]) {
        socket.emit('userExisted', data.userName)
    } //房间已满
    else if (connectRoom[data.roomNo].full) {
        socket.emit('roomFull', data.roomNo)
    }
    })
})
```

18.5 游戏玩家列表设计

18.5.1 游戏玩家列表概述

玩家登录游戏后，开始等待其他玩家的进入，如图 18.12 所示。在登录游戏的表单下面，显示玩家列表，在另一位玩家未进入之前，显示"等待其他用户加入"，如果另一位玩家进入后，则可以开始游戏。

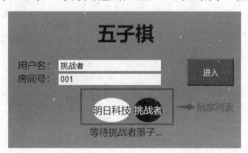

图 18.12　游戏玩家列表的界面

18.5.2 游戏玩家列表的实现

从图 18.12 所示的界面可以发现，游戏玩家列表只有对战双方，而且背景颜色分别是白色和黑色，代表五子棋棋子的颜色。

在 public 文件夹下创建 index.html 文件，其中使用不同的 CSS 样式，将玩家列表以及玩家的状态显示出来，并使用 Canvas 技术绘制棋盘。index.html 文件中的代码如下：

```
<!DOCTYPE html>
<html lang="en">
<head>
    <meta charset="UTF-8">
    <title>五子棋 online</title>
    <meta name="viewport" content="width=device-width, user-scalable=no, initial-scale=1.0,
        maximum-scale=1.0, minimum-scale=1.0">
```

```html
        <link rel="stylesheet" media="screen and (min-width:900px)" href="style.css">
        <link rel="stylesheet" media="screen and (max-width:500px)" href="mobile_style.css">
        <link rel="shortcut icon" href="favicon.ico" />
        <link rel="bookmark" href="favicon.ico" type="image/x-icon" />
</head>
<body onbeforeunload="checkLeave()" style="background-color: #1abc9c">


        <h1>五子棋</h1>

        <div id="current">
                <div class="infoWrapper">
                        <div class="info">
                                <label for="user">用户名：</label>
                                 <input type="text" name="user" id="user">
                        </div>
                        <div class="info">
                                <label for="room">房间号：</label>
                                <input type="number" name="text" id="room">
                        </div>
                </div>
                <button id="enter">进入</button>
        </div>
        <div class="userWrapper">
                <div class="userInfo"></div>
                <div class="waitingUser"></div>
        </div>
        <div class="chessBoard">
                <canvas id="chess" width="450px" height="450px"></canvas>
                <canvas id="layer" width="450px" height="450px"></canvas>
        </div>

        <form id="action">
                <input type="color" id="colorSelect" name="color" value="#DEB887">
        </form>

        <script src="https://cdn.bootcss.com/socket.io/2.2.0/socket.io.js"></script>

        <script src="chessBoard.js"></script>
</body>
</html>
```

18.6　游戏对战设计

18.6.1　游戏对战概述

游戏对战算法是五子棋游戏的核心，游戏双方进入同一房间后，就可以进行对战，当有一方的 5

个棋子连成一条线时，表示获胜，并弹出相应的信息提示，如图 18.13 所示，这时单击弹出的对话框中的"确定"按钮，可以重新开始游戏（即清空棋盘上的所有棋子并重新开始游戏，由当前失败的一方先下棋）。

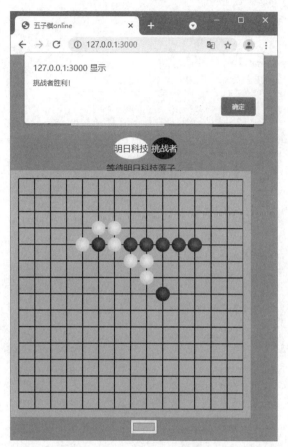

图 18.13　游戏对战页面

18.6.2　游戏对战页面初始化

游戏对战的主要逻辑代码是在 public 文件夹下的 chessBoard.js 文件中实现的。在该文件中，首先获取 index.html 页面中的元素，并定义客户端监听网址及端口；然后为 index.html 页面中的"进入"按钮添加 click 事件监听，在该事件监听中，主要处理执行玩家进入房间、玩家列表显示、棋子显示、下棋等操作时的页面显示状态。关键代码如下：

```
let chess = document.getElementById("chess");
let layer = document.getElementById("layer");
let context = chess.getContext("2d");
let context2 = layer.getContext("2d");
let winner = document.querySelector('#winner')
let cancelOne = document.querySelector('#cancelOne')
let colorSelect = document.querySelector('#colorSelect')
```

```
let user = document.querySelector('#user')
let room = document.querySelector('#room')
let enter = document.querySelector('#enter')
let userInfo = document.querySelector('.userInfo')
let waitingUser = document.querySelector('.waitingUser')
let socket = io.connect('http://127.0.0.1:3000')
let userList = []
enter.addEventListener('click', (event) => {
    if( !user.value || !room.value ){
        alert('请输入用户名或者房间号...')
        return;
    }
    let ajax = new XMLHttpRequest()
    ajax.open('get', 'http://127.0.0.1:3000?room=' + room.value + '&user=' + user.value)
    ajax.send()
    ajax.onreadystatechange = function () {
        if (ajax.readyState === 4 && ajax.status === 200) {
            //用户请求进入房间
            socket.emit('enter', {
                userName: user.value,
                roomNo: room.value
            })
            //canDown:true 用户执黑棋，canDown:false 用户执白棋
            socket.on('userInfo', (data) => {
                obj.me = data.canDown
            })
            //显示房间用户信息
            socket.on('roomInfo', (data) => {
                if (data.roomNo === room.value) {
                    userInfo.innerHTML = ''
                    for (let user in data.roomInfo) {
                        if (user !== 'full') {
                            userList.push(user)
                            let div = document.createElement('div')
                            let userName = document.createTextNode(user)
                            div.appendChild(userName)
                            div.setAttribute('class', 'userItem')
                            userInfo.appendChild(div)
                            if (data.roomInfo[user].canDown) {
                                div.style.backgroundColor = 'black'
                                div.style.color = 'white'
                                waitingUser.innerHTML = `等待${user}落子...`
                            } else {
                                div.style.backgroundColor = 'white'
                                waitingUser.innerHTML = `等待其他玩家加入...`
                            }
                        }
                    }
                }
```

```
    })
    //下棋
    layer.onclick = function (e) {
        let x = e.offsetX ;
        let y = e.offsetY ;
        let j = Math.floor(x/30) ;
        let i = Math.floor(y/30) ;
        if (chessBoard[i][j] === 0) {
            socket.emit('move', {
                i:i,
                j:j,
                isBlack: obj.me,
                userName: user.value,
                roomNo: room.value
            })
        }
    }
    //显示棋子
    socket.on('moveInfo', (data) => {
        if (data.roomNo === room.value) {
            let {i, j, isBlack} = data
            oneStep(i, j, isBlack,false)
            if (data.isBlack) {
                chessBoard[i][j] = 1;
            } else {
                chessBoard[i][j] = 2;
            }
            if (checkWin(i,j,obj.me)) {
                socket.emit('userWin', {
                    userName: data.userName,
                    roomNo: data.roomNo
                })
            }
            userList.forEach((item, index, array) => {
                if (item !== data.userName) {
                    waitingUser.innerHTML = `等待${item}落子...`
                }
            })
        }
    })
    //提示胜利者，禁止再下棋
    socket.on('userWinInfo', (data) => {
        if (data.roomNo === room.value) {
            alert(`${data.userName}胜利！`)
            waitingUser.innerHTML = `${data.userName}胜利！`
            waitingUser.style.color = 'red'
            for (let i = 0; i < 15; i++) {
                for (let j = 0; j < 15; j++) {
                    chessBoard[i][j] = 3
```

```
                    }
                }
                reStart()
                waitingUser.style.color = 'black'
            }
        })
        //提示房间已满
        socket.on('roomFull', (data) => {
            alert(`房间${data}已满，请更换房间！`)
            room.value = ''
        })
        //提示用户重名
        socket.on('userExisted', (data) => {
            alert(`用户${data}已存在，请更换用户名！`)
        })
        socket.on('userEscape', ({userName, roomNo}) => {
            if (roomNo === room.value) {
                alert(`${userName}逃跑了，请等待其他玩家加入！`)
                reStart()
            }
        })
    }
}
})
function checkLeave(){
    socket.emit('userDisconnect', {
        userName: user.value,
        roomNo: room.value
    })
}
```

18.6.3　绘制棋盘

我们主要使用 HTML 中的 Canvas 技术来绘制棋盘，在绘制棋盘时，同时监听鼠标的 onmousemove 事件和 onmouseleave 事件，实现下棋的功能，如图 18.14 所示。

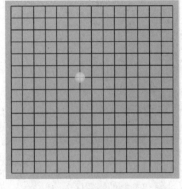

图 18.14　绘制棋盘

关键代码如下：

```
let obj = {}
obj.me = true;                                    //用来记录当前执棋者

//绘制棋盘
function drawLine () {
    for (let i = 0; i < 15; i++) {
        context.moveTo(15, 15 + i * 30);
        context.lineTo(435, 15 + i * 30);
        context.stroke();
        context.moveTo(15 + i * 30, 15);
        context.lineTo(15 + i * 30, 435);
        context.stroke();
    }
}
context.fillStyle = '#DEB887';
context.fillRect(0, 0, 450, 450,);
drawLine();
//初始化棋盘上的各个点
var chessBoard = [];
for (let i = 0; i < 15; i++) {
    chessBoard[i] = [];
    for (let j = 0; j < 15; j++) {
        chessBoard[i][j] = 0;
    }
}

//鼠标移动时的棋子提示
let old_i = 0;
let old_j = 0;

layer.onmousemove = function (e) {
    if (chessBoard[old_i][old_j] === 0) {
        context2.clearRect(15+old_j*30-13, 15+old_i*30-13, 26, 26)
    }
    var x = e.offsetX ;
    var y = e.offsetY ;
    var j = Math.floor(x/30) ;
    var i = Math.floor(y/30) ;
    if (chessBoard[i][j] === 0) {
        oneStep(i, j, obj.me, true)
        old_i = i;
        old_j = j;
    }
}

layer.onmouseleave = function (e) {
    if (chessBoard[old_i][old_j] === 0) {
```

```
                  context2.clearRect(15+old_j*30-13, 15+old_i*30-13, 26, 26)
          }
}

//绘制棋子
function oneStep (j, i, me, isHover) {                          //i,j 分别是在棋盘中的定位，me 表示白棋还是黑棋
     context2.beginPath();
     context2.arc(15+i*30, 15+j*30, 13, 0, 2*Math.PI);          //圆心实时变化，半径为 13
     context2.closePath();
     var gradient = context2.createRadialGradient(15+i*30+2, 15+j*30-2, 15, 15+i*30, 15+j*30, 0);
     if (!isHover) {
          if(me){
               gradient.addColorStop(0, "#0a0a0a");
               gradient.addColorStop(1, "#636766");
          }else{
               gradient.addColorStop(0, "#D1D1D1");
               gradient.addColorStop(1, "#F9F9F9");
          }
     } else {
          if(me){
               gradient.addColorStop(0, "rgba(10, 10, 10, 0.8)");
               gradient.addColorStop(1, "rgba(99, 103, 102, 0.8)");
          }else{
               gradient.addColorStop(0, "rgba(209, 209, 209, 0.8)");
               gradient.addColorStop(1, "rgba(249, 249, 249, 0.8)");
          }
     }
     context2.fillStyle = gradient ;
     context2.fill();
}
```

18.6.4　游戏算法及胜负判定

　　五子棋的游戏规则是，以落棋点为中心，向 8 个方向查找同一类型的棋子，如果相同棋子数大于等于 5，则表示此类型棋子所有者为赢家，因此以此规则为基础，编写相应的实现算法即可。五子棋棋子查找方向如图 18.15 所示。

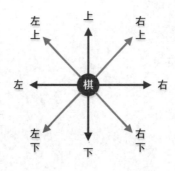

图 18.15　判断一枚棋子在 8 个方向上摆出的棋型

关键代码如下：

```
//检查各个方向是否符合获胜条件
function checkDirection (i,j,p,q) {
    //p=0,q=1 水平方向；p=1,q=0 竖直方向
    //p=1,q=-1 左上到右下
    //p=-1,q=1 左下到右上
    let m = 1
    let n = 1
    let isBlack = obj.me ? 1 : 2
    for (; m < 5; m++) {
        if (!(i+m*p >= 0 && i+m*p <=14 && j+m*q >=0 && j+m*q <=14)) {
            break;
        } else {
            if (chessBoard[i+m*(p)][j+m*(q)] !== isBlack) {
                break;
            }
        }
    }
    for (; n < 5; n++) {
        if(!(i-n*p >=0 && i-n*p <=14 && j-n*q >=0 && j-n*q <=14)) {
            break;
        } else {
            if (chessBoard[i-n*(p)][j-n*(q)] !== isBlack) {
                break;
            }
        }
    }
    if (n+m+1 >= 7) {
        return true
    }
    return false
}
//检查是否获胜
function checkWin (i,j) {
    if (checkDirection(i,j,1,0) || checkDirection(i,j,0,1) || checkDirection(i,j,1,-1) || checkDirection(i,j,1,1)) {
        return true
    }
    return false
}
```

18.6.5　重新开始游戏

当对战双方有一方胜利时，弹出对话框进行提示，单击对话框中的"确定"按钮，可以重新开始游戏，该功能是通过 reStart()方法实现的，代码如下：

```
//重新开始
function reStart () {
```

```
context2.clearRect(0, 0, 450, 450)
waitingUser.innerHTML = '请上局失利者先落子！'
for (let i = 0; i < 15; i++) {
        chessBoard[i] = [];
        for (let j = 0; j < 15; j++) {
                chessBoard[i][j] = 0;
        }
}
if (userList.length === 2) {
        if (userList[1] === user.value) {
                obj.me = true
        } else {
                obj.me = false
        }
}
old_i = 0;
old_j = 0;
}
```

18.6.6　更改棋盘颜色

在五子棋对战页面的棋盘下方有一个颜色块，单击该颜色块，可以弹出颜色选择器，选择指定颜色后可以更改棋盘的颜色，如图 18.16 所示。

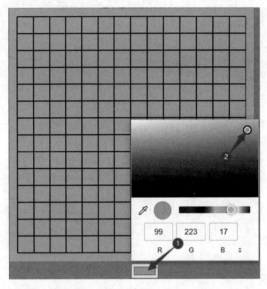

图 18.16　更改棋盘颜色

改变棋盘颜色功能是通过监听 colorSelect 对象的 change 事件并为指定的区域填充颜色来实现的。代码如下：

```
//改变棋盘颜色
colorSelect.addEventListener('change', (event) => {
```

326

```
context.fillStyle = event.target.value;
context.fillRect(0, 0, 450, 450,);
drawLine();
})
```

18.7　要点回顾

　　本章主要使用 Node.js+Socket.io+Canvas 技术完成了一个二人实时对战游戏——在线五子棋。从功能划分上看，游戏由登录游戏房间、显示游戏玩家列表和游戏对战这 3 个部分组成；从知识点分析上看，涉及使用 Node.js 创建服务器、socket 对象的事件监听发送和 Canvas 对象绘制棋盘等技术。通过本章的学习，读者应该熟悉使用 Node.js 开发项目的基本流程，并能够尝试使用 Node.js 来开发项目。

附录 A

JavaScript 基础

A.1　Node.js 与 JavaScript

JavaScript 是一种轻量级的脚本语言，可以运行在浏览器上，它主要用来控制 HTML 元素，是纯粹的客户端语言，如果想要和服务器端交互，就需要依赖服务器端的开发人员，服务器端通常用 Java、C#、PHP、Python 等编写，而 Node.js 提供了一种服务器端 JavaScript 运行时环境，使得 JavaScript 代码可以在浏览器以外的主机上解释和运行。而且，Node.js 应用开发中采用的是 JavaScript 的语法，这样更有利于原来的前端开发人员进行全栈开发。另外，由于进行全栈开始时，前端和后端使用的是同一种语言，开发效率和代码的可维护性也会更高。因此可以说，要学习 Node.js，必须学好 JavaScript 基础。

A.2　JavaScript 在 HTML 中的使用

通常情况下，在 HTML Web 页面中使用 JavaScript 的方法有以下 3 种：① 在页面中直接嵌入 JavaScript 代码；② 链接外部 JavaScript 文件；③ 作为标签的属性值使用。下面分别对这 3 种方法进行介绍。

A.2.1　在页面中直接嵌入 JavaScript 代码

在 HTML 文档中可以使用<script>…</script>标签将 JavaScript 脚本嵌入其中，在 HTML 文档中可以使用多个<script>标签，每个<script>标签中可以包含多个 JavaScript 的代码集合，并且各个<script>标签中的 JavaScript 代码之间可以相互访问，如同将所有代码放在一对<script>…</script>标签之中的效果。<script>标签常用的属性及说明如表 A.1 所示。

表 A.1　<script>标签常用的属性及说明

属　　性	说　　明
language	设置所使用的脚本语言及版本
src	设置一个外部脚本文件的路径
type	设置所使用的脚本语言，此属性已代替 language 属性
defer	表示当 HTML 文档加载完毕后再执行脚本

1. language 属性

language 属性指定在 HTML 中使用的脚本语言及其版本，其使用格式如下：

```
<script language="JavaScript1.5">
```

说明

> 如果不定义 language 属性，浏览器默认脚本语言为 JavaScript 1.0 版本。

2. src 属性

src 属性用来指定外部脚本文件的路径，外部脚本文件通常使用 JavaScript 脚本，其扩展名为.js。
src 属性的使用格式如下：

```
<script src="01.js">
```

3. type 属性

type 属性用来指定 HTML 中使用的脚本语言及其版本，自 HTML4.0 标准开始，推荐使用 type 属性来代替 language 属性。type 属性的使用格式如下：

```
<script type="text/javascript">
```

4. defer 属性

defer 属性的作用是指定当 HTML 文档加载完毕后再执行脚本，当脚本不需要立即运行时，如果设置了 defer 属性，浏览器将不必等待脚本装载，这样页面加载会更快。但当有一些脚本需要在页面加载过程中或加载完成后立即执行时，就不需要使用 defer 属性。defer 属性的使用格式如下：

```
<script defer>
```

例如，在<title>标签中将标题设置为"第一个 JavaScript 程序"，在<body>标签中编写 JavaScript 代码，用来在页面中显示一段文字，代码如下：

```html
<!DOCTYPE html>
<html lang="en">
<head>
    <meta charset="UTF-8">
    <title>第一个 JavaScript 程序</title>
</head>
<body>
<script type="text/javascript">
    document.write("Node.js 的基础就是 JavaScript")
</script>
</body>
</html>
```

使用浏览器运行上面代码文件，结果如图 A.1 所示。

图 A.1　程序运行结果 1

说明

（1）<script>标签可放在 Web 页面的<head></head>标签中，也可放在<body></body>标签中。
（2）脚本中使用的 document.write 是 JavaScript 语句，其功能是直接在页面中输出后面括号中的内容。

A.2.2　链接外部 JavaScript 文件

在 Web 页面中引入 JavaScript 的另一种方法是采用链接外部 JavaScript 文件的形式。如果代码比较复杂或者同一段代码可以被多个页面使用，则可以将这些代码放置在一个单独的 JavaScript 文件中（文件扩展名为.js），然后在需要使用该代码的 Web 页面中链接该文件即可。

在 Web 页面中链接外部 JavaScript 文件的语法格式如下：

```
<script type="text/javascript" src="javascript.js"></script>
```

说明

如果外部 JavaScript 文件保存在本机中，src 属性可以是绝对路径或相对路径；如果外部 JavaScript 文件保存在其他服务器中，src 属性需要指定绝对路径。

例如，新建一个 JavaScript 文件，名称为 index.js，在 index.js 文件中输入如下 JavaScript 代码：

```
alert("Node.js 的基础就是 JavaScript")
```

说明

上面代码中使用的 alert 是 JavaScript 语句，其功能是在页面中弹出一个对话框，对话框中显示括号中的内容。

在 index.html 文件中引用上面创建的 index.js 脚本文件，代码如下：

```
<script type="text/javascript" src="index.js"></script>
```

使用浏览器运行 index.html 文件，结果如图 A.2 所示。

图 A.2　程序运行结果 2

注意

（1）在外部 JavaScript 文件中，不能将代码用<script>和</script>标签括起来。

（2）在使用 src 属性引用外部 JavaScript 文件时，<script></script>标签中不能包含其他 JavaScript 代码。

（3）在<script>标签中使用 src 属性引用外部 JavaScript 文件时，</script>结束标签不能省略。

A.2.3　作为标签的属性值使用

在使用 JavaScript 代码时，有些 JavaScript 代码可能需要单击某个超链接或者触发一些事件（如单击按钮）之后才会执行，遇到这种情况时，可以将 JavaScript 代码作为标签的属性值使用，下面进行介绍。

1．通过"javascript:"调用

在 HTML 页面中，可以通过"javascript:"方式来调用 JavaScript 的函数或方法。示例代码如下：

```
<a href="javascript:alert('您单击了测试超链接')">测试</a>
```

在上述代码中通过使用"javascript:"来调用 alert()方法，但该方法并不是在浏览器解析到"javascript:"时就立刻执行，而是在单击该超链接时才会执行。

2．与事件结合调用

JavaScript 支持很多事件，事件会影响到用户的操作，比如单击、按下键盘或移动鼠标等。通过与事件结合，可以执行 JavaScript 的方法或函数。示例代码如下：

```
<input type="button" value="测试" onclick="alert('您单击了测试按钮')">
```

在上述代码中，onclick 是单击事件，表示当单击对象时会触发 JavaScript 的方法或函数。

A.3　JavaScript 基本语法规则

JavaScript 作为一种脚本语言，其语法规则和其他语言有相同之处也有不同之处。下面简单介绍 JavaScript 的一些基本语法。

1．执行顺序

JavaScript 代码按照在 HTML 文件中出现的顺序逐行执行，如果需要在整个 HTML 文件中执行，最好将其放在 HTML 文件的<head>…</head>标签中。另外，JavaScript 中的有些代码（如函数体内的代码）不会被立即执行，只有当所在的函数被其他程序调用时，才会被执行。

2．大小写敏感

JavaScript 对字母大小写是敏感的（严格区分字母大小写），也就是说，在输入语言的关键字、函

数名、变量以及其他标识符时，都必须采用正确的大小写形式。例如，变量 username 与变量 userName 是两个不同的变量，这一点要特别注意，因为与 JavaScript 紧密相关的 HTML 是不区分大小写的，所以很容易混淆。

注意

HTML 并不区分大小写。由于 JavaScript 和 HTML 紧密相关，这一点很容易混淆。许多 JavaScript 对象和属性都与其代表的 HTML 标签或属性同名，在 HTML 中，这些名称能以任意的大小写方式输入而不会引起混乱，但在 JavaScript 中，这些名称通常都是小写的。例如，HTML 中的事件处理器属性 ONCLICK 可以被声明为 onClick、OnClick、onclick 等，而在 JavaScript 中只能使用 onclick。

3. 空格与换行

JavaScript 中，对于用在标识符与运算符之间的空格，在执行时，会忽略所有空格。例如，下面代码是等效的：

```
m=10
m = 10
m    =    10
```

对于多个标识符之间的空格，在执行时，会默认识别为一个空格，忽略其他的多余空格。例如，下面代码是等效的：

```
return true
return       true
```

但是如果空格应用在字符串或者正则表达式中，则执行时，会保留原始内容。例如，下面是两个不同的字符串：

```
"清 华"
"清    华"
```

而对于换行，由于 JavaScript 中并不强制要求每行代码后面都有分号，因此，JavaScript 中的换行有"断句"的意思，即换行能判断一个语句是否已经结束。例如，以下代码表示两个不同的语句：

```
m = 10
return true
```

如果将第二行代码写成：

```
return
true
```

此时，JavaScript 会认为这是两个不同的语句，这样将会产生错误。

4. 每行结尾的分号可有可无

与其他传统的编程语言（如 Java、C 语言等）不同，JavaScript 并不要求必须以英文分号（;）作为语句的结束标签。如果语句的结束处没有分号，JavaScript 会自动将该行代码的结尾作为语句的结尾。

例如，下面的两行代码都是正确的：

```
alert("欢迎访问明日学院！")
alert("欢迎访问明日学院！");
```

注意

最好的代码编写习惯是在每行代码的结尾处加上分号，这样可以保证每行代码的准确性。

5. 注释

为程序添加注释可以起到以下两种作用。

☑ 可以解释程序某些语句的作用和功能，使程序更易于理解，通常用于代码的解释说明。

☑ 可以用注释来暂时屏蔽某些语句，使浏览器对其暂时忽略，等需要时再取消注释，这些语句就会发挥作用，通常用于代码的调试。

JavaScript 提供了两种注释符号："//" 和 "/*...*/"。其中，"//" 用于单行注释，"/*...*/" 用于多行注释。多行注释符号分为开始和结束两部分，即在需要注释的内容前输入 "/*"，同时在注释内容结束后输入 "*/" 表示注释结束。下面是单行注释和多行注释的示例：

```
//这是单行注释

/*多行注释的第一行
  多行注释的第二行
  ……
*/

/*多行注释在一行*/
```

A.4 JavaScript 数据类型

JavaScript 的数据类型分为基本数据类型和复合数据类型，本节将首先介绍 JavaScript 的基本数据类型。JavaScript 的基本数据类型有数值型、字符串型、布尔值以及两个特殊的数据类型。

A.4.1 数值型

数值型（number）是 JavaScript 中最基本的数据类型。JavaScript 和其他程序设计语言（如 C 语言和 Java）的不同之处在于，它并不区别整型数值和浮点型数值。在 JavaScript 中，所有的数值都是由浮点型表示的。JavaScript 采用 IEEE754 标准定义的 64 位浮点格式表示数字，对于无符号数字，它能表示的最大值是 1.7976931348623157e+308，最小值是 5e-324，而只要分别在它们前面加上负号（-），则可以构成它们相应的负数，即表示负数的最小值和最大值分别为-1.7976931348623157e+308 和 -5e-324。

当一个数字直接出现在 JavaScript 程序中时，我们称它为数值直接量（numericliteral）。JavaScript 支持数值直接量的形式有以下几种，下面分别对这几种形式进行详细介绍。

> **注意**
>
> 在任何数值直接量前加负号（-）可以构成它的负数，但是负号是一元求反运算符，它不是数值直接量语法的一部分。

1. 十进制

在 JavaScript 程序中，十进制的整数是一个由 0～9 组成的数字序列。例如：

```
0
6
-2
100
```

JavaScript 的数字格式允许精确地表示-9007199254740992（-2^{53}）到 9007199254740992（2^{53}）之间的所有整数（包括-9007199254740992 和 9007199254740992）。但是使用超过这个范围的整数，就可能会失去尾数的精确性。需要注意的是，JavaScript 中的某些整数运算是对 32 位的整数执行的，这些整数的范围是从-2147483648（-2^{31}）到 2147483647（2^{31}-1）。

2. 八进制

尽管 ECMAScript 标准不支持八进制数据，但是 JavaScript 的某些实现却允许采用八进制（以 8 为基数）格式的整型数据。八进制数据以数字 0 开头，其后跟随一个数字序列，这个序列中的每个数字都在 0 和 7 之间（包括 0 和 7），例如：

```
07
0366
```

由于某些 JavaScript 实现支持八进制数据，而有些则不支持，所以建议不要使用以 0 开头的整型数据，因为不确定某个 JavaScript 的实现是将其解释为十进制还是八进制。

3. 十六进制

十六进制数据，是以 0X 或 0x 开头，其后跟随十六进制的数字序列。十六进制的数字可以是 0 到 9 中的某个数字，也可以是 a（A）到 f（F）中的某个字母，它们用来表示 0 到 15 之间（包括 0 和 15）的某个值，下面是十六进制整型数据的例子：

```
0xff
0X123
0xCAFE911
```

网页中的颜色 RGB 代码是以十六进制数字表示的。例如，在颜色代码#6699FF 中，十六进制数字66 表示红色部分的色值，十六进制数字 99 表示绿色部分的色值，十六进制数字 FF 表示蓝色部分的色值。以下 JavaScript 代码实现在页面中输出 RGB 颜色#6699FF 的 3 种颜色的色值：

```
<script type="text/javascript">
document.write("RGB 颜色#6699FF 的 3 种颜色的色值分别为：");        //输出字符串
document.write("<p>R："+0x66);                                     //输出红色色值
```

```
document.write("<br>G: "+0x99);                                //输出绿色色值
document.write("<br>B: "+0xFF);                                //输出蓝色色值
</script>
```

执行上面的代码，运行结果如图 A.3 所示。

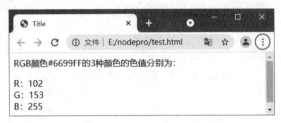

图 A.3　输出 RGB 颜色#6699FF 的 3 种颜色的色值

4. 浮点型数据

浮点型数据可以具有小数点，它的表示方法有以下两种：

1）传统记数法

传统记数法是将一个浮点数分为整数部分、小数点和小数部分，如果整数部分为 0，可以省略整数部分。例如：

```
1.2
56.9963
.236
```

2）科学记数法

除传统记数法外，还可以使用科学记数法表示浮点型数据，即实数后跟随字母 e 或 E，后面加上一个带正号或负号的整数指数，其中正号可以省略。例如：

```
6e+3
3.12e11
1.234E-12
```

> **注意**
>
> 在科学记数法中，e（或 E）后面的整数表示 10 的指数次幂，因此，这种记数法表示的数值等于前面的实数乘以 10 的指数次幂。

例如，分别输出"3e+6""3.5e3""1.236E-2"这 3 个科学记数法所表示的浮点数，代码如下：

```
<script type="text/javascript">
document.write("科学记数法表示的浮点数的输出结果: ");        //输出字符串
document.write("<p>");                                       //输出段落标签
document.write(3e+6);                                        //输出浮点数
document.write("<br>");                                      //输出换行标签
document.write(3.5e3);                                       //输出浮点数
document.write("<br>");                                      //输出换行标签
document.write(1.236E-2);                                    //输出浮点数
</script>
```

执行上面的代码，运行结果如图 A.4 所示。

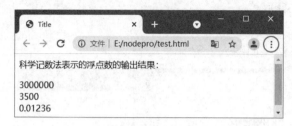

图 A.4　输出科学记数法表示的浮点数

5. 特殊值 Infinity

在 JavaScript 中有一个特殊的数值 Infinity（无穷大），如果一个表达式的运算结果超出了 JavaScript 所能表示的数字上限，JavaScript 就会输出 Infinity；而如果一个数值超出了 JavaScript 所能表示的负数范围，JavaScript 就会输出-Infinity。

```
document.write(1/0);                    //输出 1 除以 0 的值
document.write("<br>");                 //输出换行标签
document.write(-1/0);                   //输出-1 除以 0 的值
```

运行结果为：

```
Infinity
-Infinity
```

说明

> JavaScript 中规定 1/0 的结果为 Infinity，−1/0 的结果为-Infinity。

6. 特殊值 NaN

JavaScript 中还有一个特殊的数值 NaN（not a number），即"非数字"。在进行数学运算时产生了未知的结果或错误，JavaScript 就会返回 NaN，它表示该数学运算的结果是一个非数字。例如，用 0 除以 0 的输出结果就是 NaN，代码如下：

```
alert(0/0);                             //输出 0 除以 0 的值
```

运行结果为：

```
NaN
```

A.4.2　字符串型

字符串（string）是由零个或多个字符组成的序列，它可以包含大小写字母、数字、标点符号、汉字或其他字符等，它是 JavaScript 用来表示文本的数据类型。程序中的字符串型数据是包含在单引号或双引号中的，由单引号定界的字符串中可以含有双引号，由双引号定界的字符串中可以含有单引号。列举如下。

☑   单引号括起来的字符串，示例代码如下：

```
'你好 JavaScript'
'mingrisoft@mingrisoft.com'
```

☑   双引号括起来的字符串，示例代码如下：

```
""
"你好 JavaScript"
```

☑   单引号定界的字符串中可以含有双引号，示例代码如下：

```
'abc"efg'
'你好"JavaScript"'
```

☑   双引号定界的字符串中可以含有单引号，示例代码如下：

```
"I'm legend"
"You can call me 'Tom'!"
```

注意

（1）空字符串不包含任何字符，也不包含空格，用一对引号表示，即""或''。

（2）包含字符串的引号必须匹配，如果字符串前面使用的是双引号，那么在字符串后面也必须使用双引号，反之都使用单引号。

有的时候，字符串中使用的引号会产生匹配混乱的问题。例如：

```
"字符串是包含在单引号'或双引号"中的"
```

对于这种情况，可以使用转义字符进行区分。JavaScript 中的转义字符是 "\"，通过转义字符可以在字符串中添加不可显示的特殊字符，或者防止引号匹配混乱的问题。例如，字符串中的单引号可以使用 "\'" 代替，双引号可以使用 "\"" 代替。因此，上面一行字符串可以写成如下的形式：

```
"字符串是包含在单引号\'或双引号\"中的"
```

JavaScript 常用的转义字符如表 A.2 所示。

表 A.2   JavaScript 常用的转义字符

转 义 字 符	描　　述	转 义 字 符	描　　述
\b	退格	\v	垂直制表符
\n	换行符	\r	回车符
\t	水平制表符 Tab	\\	反斜杠
\f	换页	\OOO	八进制整数，范围 000～777
\'	单引号	\xHH	十六进制整数，范围 00～FF
\"	双引号	\uhhhh	十六进制编码的 Unicode 字符

例如，在 alert 语句中使用转义字符 "\n" 换行的代码如下：

```
alert("网页设计基础：\nHTML\nCSS\nJavaScript");        //输出换行字符串
```

运行结果如图 A.5 所示。

图 A.5　输出换行字符串 1

由图 A.5 可知，转义字符"\n"在警告框中会产生换行，但是在"document.write();"语句中使用转义字符时，只有将其放在格式化文本块中才会起作用，即必须放在<pre>和</pre>的标签内。

例如，下面代码是在"document.write();"语句中应用转义字符使字符串换行：

```
document.write("<pre>");                         //输出<pre>标签
document.write("轻松学习\nJavaScript 语言！");     //输出换行字符串
document.write("</pre>");                         //输出</pre>标签
```

运行结果如图 A.6 所示。

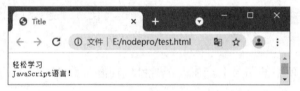

图 A.6　输出换行字符串 2

如果上述代码不使用<pre>和</pre>的标签，则转义字符不起作用，代码如下：

```
document.write("轻松学习\nJavaScript 语言！");     //输出字符串
```

运行结果为：

```
轻松学习 JavaScript 语言！
```

A.4.3　布尔值和特殊数据类型

1．布尔值

数值数据类型和字符串数据类型的值都有无穷多个，但是布尔数据类型只有两个值，一个是 true（真），一个是 false（假），它主要表明真假关系。

布尔值通常在 JavaScript 程序中作为比较所得的结果。例如：

```
n==1
```

这行代码用来判断变量 n 的值是否和数值 1 相等。如果相等，比较的结果就是布尔值 true，否则结果就是 false。

布尔值通常在 JavaScript 中的控制结构中用于进行条件判断。例如，JavaScript 的 if…else 语句就是在布尔值为 true 时执行一个动作，而在布尔值为 false 时执行另一个动作，代码如下：

```
if (n==1)                               //如果 n 的值等于 1
    m=m+1;                              //m 的值加 1
else
    n=n+1;                             //n 的值加 1
```

上面代码用来判断 n 是否等于 1。如果相等，就给 m 的值加 1，否则给 n 的值加 1。

2．特殊数据类型

☑ 　未定义值。未定义值就是 undefined，表示变量还没有赋值，如 "var a;"。

☑ 　空值（null）。JavaScript 中的关键字 null 是一个特殊的值，它表示空值，用于定义空的或不存在的引用。这里需要注意的是：null 不等同于空的字符串（""）或 0。当使用对象进行编程时可能会用到这个值。

从上面的描述可以看出，null 与 undefined 的区别是，null 表示一个变量被赋予了一个空值，而 undefined 则表示该变量尚未赋值。

A.5　JavaScript 流程控制

JavaScript 中提供了条件判断语句、循环控制语句来控制程序代码的执行流程，下面分别对它们进行讲解。

A.5.1　条件判断语句

在日常生活中，人们可能会根据不同的条件做出不同的选择。例如，根据路标选择走哪条路，根据第二天的天气情况选择做什么事情。在编写程序时也经常会遇到这样的情况，这时就需要使用条件判断语句。所谓条件判断语句就是对语句中不同条件的值进行判断，进而根据不同的条件执行不同的语句，JavaScript 中的条件判断语句通过 if 实现，下面对该语句的使用进行讲解。

1．简单 if 语句

在实际应用中，if 语句有多种表现形式。简单 if 语句的语法格式如下：

```
if(表达式){
    语句块
}
```

☑ 　表达式：必选项，用于指定条件表达式，可以使用逻辑运算符。

☑ 　语句块：用于指定要执行的语句序列，可以是一条或多条语句。当表达式的值为 true 时，执行该语句序列。

简单 if 语句的执行流程如图 A.7 所示。

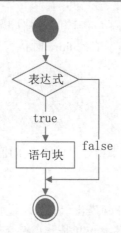

图 A.7 简单 if 语句的执行流程

例如，比较两个变量的值，并根据比较结果输出相应的内容。代码如下：

```
var a=200;                          //定义变量 a，值为 200
var b=100;                          //定义变量 b，值为 100
if(a>b){                            //判断变量 a 的值是否大于变量 b 的值
    document.write("a 大于 b");      //输出 a 大于 b
}
if(a<b){                            //判断变量 a 的值是否小于变量 b 的值
    document.write("a 小于 b");      //输出 a 小于 b
}
```

运行结果为：

```
a 大于 b
```

注意

当要执行的语句为单一语句时，其两边的大括号可以省略。

例如，下面的这段代码和上面代码的执行结果是一样的：

```
var a=200;                          //定义变量 a，值为 200
var b=100;                          //定义变量 b，值为 100
if(a>b)                             //判断变量 a 的值是否大于变量 b 的值
    document.write("a 大于 b");      //输出 a 大于 b
if(a<b)                             //判断变量 a 的值是否小于变量 b 的值
    document.write("a 小于 b");      //输出 a 小于 b
```

2. if…else 语句

if…else 语句是 if 语句的标准形式，其在简单 if 语句形式的基础之上增加了一个 else 从句，表示当表达式的值是 false 时，执行 else 从句中的内容。语法格式如下：

```
if(表达式){
    语句块 1
}else{
```

```
    语句块 2
}
```

☑ 表达式：必选项，用于指定条件表达式，可以使用逻辑运
算符。

☑ 语句块 1：用于指定要执行的语句序列。当表达式的值为
true 时，执行该语句序列。

☑ 语句块 2：用于指定要执行的语句序列。当表达式的值为
false 时，执行该语句序列。

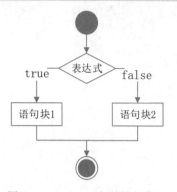

图 A.8   if...else 语句的执行流程

if...else 语句的执行流程如图 A.8 所示。

在 if 语句的标准形式中，首先对表达式的值进行判断，如果
它的值是 true，则执行语句块 1 中的内容，否则执行语句块 2 中的
内容。

例如，根据两个变量的比较结果，输出相应的内容。代码如下：

```
var a=100;                              //定义变量 a，值为 100
var b=200;                              //定义变量 b，值为 200
if(a>b){                                //判断变量 a 的值是否大于变量 b 的值
    document.write("a 大于 b");          //输出 a 大于 b
}else{
    document.write("a 小于 b");          //输出 a 小于 b
}
```

运行结果为：

```
a 小于 b
```

3. if…else if…else 语句

if 语句是一种使用很灵活的语句，除了可以使用 if...else 语句形式，还可以使用 if...else if...else 语
句的形式，这种形式可以进行更多的条件判断，不同的条件对应不同的语句。if...else if...else 语句的语
法格式如下：

```
if (表达式 1){
    语句 1
}else if(表达式 2){
    语句 2
}
…
else if(表达式 n){
    语句 n
}else{
    语句 n+1
}
```

if...else if...else 语句的执行流程如图 A.9 所示。

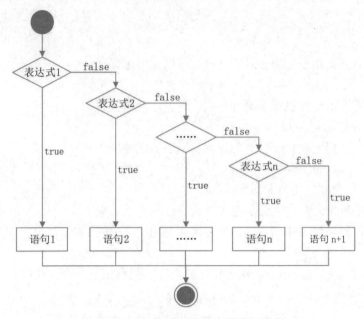

图 A.9　if...else if...else 语句的执行流程

例如，假设周星星同学的考试成绩是 85 分，输出该成绩对应的等级，关键代码如下：

```
var grade = "";                      //定义表示等级的变量
var score = 85;                      //定义表示分数的变量 score，值为 85
if(score>=90){                       //如果分数大于或等于 90
    grade = "优秀";                   //将"优秀"赋值给变量 grade
}else if(score>=75){                 //如果分数大于或等于 75
    grade = "良好";                   //将"良好"赋值给变量 grade
}else if(score>=60){                 //如果分数大于或等于 60
    grade = "及格";                   //将"及格"赋值给变量 grade
}else{                               //如果 score 的值不符合上述条件
    grade = "不及格";                 //将"不及格"赋值给变量 grade
}
alert("周星星的考试成绩"+grade);       //输出考试成绩对应的等级
```

运行结果如图 A.10 所示。

图 A.10　输出考试成绩对应的等级

A.5.2　循环控制语句

在日常生活中，有时需要反复地执行某些动作。例如，运动员要完成 10000 米的比赛，就要在 400

米的跑道上跑 25 圈, 这就是循环的一个过程。类似这样反复执行同一动作的情况, 在程序设计中经常会遇到, 为了满足这样的开发需求, JavaScript 提供了循环控制语句。所谓循环控制语句就是在满足条件的情况下反复地执行某一个操作, JavaScript 中常用的循环控制语句有 for 语句和 while 语句, 下面分别进行讲解。

1. for 语句

for 循环语句也称为计次循环语句, 一般用于循环次数已知的情况, 是 JavaScript 中最常用的一种循环控制语句。for 循环语句的语法格式如下:

```
for(初始化表达式;条件表达式;迭代表达式){
    语句
}
```

☑ 初始化表达式: 初始化语句, 用来对循环变量进行初始化赋值。

☑ 条件表达式: 循环条件, 一个包含比较运算符的表达式, 用来限定循环变量的边限。如果循环变量超过了该边限, 则停止该循坏语句的执行。

☑ 迭代表达式: 用来改变循环变量的值, 从而控制循环的次数, 通常是对循环变量进行增大或减小的操作。

☑ 语句: 用来指定循环体, 在条件表达式的结果为 true 时, 重复执行。

for 循环语句执行的过程是: 先执行初始化表达式, 然后判断条件表达式的结果, 如果为 true, 则执行一次循环体, 并执行迭代表达式, 再次判断条件表达式的结果, 以此类推, 直到条件表达式的结果为 false 时, 退出循环。for 循环语句的执行流程如图 A.11 所示。

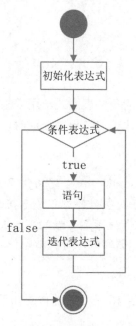

图 A.11　for 循环语句的执行流程

例如, 应用 for 语句输出 1~10 这 10 个数字的代码如下:

```
for(var i=1;i<=10;i++){                          //定义 for 循环语句
    document.write(i+" ");                       //输出变量 i 的值
}
```

运行结果为：

```
1 2 3 4 5 6 7 8 9 10
```

在 for 循环语句的初始化表达式中可以定义多个变量。例如，在 for 语句中定义多个循环变量的代码如下：

```
for(var i=1,j=6;i<=6,j>=1;i++,j--){
    document.write(i+"\n"+j);                    //输出变量 i 和 j 的值
    document.write("<br>");                      //输出换行标签
}
```

运行结果为：

```
1 6
2 5
3 4
4 3
5 2
6 1
```

2．while 语句

while 循环语句也称为前测试循环语句，它是利用一个条件来控制是否继续重复执行这个语句。while 循环语句的语法格式如下：

```
while(表达式){
    语句
}
```

- ☑ 表达式：一个包含比较运算符的条件表达式，用来指定循环条件。
- ☑ 语句：用来指定循环体，在表达式的结果为 true 时，重复执行。

说明

while 循环语句之所以命名为前测试循环，是因为它要先判断此循环的条件是否成立，然后才执行循环体。也就是说，while 循环语句执行的过程是先判断条件表达式，如果条件表达式的值为 true，则执行循环体，并且在循环体执行完毕后，进入下一次循环，否则退出循环。与之相对应的，还有一个 do…while 循环，它是先执行循环体，再判断条件表达式的值。

while 循环语句的执行流程如图 A.12 所示。

例如，应用 while 语句输出 1～10 这 10 个数字的代码如下：

```
var i = 1;                                       //声明变量
while(i<=10){                                    //定义 while 语句
    document.write(i+"\n");                      //输出变量 i 的值
```

```
    i++;                              //变量 i 自加 1
}
```

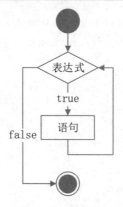

图 A.12　while 循环语句的执行流程

运行结果为：

```
1 2 3 4 5 6 7 8 9 10
```

注意

　　在使用 while 语句时，一定要保证循环可以正常结束，即必须保证存在条件表达式的值为 false 的情况，否则将形成死循环。

A.6　JavaScript 函数

　　函数实质上是可以作为一个逻辑单元的一组 JavaScript 代码。使用函数可以使代码更为简洁，提高重用性。在 JavaScript 中，大约 95%的代码是包含在函数中的。本节将对 JavaScript 中函数的使用进行讲解。

A.6.1　函数的定义

　　在 JavaScript 中，函数是由关键字 function、函数名加一组参数以及置于大括号中需要执行的一段代码定义的。定义函数的基本语法如下：

```
function functionName([parameter 1, parameter 2,…]){
    statements;
    [return expression;]
}
```

　　☑　functionName：必选，用于指定函数名。在同一个文件中，函数名必须是唯一的，并且区分大小写。

　　☑　parameter：可选，用于指定参数列表。当使用多个参数时，参数间使用逗号进行分隔。一个函数最多可以有 255 个参数。

☑ statements：必选，是函数体，即用于实现函数功能的语句。

☑ expression：可选，用于返回函数值。expression 为任意的表达式、变量或常量。

例如，定义一个用于计算商品金额的函数 account()，该函数有两个参数，用于指定单价和数量，返回值为计算后的金额。具体代码如下：

```
function account(price,number){
    var result=price*number;                         //计算金额
    return result;                                   //返回计算后的金额
}
```

A.6.2 函数的调用

函数定义后并不会自动执行，要执行一个函数，需要在特定的位置调用函数，调用函数的语句包含函数名称，以及具体的参数值。

1. 函数的简单调用

函数的定义语句通常被放在 HTML 文件的<head></head>标签中，而函数的调用语句通常被放在<body></body>标签中，如果函数未定义就进行调用，执行将会出错。

函数的定义及调用语法如下：

```
<html>
<head>
<script type="text/javascript">
function functionName(parameters){               //定义函数
    some statements;
}
</script>
</head>
<body>
    functionName(parameters);                    //调用函数
</body>
</html>
```

☑ functionName：函数的名称。

☑ parameters：参数名称。

说明

函数的参数分为形式参数（形参）和实际参数（实参），其中形式参数为定义函数时设置的参数，它代表函数的位置和类型，系统并不为形参分配相应的存储空间。调用函数时传递给函数的参数称为实际参数，实参通常在调用函数之前已经被分配了内存，并且赋予了实际的数据，在函数的执行过程中，实际参数参与了函数的运行；另外，在定义函数时设置了多少个形参，在函数调用时也必须传递多少个实参。

2．在事件响应中调用函数

当用户单击某个按钮或某个复选框时会触发相应的事件，通过编写程序对事件做出反应的行为称为响应事件，在 JavaScript 语言中，将函数与事件进行关联就完成了响应事件的过程。比如当用户单击某个按钮时执行相应的函数，可以使用如下代码实现：

```
<head>
<script language="javascript">
function test(){                                        //定义函数
    alert("test");
}
</script>
</head>
<body>
    <form action="" method="post" name="form1">
        <input type="button" value="提交" onClick="test();">   //在按钮事件触发时调用自定义函数
    </form>
</body>
```

上面代码中，首先定义了一个名为 test()的函数，函数体比较简单，使用 alert()语句弹出一个字符串，然后在按钮的 onClick 事件中调用 test()函数，这样，当用户单击"提交"按钮时，将会弹出相应对话框。

3．在链接中调用函数

函数除了可以在事件响应中被调用，还可以在链接中被调用，在<a>标签中的 href 标签中使用"javascript:"格式来调用函数，当用户单击这个链接时，相关函数将被执行，下面的代码实现了在链接中调用函数：

```
<head>
    <script language="javascript">
        function test(){                                //定义函数
            alert("我喜欢 JavaScript");
        }
    </script>
</head>
<body>
    <a href="javascript:test();">test</a>              //在链接中调用自定义函数
</body>
```

4．使用函数的返回值

有时需要在函数中返回一个数值，以便在其他函数中使用，这时可以在函数中添加 return 语句，用来定义函数的返回值。语法格式如下：

```
function functionName(parameters){
    var results=somestaments;
    return results;
}
```

☑ return：函数中定义返回值的关键字。

☑ results：函数要返回的数据。

注意

返回值在调用函数时不是必须定义的。

A.7 DOM

A.7.1 DOM 概述

DOM 是 document object model（文档对象模型）的缩写，它是由 W3C（World Wide Web 委员会）定义的。

DOM 是 JavaScript 代码与浏览器或平台的接口，使用它可以访问页面中的其他标准组件。DOM 解决了 Javascript 与 Jscript 之间的冲突，给开发者定义了一个标准的方法，用来访问站点中的数据、脚本和表现层对象。

DOM 采用的分层结构为树形结构，以树节点的方式表示文档中的各种内容。下面以一个简单的 HTML 文档说明一下 DOM 的树形结构，代码如下：

```
<html>
<head>
    <title>标题内容</title>
</head>
<body>
    <h3>三号标题</h3>
    <b>加粗内容</b>
</body>
</html>
```

上面代码可以使用如图 A.13 所示的 DOM 层次结构来表示。

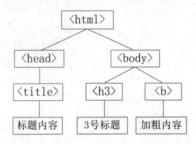

图 A.13　文档的层次结构

在 DOM 中，每一个对象都可以称为一个节点（node），下面将介绍一下几种节点的概念。

☑ 根节点：在最顶层的<html>节点称为根节点。

- ☑ 父节点：一个节点之上的节点是该节点的父节点。例如，<html>就是<head>和<body>的父节点，<head>就是<title>的父节点。
- ☑ 子节点：位于一个节点之下的节点就是该节点的子节点。例如，<head>和<body>就是<html>的子节点，<title>就是<head>的子节点。
- ☑ 兄弟节点：如果多个节点在同一个层次，并拥有相同的父节点，这几个节点就是兄弟节点。例如，<head>和<body>就是兄弟节点，<h3>和<b>也是兄弟节点。
- ☑ 后代：一个节点的子节点可以称为该节点的后代。例如，<head>和<body>是<html>的后代，<h3>和<b>是<body>的后代。
- ☑ 叶子节点：在树形结构最底部的节点称为叶子节点。例如，"标题内容""3 号标题""加粗内容"都是叶子节点。

在了解节点后，下面介绍一下 DOM 中节点的 3 种类型。

- ☑ 元素节点：在 HTML 中，<body>、<p>、<a>等一系列标签，是这个文档的元素节点。元素节点组成了文档模型的语义逻辑结构。
- ☑ 文本节点：包含在元素节点中的内容部分，如<p>标签中的文本等。一般情况下，不为空的文本节点都是可见并呈现于浏览器中的。
- ☑ 属性节点：元素节点的属性，如<a>标签的 href 属性与 title 属性等。一般情况下，大部分属性节点都是隐藏在浏览器背后的。属性节点总是被包含在元素节点当中。

A.7.2　DOM 对象节点属性

在 DOM 中通过使用节点属性可以对各节点进行查询，可以查询的内容包括各节点的名称、类型、节点值、子节点和兄弟节点等。DOM 常用的节点属性及说明如表 A.3 所示。

表 A.3　DOM 常用的节点属性及说明

属　　性	说　　明
nodeName	节点的名称
nodeValue	节点的值，通常只应用于文本节点
nodeType	节点的类型
parentNode	返回当前节点的父节点
childNodes	返回子节点列表
firstChild	返回当前节点的第一个子节点
lastChild	返回当前节点的最后一个子节点
previousSibling	返回当前节点的前一个兄弟节点
nextSibling	返回当前节点的后一个兄弟节点
attributes	元素的属性列表

A.7.3　DOM 对象的应用

例如，在页面弹出的提示框中显示指定的节点名称、节点类型和节点值，代码如下：

```
<body>
    <div id="demo">天生我材必有用</div>
    <script type="text/javascript">
        var by=document.getElementById("demo");
        var str;
        str="节点名称："+by.nodeName+"\n";
        str+="节点类型："+by.nodeType+"\n";
        str+="节点值："+by.nodeValue+"\n";
        alert(str);
    </script>
</body>
```

A.8   Document 对象

Document 对象代表了一个浏览器窗口或框架中显示的 HTML 文档。JavaScript 会为每个 HTML 文档自动创建一个 Document 对象，通过 Document 对象可以操作 HTML 文档中的内容。

A.8.1   Document 对象介绍

Document 对象代表浏览器窗口中的文档，该对象是 Window 对象的子对象，由于 Window 对象是 DOM 中的默认对象，因此其方法和子对象不需要使用 Window 来引用。通过 Document 对象即可访问 HTML 文档中的任何 HTML 标签，并可以动态地改变 HTML 标签中的内容，如表单、图像、表格和超链接等。Document 对象在 JavaScript 1.0 版本中就已经存在，在随后的版本中又增加了一些新的属性和方法。Document 对象层次结构如图 A.14 所示。

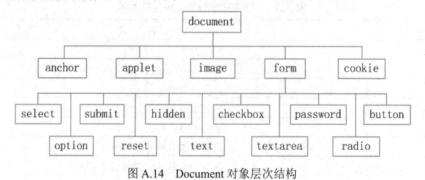

图 A.14   Document 对象层次结构

A.8.2   Document 对象的常用属性

Document 对象有很多属性，这些属性主要用于获取与文档有关的信息。Document 对象的常用属性及说明如表 A.4 所示。

表 A.4 Document 对象的常用属性及说明

属　　性	说　　明
body	提供对\<body\>元素的直接访问
cookie	获取或设置与当前文档有关的所有 cookie
domain	获取当前文档的域名
lastModified	获取文档被最后修改的日期和时间
referrer	获取载入当前文档的文档的 URL
title	获取或设置当前文档的标题
URL	获取当前文档的 URL

A.8.3 Document 对象的常用方法

Document 对象中包含了一些用来操作和处理文档内容的方法。Document 对象的常用方法和说明如表 A.5 所示。

表 A.5 Document 对象的常用方法及说明

方　　法	说　　明
close()	关闭用 Document.open()方法打开的文档输出流
open()	打开一个文档输出流并接收 write()和 writeln()方法以创建页面内容
write()	向文档中写入 HTML 或 JavaScript 语句
writeln()	向文档中写入 HTML 或 JavaScript 语句,并以回车换行符结束
createElement()	创建一个 HTML 标签
getElementById()	返回指定 id 的对象
getElementsByName()	返回带有指定名称的对象集合

A.8.4 设置文档背景色和前景色

文档背景色和前景色的设置可以使用 body 属性来实现。

1．设置文档的背景色

获取或设置页面的背景颜色。语法格式如下:

```
[color=]document.body.style.backgroundColor[=setColor]
```

☑　color:可选项。字符串变量,用来获取颜色值。
☑　setColor:可选项。用于设置颜色的名称或颜色的 RGB 值。

2．设置页面的前景色

获取或设置页面的前景色,即页面中文字的颜色。语法格式如下:

```
[color=]document.body.style.color[=setColor]
```

☑ color：可选项。字符串变量，用来获取颜色值。

☑ setColor：可选项。用于设置颜色的名称或颜色的 RGB 值。

例如，实现动态改变文档前景色和背景色的功能，每间隔 1 秒，文档的前景色和背景色就会发生改变。代码如下：

```
<body>
    背景自动变色
    <script type="text/javascript">
        //定义颜色数组
        var Arraycolor=new Array("#00FF66","#FFFF99","#99CCFF","#FFCCFF",
            "#FFCC99","#00FFFF","#FFFF00","#FFCC00","#FF00FF");
        var n=0;                                                //初始化变量
        function turncolors(){
            n++;                                                //对变量进行加 1 操作
            if (n==(Arraycolor.length-1)) n=0;                  //判断数组下标是否指向最后一个元素
            document.body.style.backgroundColor=Arraycolor[n];  //设置文档背景颜色
            document.body.style.color=Arraycolor[n-1];          //设置文档字体颜色
            setTimeout("turncolors()",1000);                    //每隔 1 秒执行一次函数
        }
        turncolors();                                           //调用函数
    </script>
</body>
```

A.8.5 设置动态标题栏

动态标题栏可以使用 title 属性来实现，该属性用来获取或设置文档的标题，其语法格式如下：

```
[Title=]document.title[=setTitle]
```

☑ Title：可选项。字符串变量，用来存储文档的标题。

☑ setTitle：可选项。用来设置文档的标题。

例如，在打开页面时，对标题栏中的文字进行不断的变换。代码如下：

```
<img src="个人主页.jpg" >
<script type="text/javascript">
    var n=0;                                                    //初始化变量
    function title(){
        n++;                                                    //变量自加 1
        if (n==3) {n=1}                                         //n 等于 3 时重新赋值
        if (n==1) {document.title='☆★动态标题栏★☆'}            //设置文档的一个标题
        if (n==2) {document.title='★☆个人主页☆★'}              //设置文档的另一个标题
        setTimeout("title()",1000);                            //每隔 1 秒执行一次函数
    }
    title();                                                    //调用函数
</script>
```

A.8.6 在文档中输出数据

在文档中输出数据可以使用 write()方法和 writeln()方法来实现。

1．write()方法

该方法用来向 HTML 文档中输出数据，其数据包括字符串、数字和 HTML 标签等。语法格式如下：

```
document.write(text);
```

参数 text 表示在 HTML 文档中输出的内容。

2．writeln()方法

该方法也用来向 HTML 文档中输出数据，但它与 write()方法的区别在于，writeln()方法在所输出的内容后，添加了一个回车换行符。但换行符只有在 HTML 文档中<pre></pre>标签（此标签可以把文档中的空格、回车、换行等表现出来）内才能被识别。语法格式如下：

```
document.writeln(text);
```

参数 text 表示在 HTML 文档中输出的内容。

例如，使用 write()方法和 wrlteln()方法在页面中输出几段文字，注意这两种方法的区别，代码如下：

```html
<script type="text/javascript">
    document.write("月落乌啼霜满天，");
    document.write("江枫渔火对愁眠。<hr>");
    document.writeln("月落乌啼霜满天，");
    document.writeln("江枫渔火对愁眠。<hr>");
</script>
<pre>
    <script type="text/javascript">
        document.writeln("月落乌啼霜满天，");
        document.writeln("江枫渔火对愁眠。");
    </script>
</pre>
```

运行效果如图 A.15 所示。

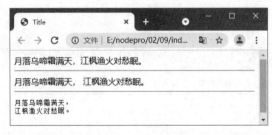

图 A.15　对比 write()方法和 writeln()方法

A.8.7　获取文本框并修改其内容

我们可以使用 getElementById()方法来获取文本框并修改其内容。getElementById()方法可以通过指定的 id 来获取 HTML 标签，并将其返回。语法格式如下：

```
sElement=document.getElementById(id)
```

☑ sElement：用来接收该方法返回的一个对象。

☑ id：用来设置需要获取的 HTML 标签的 id 值。

例如，在页面加载后的文本框中显示"明日科技欢迎您"，当单击按钮后可以改变文本框中的内容。代码如下：

```
<script type="text/javascript">
    function chg(){
            var t=document.getElementById("txt");            //获取 id 属性值为 txt 的元素
            t.value="欢迎访问明日学院";                        //设置元素的 value 属性值
    }
</script>
<input type="text" id="txt" value="明日科技欢迎您"/>
<input type="button" value="更改文本内容" name="btn" onclick="chg()" />
```

A.9　Window 对象

Window 对象代表打开的浏览器窗口，通过 Window 对象可以打开或关闭窗口、控制窗口的大小和位置、由窗口弹出对话框，还可以控制窗口上是否显示地址栏、工具栏和状态栏等栏目。对于窗口中的内容，Window 对象可以控制是否重载网页、返回上一个文档或前进到下一个文档。

在框架方面，Window 对象可以处理框架之间的关系，并通过这种关系在一个框架中处理另一个框架中的文档。Window 对象还是所有其他对象的顶级对象，通过对 Window 对象的子对象进行操作，可以实现更多的动态效果。Window 对象作为一种对象，也有着自己的方法和属性。

A.9.1　Window 对象的属性

顶层 Window 对象是所有其他子对象的父对象，它出现在每一个页面上，并且可以在单个 JavaScript 应用程序中被多次使用。

为了便于读者学习，本节将以表格的形式对 Window 对象中的属性进行详细说明，如表 A.6 所示。

表 A.6　Window 对象的属性及说明

属　　性	说　　明
document	对话框中显示的当前文档
frames	表示当前对话框中所有 frame 对象的集合
location	指定当前文档的 URL
name	对话框的名字
status	状态栏中的当前信息
defaultStatus	状态栏中的默认信息
top	表示最顶层的浏览器对话框
parent	表示包含当前对话框的父对话框

属　　性	说　　明
opener	表示打开当前对话框的父对话框
closed	表示当前对话框是否关闭的逻辑值
self	表示当前对话框
screen	表示用户屏幕，提供屏幕尺寸、颜色深度等信息
navigator	表示浏览器对象，用于获得与浏览器相关的信息

A.9.2　Window 对象的方法

除了属性，Window 对象还有很多方法。Window 对象的方法及说明如表 A.7 所示。

表 A.7　Window 对象的方法及说明

方　　法	说　　明
alert()	弹出一个警告对话框
confirm()	在确认对话框中显示指定的字符串
prompt()	弹出一个提示对话框
open()	打开新浏览器对话框并显示由 URL 或名字引用的文档，设置创建对话框的属性
close()	关闭被引用的对话框
focus()	将被引用的对话框放在所有打开对话框的前面
blur()	将被引用的对话框放在所有打开对话框的后面
scrollTo(x,y)	把对话框滚动到指定的坐标
scrollBy(offsetx,offsety)	按照指定的位移量滚动对话框
setTimeout(timer)	在指定的毫秒数后，对传递的表达式求值
setInterval(interval)	指定周期性执行代码
moveTo(x,y)	将对话框移动到指定坐标处
moveBy(offsetx,offsety)	将对话框移动到指定的位移量处
resizeTo(x,y)	设置对话框的大小
resizeBy(offsetx,offsety)	按照指定的位移量设置对话框的大小
print()	相当于浏览器工具栏中的"打印"按钮
navigate(URL)	使用对话框显示 URL 指定的页面

A.9.3　Window 对象的使用

Window 对象可以直接调用其方法和属性，例如：

```
window.属性名
window.方法名(参数列表)
```

Window 对象不需要使用 new 运算符来创建，因此，在使用 Window 对象时，只要直接使用 window 来引用 Window 对象即可，代码如下：

```
window.alert("字符串");                                    //弹出对话框
window.document.write("字符串");                           //输出文字
```

在实际运用中，JavaScript 允许使用一个字符串来给窗口命名，也可以使用一些关键字来代替某些特定的窗口。例如，使用 self 代表当前窗口、parent 代表父级窗口等。对于这种情况，可以用这些关键字来代表 window，形式如下：

```
parent.属性名
parent.方法名(参数列表)
```